国家出版基金资助项目

Projects Supported by the National Publishing Fund

国家出版基金项目
NATIONAL PUBLICATION FOUNDATION

钢铁工业协同创新关键共性技术丛书

主编 王国栋

微合金钢连铸板坯表面裂纹控制

The Control Technology for Slab Surface Crack during Continuous Casting of Micro-alloyed Steel

蔡兆镇 朱苗勇 著

U0352429

（彩图资源）

北 京

冶 金 工 业 出 版 社

2021

内 容 提 要

本书围绕钢铁行业高品质微合金钢板坯连铸生产过程所面临的边角部横裂纹、宽面偏离角区纵向凹陷、热送表面裂纹等铸坯表面质量缺陷成因及其控制原理进行论述，并在此基础上提出了对应表面质量缺陷控制的关键技术。具体内容包括微合金钢常规与宽厚板坯角部裂纹及其控制、微合金钢薄板坯边角裂纹及其控制、微合金钢厚板坯偏离角区纵向凹陷及其控制、微合金钢板坯表面热送裂纹及其控制等。

本书可供从事钢的板坯连铸生产技术开发人员和科研人员阅读，也可供相关专业的大专院校师生参考。

图书在版编目(CIP)数据

微合金钢连铸板坯表面裂纹控制/蔡兆镇，朱苗勇著.—北京：冶金工业出版社，2021.5

（钢铁工业协同创新关键共性技术丛书）

ISBN 978-7-5024-8989-2

Ⅰ.①微… Ⅱ.①蔡… ②朱… Ⅲ.①低合金钢—连铸板坯—裂纹—预防 Ⅳ.①TF777.1

中国版本图书馆 CIP 数据核字（2021）第 236538 号

微合金钢连铸板坯表面裂纹控制

出版发行	冶金工业出版社	**电　　话**	(010)64027926
地　　址	北京市东城区嵩祝院北巷 39 号	**邮　　编**	100009
网　　址	www.mip1953.com	**电子信箱**	service@mip1953.com

责任编辑　卢　敏　美术编辑　彭子赫　版式设计　孙跃红
责任校对　石　静　责任印制　李玉山
北京捷迅佳彩印刷有限公司印刷
2021 年 5 月第 1 版，2021 年 5 月第 1 次印刷
710mm×1000mm　1/16；18.5 印张；359 千字；280 页
定价 96.00 元

投稿电话　(010)64027932　投稿信箱　tougao@cnmip.com.cn
营销中心电话　(010)64044283
冶金工业出版社天猫旗舰店　yjgycbs.tmall.com
（本书如有印装质量问题，本社营销中心负责退换）

《钢铁工业协同创新关键共性技术丛书》
总 序

　　钢铁工业作为重要的原材料工业，担任着"供给侧"的重要任务。钢铁工业努力以最低的资源、能源消耗，以最低的环境、生态负荷，以最高的效率和劳动生产率向社会提供足够数量且质量优良的高性能钢铁产品，满足社会发展、国家安全、人民生活的需求。

　　改革开放初期，我国钢铁工业处于跟跑阶段，主要依赖于从国外引进产线和技术。经过 40 多年的改革、创新与发展，我国已经具有 10 多亿吨的产钢能力，产量超过世界钢产量的一半，钢铁工业发展迅速。我国钢铁工业技术水平不断提高，在激烈的国际竞争中，目前处于"跟跑、并跑、领跑"三跑并行的局面。但是，我国钢铁工业技术发展当前仍然面临以下四大问题。一是钢铁生产资源、能源消耗巨大，污染物排放严重，环境不堪重负，迫切需要实现工艺绿色化。二是生产装备的稳定性、均匀性、一致性差，生产效率低。实现装备智能化，达到信息深度感知、协调精准控制、智能优化决策、自主学习提升，是钢铁行业迫在眉睫的任务。三是产品质量不够高，产品结构失衡，高性能产品、自主创新产品供给能力不足，产品优质化需求强烈。四是我国钢铁行业供给侧发展质量不够高，服务不到位。必须以提高发展质量和效益为中心，以支撑供给侧结构性改革为主线，把提高供给体系质量作为主攻方向，建设服务型钢铁行业，实现供给服务化。

　　我国钢铁工业在经历了快速发展后，近年来，进入了调整结构、转型发展的阶段。钢铁企业必须转变发展方式、优化经济结构、转换增长动力，坚持质量第一、效益优先，以供给侧结构性改革为主线，推动经济发展质量变革、效率变革、动力变革，提高全要素生产率，使中国钢铁工业成为"工艺绿色化、装备智能化、产品高质化、供给服务化"的全球领跑者，将中国钢铁建设成世界领先的钢铁工业集群。

2014年10月，以东北大学和北京科技大学两所冶金特色高校为核心，联合企业、研究院所、其他高等院校共同组建的钢铁共性技术协同创新中心通过教育部、财政部认定，正式开始运行。

自2014年10月通过国家认定至2018年年底，钢铁共性技术协同创新中心运行4年。工艺与装备研发平台围绕钢铁行业关键共性工艺与装备技术，根据平台顶层设计总体发展思路，以及各研究方向拟定的任务和指标，通过产学研深度融合和协同创新，在采矿与选矿、冶炼、热轧、短流程、冷轧、信息化智能化等六个研究方向上，开发出了新一代钢包底喷粉精炼工艺与装备技术、高品质连铸坯生产工艺与装备技术、炼铸轧一体化组织性能控制、极限规格热轧板带钢产品热处理工艺与装备、薄板坯无头/半无头轧制＋无酸洗涂镀工艺技术、薄带连铸制备高性能硅钢的成套工艺技术与装备、高精度板形平直度与边部减薄控制技术与装备、先进退火和涂镀技术与装备、复杂难选铁矿预富集-悬浮焙烧-磁选（PSRM）新技术、超级铁精矿与洁净钢基料短流程绿色制备、长型材智能制造、扁平材智能制造等钢铁行业急需的关键共性技术。这些关键共性技术中的绝大部分属于我国科技工作者的原创技术，有落实的企业和产线，并已经在我国的钢铁企业得到了成功的推广和应用，促进了我国钢铁行业的绿色转型发展，多数技术整体达到了国际领先水平，为我国钢铁行业从"跟跑"到"领跑"的角色转换，实现"工艺绿色化、装备智能化、产品高质化、供给服务化"的奋斗目标，做出了重要贡献。

习近平总书记在2014年两院院士大会上的讲话中指出，"要加强统筹协调，大力开展协同创新，集中力量办大事，形成推进自主创新的强大合力"。回顾2年多的凝炼、申报和4年多艰苦奋战的研究、开发历程，我们正是在这一思想的指导下开展的工作。钢铁企业领导、工人对我国原创技术的期盼，冲击着我们的心灵，激励我们把协同创新的成果整理出来，推广出去，让它们成为广大钢铁企业技术人员手中攻坚克难、夺取新胜利的锐利武器。于是，我们萌生了撰写一部系列丛书的愿望。这套系列丛书将基于钢铁共性技术协同创新中心系列创新成果，以全流程、绿色化工艺、装备与工程化、产业化为主线，结合钢铁工业生产线上实际运行的工程项目和生产的优质钢材实例，系统汇集产学研协同创新基础与应用基础研究进展和关键共性技术、前沿引领技术、现代工程技术创新，为企业技术改造、转型升级、高质量发展、规划未来发展蓝图提供参考。这一想法得到了企业广大同仁的积极响应，全力支持及密切配合。冶金工业出版社的领导和编辑同志特地来到学校，热心指导，提出建议，商量出版等具体事宜。

国家的需求和钢铁工业的期望牵动我们的心，鼓舞我们努力前行；行业同仁、出版社领导和编辑的支持与指导给了我们强大的信心。协同创新中心的各位首席和学术骨干及我们在企业和科研单位里的亲密战友立即行动起来，挥毫泼墨，大展宏图。我们相信，通过产学研各方和出版社同志的共同努力，我们会向钢铁界的同仁们、正在成长的学生们奉献出一套有表、有里、有分量、有影响的系列丛书，作为我们向广大企业同仁鼎力支持的回报。同时，在新中国成立 70 周年之际，向我们伟大祖国 70 岁生日献上用辛勤、汗水、创新、赤子之心铸就的一份礼物。

中国工程院院士 王国栋

2019 年 7 月

前　言

钢铁是人类社会发展不可或缺的基础材料,在人类生产活动中起着举足轻重的作用。十九世纪中期以来,随着平炉与转炉炼钢技术的出现,全球钢产量迅猛增加。2020 年全球粗钢产量达 18.78 亿吨,我国更是达到了 10.65 亿吨,占到了全世界粗钢产量的 56.7%。

在钢产量高速发展的同时,日渐苛刻的服役环境对钢铁材料提出了更高的性能要求,集中体现为要求更高的强度、韧性、易焊接性和耐蚀性等。在此大背景下,20 世纪初,钢的微合金化技术孕育而生,并得到了长足发展。特别是从 90 年代后期起,世界主要钢铁生产国相继制定和实施了新一代钢铁材料研发计划,微合金钢的生产与应用得到了前所未有的发展。添加微量 Nb、V、Ti、B、Al 等合金元素的微合金钢,由于具有高强、高韧、易焊接等优异的性能特点,目前广泛应用于能源化工、交通运输、海洋工程以及国防军工等重点和关键领域,已成为国内外钢铁的主力产品之一,占到了全球钢产量的 15%以上。

连续铸钢是钢铁工业发展过程继氧气转炉炼钢之后的又一项革命性技术。由于其相对于传统模铸具有高效、高金属收得率、低能耗等优点,已成为现代钢铁铸坯母材的主要生产方式,亦成为了微合金钢铸坯母材的最重要生产方式。当前,我国的连铸比已超 99.7%,其中约 98%的微合金钢铸坯母材采用了连铸方式生产。

近年来,随着洁净钢冶炼水平与连铸结晶器保护渣等技术长足发展,传统诸如皮下夹杂、表面纵裂纹等的微合金钢板坯表面与皮下质量缺陷已得到根本性解决,已不再成为制约微合金钢高质与高效化生产的关键共性技术难题。而添加了 Nb、V、Ti、B、Al 等强碳、氮结合的元素的微合金钢,在连铸凝固过程极易因铸坯组织晶界强析出碳化物、氮化物以及碳氮化物二相粒子而大幅降低高温热塑性，从而引发板坯高发诸如边角横裂纹、偏离角裂纹、板坯表面热送裂纹等质量缺陷。这些裂纹的产生，迫使钢铁企业将高温坯下线冷却并进行表面火焰清理，不仅大幅增加了工人的劳动强度、延长了产品的制造周期，亦造成了能源的极大浪费和环境污染。我国钢铁行业每年由此造成直接经济损失可达 50 亿元人民币，增加 CO_2 排放超过 500 万吨，是制约国内外钢铁企业微合金钢高质、高效与绿色化生产瓶颈问题，亟待解决。

本书共 5 章。第 1 章微合金钢板坯连铸生产与表面质量控制概述，从整体上介绍当前国内外钢铁企业典型微合金钢板坯表面裂纹的特点以及其控制研究现状；第 2 章微合金钢常规与厚板坯边角裂纹及其控制，详述了微合金钢常规与厚板坯角部裂纹产生机理、典型成分微合金钢凝固的碳氮化物析出行为、铸坯在结晶器和二冷铸流内的凝固热/力学演变等，在此基础上提出一种基于角部组织高塑化的微合金钢板坯角部裂纹控制新技术；第 3 章微合金钢薄板坯边角裂纹及其控制，详述了薄板坯边角裂纹形成机理、薄板坯在结晶器与二冷铸流内的凝固传热与力学行为规律，在此基础上提出基于窄面高斯凹型结构曲面结晶器与窄面足辊超强冷却裂纹控制新技术；第 4 章微合金钢厚板坯偏离角区纵向凹陷及其控制，介绍了厚板坯在结晶器与二冷铸流内的传热与变形演变行为、厚板坯偏离角区纵向凹陷形成机理，并提出基于结晶器窄面及其足辊大锥度补偿和二冷高温区强冷却的偏离角区凹陷控制技术；第 5 章微合金钢板坯表面热送裂纹及其控制，主要介绍了微合金钢板坯表面热送裂纹的成因、当前主要控制手段，研究给出了典型微合金钢最佳淬火工艺，并提出基于连铸凝固末端超强全连续淬火工艺等。

在此，要感谢宝钢、河钢等企业领导以及行业们给予的信任、支持和帮助，特别要感谢团队牛振宇、安家志、赵佳伟、张飞、程彪等同学们在相关理论与技术研究开发过程所付出的不懈努力和做出的重要贡献，他们的名字虽然没有作为本书著者出现，但是没有他们的工作，本书的撰写也不可能完成。

由于知识水平所限，书中不足与不妥之处，诚望读者批评指正。

作　者
2021 年 3 月

目　录

1 概　　述

1.1 微合金钢及其连铸技术发展简介

微合金钢（micro-alloyed steel）是微合金化高强度低合金钢（micro-alloyed high strength low alloy steel）的简称[1~3]，是在普通软钢和普通低合金高强度钢的基础上，通过添加少量的 Nb、V、Ti、B、Al 等微合金元素，并经控轧控冷与热处理等工艺控制微合金元素的析出，以大幅提高钢的强韧性、成型性和焊接性等综合性能的结构用钢。微合金钢的合金添加量一般不超过 0.2%[4]。钢的微合金化技术已成为新一代钢铁材料的最重要发展方向[5,6]。

微合金钢最早出现于 20 世纪 30 年代，通过在普通低碳钢种中添加入少量钒元素，达到改善钢的强韧性的目的[7,8]。进入 20 世纪 60~70 年代，随着第二相防止钢组织晶粒粗化理论，微合金碳氮化物固溶、溶解以及沉淀析出行为及其对奥氏体再结晶、控轧控冷等理论的提出与发展，Nb、Ti、B、Al 等开始逐步用作微合金化元素引入，使得钢的微合金化技术得到快速发展和广泛应用[9~12]。特别是从 20 世纪 90 年代后期以来，随着钢铁服役环境要求日益苛刻，对以高强、高韧、耐腐蚀、易焊接等为特点的高端钢材需求量逐年增加。鉴于此，世界主要钢铁生产国相继制定和实施了以微合金钢为主的新一代钢铁材料研发计划，使得微合金钢的生产与应用得到了前所未有的发展。目前，微合金钢已广泛应用于能源化工、交通运输、海洋工程以及国防军工等重点和关键领域，成为了国内外钢铁主力产品之一，占到了全球钢产量的 15% 以上。

我国的钢微合金化技术最早引进于 1979 年，并先后经历了采用微合金化技术改进原有低合金高强度钢体系、微合金化技术与控轧控冷技术有机结合、微合金化技术在新一代钢铁材料研发中应用三个关键发展阶段[13,14]。经过多年研发与生产实践，微合金钢现已发展成为一个较为全面的门类，并在各大中型钢铁企业广泛生产，是我国当前各钢铁企业的核心产品之一[15~19]。

连铸是当前国内外钢铁铸坯母材的最主要生产方式，也是微合金钢最重要的生产手段。在 20 世纪 70 年代以前，全球范围内钢的连铸工艺与装备技术尚整体处于发展阶段，受限于微合金钢铸造过程中高裂纹敏感性等凝固特性，微合金钢铸坯主要采用模铸方式生产。然而，模铸工艺的生产效率和金属收得率均较低、能源消耗大，大力发展微合金钢的连铸生产工艺成为了当时连铸技术发展的重要方向[20]。

微合金钢规模化连铸生产主要出现于 20 世纪 70 年代以后，最早以方坯连铸生产为主[21]。但随着不同类型的微合金钢被逐步开发和微合金钢板应用领域的逐步拓宽，市场对微合金钢板的需求量激增。在此背景下，采用板坯连铸机高效化生产高质量微合金钢铸坯母材成为了行业的亟需技术。在此期间，以北美、欧洲、日本等国家和地区为首的学者和冶金工作者，围绕微合金钢的高温凝固行为（特别是微合金碳氮化物的析出及其对钢高温组织塑性的影响）开展了大量的系统研究工作[22~25]，为微合金钢板坯连铸技术的开发奠定了关键理论基础。基于微合金钢凝固理论的突破，从 20 世纪 80 年代起，围绕高质量微合金钢板坯高效化连铸生产的关键工艺与装备技术被大量研发出来，并且经过近 20 多年的快速发展，实现了几乎全部类型的微合金钢种在不同断面坯型的板坯连铸机上生产。

然而，自微合金钢板坯连铸技术诞生以来，受限于传统板坯连铸工艺控冷模式和微合金钢的高温凝固特性，微合金钢连铸及其后续热加工过程频发铸坯表面裂纹等质量缺陷，长期制约了微合金钢的高质、高效与绿色化生产。特别是近年来，随着海洋工程、大型桥梁、超高层建筑、大型压力容器以及输油管线等大型或特大型工程的大力发展，苛刻的服役环境对微合金钢板材的性能与质量要求进一步提升。为了满足其性能要求，这些微合金钢的合金成分种类及含量均明显增加，从而显著加剧了铸坯凝固与后续热加工过程的裂纹敏感性。微合金钢板坯连铸及后续热加工过程频发表面裂纹缺陷一直是行业的共性技术难题。以表面无裂纹缺陷生产为代表的微合金钢板坯连铸技术是当前国内外连铸发展的重要方向。

1.2 微合金钢连铸及其常见表面质量缺陷

1.2.1 常规与宽厚板坯角部裂纹

常规与宽厚板坯连铸机是当前国内外钢铁企业板坯连铸机的主力机型。其中，常规板坯连铸机所生产的铸坯典型厚度为 180 ~ 230mm、宽度为 800 ~ 1650mm，宽厚板坯所生产的铸坯典型厚度为 250 ~ 450mm、宽度为 1600 ~ 2600mm，是热轧卷板和中厚板的主要坯料来源。常规板坯与宽厚板坯连铸机先后经历了立式连铸机、立弯式连铸机、弧形连铸机等机型时期。经过多年发展，当前主流常规与宽厚板坯连铸机的机型已发展为由"直结晶器+弯曲段+弧形段+矫直段+水平段"构成的直弧形连铸机，如图 1-1 所示。为了保证铸坯凝固，该类型连铸机的二冷冷流均较长，结晶器弯月面至矫直区入口的长度往往在 15.0m 以上，且所生产的铸坯角部多为直角结构。

当前，受铸坯厚度、现场生产节奏以及连铸坯质量缺陷影响，采用该直弧形结构的常规与宽厚板坯连铸机生产含 Nb、B、Al、V 等裂纹敏感性较高的微合金钢过程中，拉速普遍在 0.60 ~ 1.50m/min 范围。在该较低连铸拉速下，直角结构

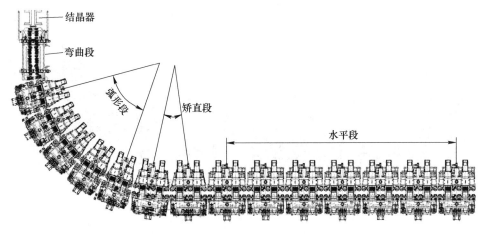

图 1-1 常规板坯连铸机铸流图

的铸坯角部受冷却水、辐射以及辊-坯接触传热等多途径二维传热作用，进入连铸机矫直区的角部温度一般在 760~850℃ 范围，在矫直及不对中辊缝等作用下，微合金钢铸坯角部（特别是内弧角部）常产生如图 1-2 所示的横裂纹缺陷[26,27]。若不对已产生横裂纹缺陷的铸坯角部进行有效清理，铸坯轧制后将在钢板边部形成如图 1-3 所示的裂纹缺陷，这是行业的共性技术难题[28,29]。

图 1-2 微合金钢常规与宽厚板坯边角部横裂纹形貌

常规与宽厚板坯角横裂纹是微合金钢板坯连铸生产中最为普遍的一种铸坯表面裂纹缺陷[30~33]，其主要产生于铸坯的角部及其附近区域，且以内弧角部居多。该类型裂纹大部分分布于铸坯表面振痕的波谷处，且可向铸坯的窄面和宽面中心两个方向沿晶开裂，进而扩展形成为规则或不规则分布的跨角裂纹。一般情况下，该类型铸坯角部裂纹较轻微，在氧化铁皮等覆盖下，肉眼往往难以直观发现，常需要进行 1~2mm 的铸坯角部等表面火焰清扫或者进行酸洗等处理方会显现。常见的常规与宽厚板坯角部横裂纹缺陷的深度一般在 0.2~8.0mm 范围，开

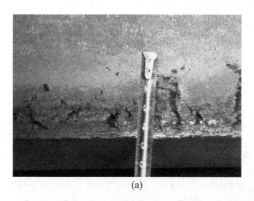 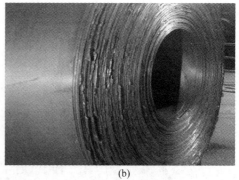

（a）　　　　　　　　　　　　　　　　　　（b）

图 1-3　钢板边部裂纹形貌
（a）中厚板；（b）热轧卷板

口尺寸为 0.2~2.0mm 范围，但严重的裂纹深度可以达 10.0mm 以上、开口宽度达 3.0mm 以上。

　　当前国内外钢铁企业已开发并投用的微合金钢连铸坯角部裂纹控制工艺与装备技术，尚无法完全根治其裂纹发生。对于已产生角部横裂纹的板坯，一般进行下线角部火焰清扫或切角处理，其不仅大幅增加工人劳动强度、减少金属收得率、延长产品的制造周期，而且铸坯无法实现热送，其由室温再加热过程造成了大量的能源浪费和环境压力。

1.2.2　微合金钢薄板坯边角裂纹

　　薄板坯连铸连轧是 20 世纪 80 年代末开发成功的生产热轧板卷的一种全新的短流程工艺，是继氧气转炉炼钢、连铸之后钢铁工业最重要的革命性技术之一，其具有生产流程短、效率高、节能减排效果显著、自动化程度高等优点[34~37]。近年来，随着高拉速连铸和无头轧制技术的快速发展，薄板坯连铸连轧产线正在各主要钢铁生产国快速建设。特别是近年来在无头轧制技术高效生产薄规格带钢所产生可观的效益驱使下，ESP 等产线开始大规模建设。截至 2018 年底，全球已建设并投产了 68 条薄板坯产线，共计 103 流，年产量超过了 1.1 亿吨[38]。其中，我国已建成并投产 17 条各类型薄板坯产线，共计 32 流，产能超过了 4000 万吨，成为了我国热轧板带材产线的重要组成部分。与此同时，目前包括日照钢铁、太行钢铁、方安钢铁、首钢曹妃甸二期工程等多条薄板坯产线均陆续建设、调试与投产中。

　　目前，国内外薄板坯连铸机的机型主要有两种，一种为立弯式结构，其典型产线为 CSP，连铸机的示意结构如图 1-4（a）所示。该结构薄板坯连铸机的结晶器长度常为 1.1~1.2mm，多为漏斗型结构结晶器。结晶器出口至弯曲点的垂直区长度较长，常为 10~12m。铸坯经垂直区后经顶弯进入连续矫直区，而后经定尺切断进入加热炉；另一种薄板坯连铸机的结构与常规板坯的直弧形结构连铸机相类似，其典型产线为 FTSR、ISP 和 ESP 等，连铸机结构如图 1-4（b）所示。该类型连铸机的结晶器同样为长 1.1~1.2m 的漏斗型结构结晶器，出结晶器后的铸坯经较短垂直区后进入弧形区，而后经连续矫直后水平出坯。目前，国内外现有薄板坯连铸机所生产的典型铸坯厚度主要为 50~100mm、宽度为 900~1600mm。根据不同的工艺及铸坯厚度规格，连铸拉速普遍为 3.8~6.0m/min。

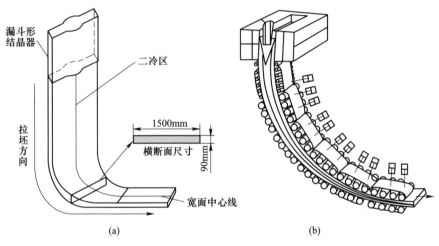

图 1-4　薄板坯连铸机示意图
（a）立弯式结构；（b）直弧形结构

微合金钢也是薄板坯连铸连轧产线的重要产品组成。由于薄板坯连铸连轧产线具有生产流程短、成本低、部分产线甚至可生产厚度不大于 1.0mm 的"以热代冷"高质量中宽带钢等工艺特点，近年来大量含 Nb、V、Ti 等合金元素的高强度结构钢、中低端汽车结构钢等采用该工艺生产[39]，且比重正在日益提升。邯钢、涟钢等企业薄板坯产线的微合金钢比例均已超过了 30%。

然而，在实际薄板坯连铸生产过程，具有强裂纹敏感性的含 Nb、V、Ti、B 等合金元素的微合金钢薄板坯在连铸结晶器及二冷区内的冷却强度大，铸坯角部在液芯压下等大变形过程恰好处于钢的第三脆性温度区，极易造成铸坯边角部产生如图 1-5（a）所示的横裂纹缺陷[40,41]。由于薄板坯连铸连轧产线十分紧凑，生产过程的铸坯无法进行下线角部清理，高发的铸坯角部横裂纹造成了微合金钢极高的轧材边部裂纹率（铸坯角部横裂纹缺陷遗留在轧材上的形貌如图 1-5（b）所示），部分企业的微合金钢板卷边部裂纹率曾一度超过 7.0%（部分钢种甚至达 30% 以上），严重制约了薄板坯连铸连轧产线的高质与高效化生产。

(a)   (b)

图 1-5 微合金钢薄板坯角部横裂纹与热轧卷板边部裂纹形貌

(a) 铸坯角部横裂纹；(b) 热轧卷板边部裂纹

1.2.3 厚板坯宽面偏离角区纵向凹陷及其裂纹

厚板坯是宽厚板轧制的主要母材原料，其铸坯厚度一般超过 250mm。目前最大连铸厚度已突破 450mm，并向宽度超过 2400mm、厚度达 600mm 的特宽、特厚板坯连铸方向发展。该类连铸机在生产微合金钢过程的结晶器窄面普遍采用 1.0%~1.1% 锥度，仅舞阳钢铁等少数几家企业的结晶器锥度超过 1.2%。然而，由于特厚板坯连铸速度慢，铸坯在结晶器内的凝固收缩相对于常规板坯连铸大，实际生产过程常因结晶器窄面铜板无法高效迎合铸坯凝固收缩而产生角部旋转进而带动铸坯宽面偏离角区域产生较大的间隙，从而引发铸坯宽面偏离角区域形成"热区"。

同样受限于连铸拉速低，为了确保微合金钢连铸生产过程具有较高的铸坯角部过矫直温度，传统厚板坯（特别是裂纹敏感性较高的微合金钢）连铸生产过程往往采用包括窄面足辊在内的二冷整体弱冷控冷模式。由此导致了出结晶器后的铸坯窄面坯壳因无法快速形成具有足够支撑强度的坯壳而产生窄面鼓肚如图 1-6 (a) 所示，进而引发铸坯宽面偏离角热区形成严重的纵向凹陷带如图 1-6 (b)所示，并在后续铸坯连续弯曲与矫直变形过程产生如图 1-6 (c)、(d) 所示的凹陷带表面横裂纹缺陷和皮下纵裂纹缺陷[42]。在实际板坯连铸生产过程，若不及时对已产生凹陷区的表面横裂纹进行火焰清扫处理，铸坯在后续轧制过程将产生如图 1-7 所示的钢板边部裂纹缺陷，从而致使钢板因尺寸不合规等降级或报废。钢板大切边量处理亦极大降低了最终产品的金属收得率。

1.2.4 板坯热送表面裂纹

常规与宽厚板坯连铸过程由于拉速相对低，连铸机出口的铸坯表面与内部

图 1-6 微合金钢厚板坯偏离角区纵向凹陷及其裂纹形貌

（a）铸坯宽面偏离角区纵向凹陷带；（b）铸坯宽面偏离角区凹陷带皮下裂纹；

（c）铸坯宽面偏离角区凹陷带表面横裂纹；（d）铸坯宽面偏离角区凹陷处皮下纵裂纹

图 1-7 偏离角区凹陷带表面横裂纹裂纹造成的钢板边部裂纹形貌

的温度均难以满足连续轧制要求。连铸坯热送热装技术产生于 20 世纪 60 年代[43]，是一项高效衔接传统连铸与轧钢界面的重要革新技术，其将切成定尺寸的连铸坯在红热状态下通过辊道输送等方式从连铸车间直接送至轧钢厂加热炉，从而改变了传统连铸坯需下线堆冷再装炉的冷装模式，有效利用了连铸坯的显热，充分发挥了节能减排的作用。其与传统的冷装工艺相比，连铸坯热送热装技术具有显著的节能减排、减少金属消耗、缩短生产周期以及减少厂房占地等优势[44~46]。

我国多数钢铁企业新建或改建于 20 世纪 90 年代以后，多数常规或厚板坯连铸产线具备热送热装高温连铸坯的功能。根据不同钢铁企业实际连铸与轧钢车间的产线布局，直接热送至加热炉的铸坯表面温度一般多处于 500~700℃ 范围。在该温度下，铸坯表层一部分奥氏体组织晶界已发生 γ→α 相变，为 γ+α 两相结构，未转变的奥氏体仍以粗大的原始奥氏体晶粒存在，加热炉加热过程易构成混晶组织。与此同时，在该温度下，大多数的微合金元素已于钢中的 C、N 元素结合，发生或完成微合金碳氮化物二相粒子析出，并主要分布与原奥氏体晶界。混晶组织及原始奥氏体晶界二相粒子集中析出钉扎作用下，热送铸坯在加热过程极易产生如图 1-8（a）所示热送裂纹缺陷，进而经轧制形成如图 1-8（b）所示的钢板表面裂纹缺陷[47~49]。

 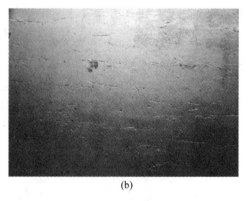

(a) (b)

图 1-8 热送至加热炉退出的铸坯表面裂纹形貌和轧制钢板表面裂纹形貌
（a）连铸坯表面裂纹；（b）钢板表面裂纹

值得指出的是，在实际生产过程中，产生表面热送裂纹的板坯多集中在含 Nb、V 和 Al 等合金元素的钢种，例如 Q345B/C/D/E、Q345R、AH36/DH36 等系列钢，且铸坯在进入加热炉加热前很少产生该类型裂纹，仅在铸坯加热过程产生。因此，实际生产过程较难发现或有效预防。一般情况下，热送的微合金钢板坯表面裂纹多产生于其宽面，并呈网状结构连续分布，且裂纹的开口宽度与深度不一。常见的该类型裂纹的开口尺寸多为 0.1~1.5mm，深度 0.5~3.5mm，但个别大型裂纹的开口尺寸和深度可分别达 1.5mm 和 5mm 以上。微合金板坯热送裂纹一般在轧制环节无法消除，留至钢板表面的裂纹缺陷常因其深度等超标而无法修磨，因此多降级或判废处理。

1.3 微合金钢板坯角部横裂纹控制研究现状

1.3.1 微合金钢板坯角部横裂纹产生环节

微合金钢连铸过程从结晶器至连铸出坯，经历了复杂的组织凝固生长与宏观热/力学演变等过程。传统认为，微合金钢连铸板坯的角部产生于结晶器环节，并在后续二冷凝固过程扩展而成。Cramb 等将板坯角部裂纹的形成过程总结如下[50]：

（1）在不合理的结晶器振动与保护渣物性参数、钢液面波动及其弯月面凝固传热作用下，铸坯角部等表面形成深振痕。

（2）深振痕底部组织由于传热速度较低，生成了粗大的奥氏体晶粒，并且在晶界处存在明显的溶质微观偏析，从而形成脆性组织。

（3）铸坯在结晶器内下行过程，凝固坯壳与结晶器摩擦显著增加，当摩擦力超过坯壳的临界强度时将引发振痕撕裂。

（4）铸坯出结晶器后，在结晶器足辊及立弯段等冷却区内，强制喷淋的冷却水作用于铸坯表面，使铸坯表层产生过大的热应力，而这些热应力极易在深振痕底部集中，进一步引发振痕底部沿奥氏体晶界开裂。

（5）若结晶器与立弯段对中存在偏差、扇形段的支承辊不转或变形、扇形段对弧及辊缝精度偏差较大等，将导致已产生的裂纹进一步扩展。

（6）二冷区内，铸坯表面在水冷与辊-坯接触间歇性传热综合作用下，铸坯角部等表层组织的氮化物和碳化物加剧析出，从而进一步提高铸坯表层组织的脆性。

（7）铸坯在矫直过程，其上表面受拉伸作用。若其表面温度处于脆性区，过大的拉应变易超过铸坯表层组织的临界应变，从而产生表面横裂纹。

为此，Cramb 等对微合金钢铸坯角部横裂纹的形成环节归结于结晶器、二冷以及矫直等全过程。认为结晶器内铸坯表面形成深振痕等是起因，过大摩擦力是造成裂纹萌生的关键，铸流辊列精度及冷却、矫直等工艺是扩展裂纹的重要因素。

然而，在实际微合金钢连铸生产过程，多数钢铁企业在保证连铸机精度的条件下，微合金钢常规与宽厚板坯角部横裂纹多产生于内弧，而外弧相对少，甚至无裂纹产生。为此，目前多数研究者认为[51~55]，微合金钢连铸板坯角部横裂纹应产生于矫直或辊缝不对中等的二冷环节。

1.3.2 微合金钢板坯角部横裂纹形成机理

微合金钢板坯连铸过程频发角部横裂纹缺陷是行业的共性技术难题，国内外各大钢铁企业均普遍出现。为此，围绕该类型裂纹产生原因的研究从 20 世纪 70 年代就已经开始。然而，到目前为止，针对其成因的研究尚无统一定论。总结前人研究，总体而言可将其成因归结为内因和外因两个方面。

1.3.2.1　板坯角部横裂纹形成内因

板坯角部横裂纹形成的内因主要与自身的高温力学性能有关。在实际连铸生产中，常将钢组织的高温热塑性作为衡量其抗裂纹能力的关键指标。为此，一般也将引发微合金钢连铸坯角部横裂纹的内因，归结于由于因连铸坯自身凝固过程导致角部高温热塑性降低的组织缺陷因素。

关于钢组织高温热塑性的研究，Brimacombe 等[56]最早指出，钢凝固过程存在两个典型的脆性温度区，分别为温度大于 1340℃ 的脆性区和温度区为 700~900℃ 的脆性区。而造成第二个脆性区形成的主要原因与 Ti、Nb、V 等合金元素的二相粒子析出有关。Suzuki 等[57,58]在其基础上进一步将钢的高温热塑性区间划分成三个脆性温度区。其中，第一脆性区的温度大于 1200℃，第二脆性区的温度为 900~1200℃，第三脆性区的温度为 600~900℃。Wolf 等[59]立足于晶界脆化理论，对钢的三个脆性温度区进一步划分，并提出 Cu、Sn、Sb 等杂质元素富集是致使钢组织高温热塑性恶化的重要原因。进入 21 世纪，Thomas 与 Mintza 等[60~63]在此基础上又进一步提出先共析铁素体沿奥氏体晶界生长是致使钢形成第三脆性区的另一重要因素。

一般而言，影响钢组织高温热塑性的内因主要包括原奥氏体晶粒尺寸[64]、微合金碳氮化物析出尺寸与分布形式[65,66]，以及不同温度下的组织结构特点[67]等。在实际连铸生产中，铸坯角部等表层凝固生成粗大的奥氏体晶粒，不仅会显著降低铸坯表面抗裂纹产生与扩展的能力[68]，大尺寸晶粒亦增加了其晶界微合金碳氮化物的析出总量与尺寸[69]，恶化晶界塑性，同时亦易形成低塑性的"粗大奥氏体+晶界先共析铁素体膜"组织结构。

在传统板坯连铸工艺（包括薄板坯液芯压下工艺）下，受限于铸坯凝固过程组织缺乏大变形压下的动态再结晶行为，铸坯角部等表层原奥氏体晶粒凝固生长主要由所连铸生产钢种的成分体系（包括碳含量与合金种类及其含量）、结晶器角部传热行为等所决定。其中，钢中的碳含量通过改变铸坯表层组织凝固过程的模式，进而影响奥氏体晶粒的生长。图 1-9 为 Ohno 等[70~73]采用高温重熔凝固实验检测获得的不同 C 含量下铸坯表层组织晶粒生长特点。通过研究发现，包晶钢凝固过程中，当温度降至包晶反应温度时，γ 相在 δ 相晶界析出并沿温度梯度方向由表层向内部生长。在该凝固过程，残余 δ 相钉扎在 γ 相两侧，阻止了 γ 相沿短轴两侧生长而形成细小柱状奥氏体，使得 γ 相短轴直径与一次枝晶臂相当[74,75]。而当温度降至完全奥氏体化温度时，δ钉扎相消失，奥氏体在不连续生长作用下，开始迅速生长为粗大柱状奥氏体。为此，连铸生产碳含量处于包晶范围的微合金钢时，相同连铸工艺条件下，铸坯角部等表层奥氏体组织的晶粒尺寸显著粗大，极大降低了铸坯角部等表层组织的高温塑性，从而引发铸坯角部等表面高发裂纹缺陷。

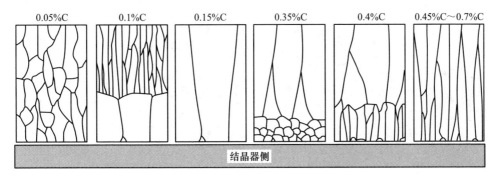

图 1-9　不同 C 含量下铸坯表层组织晶粒生长示意图[70]

细化连铸坯表层凝固奥氏体晶粒是提高其组织高温热塑性的重要途径之一。上述已提到，在实际连铸生产中，铸坯角部等表层奥氏体晶粒难以通过大变形压下等手段细化，因此应主要依靠钢组织初始凝固过程细化和防止后续高温粗化实现。当前，常用的钢组织初始凝固晶粒细化控制手段，主要通过加速连铸坯凝固过程的冷却速度和添加微合金成分实现。其中，快冷凝固过冷细化钢初凝组织晶粒机制的研究已较为系统[76,77]，实践也已证明大幅提高钢凝固过程的过冷度可一定程度使其组织晶粒细化。针对连铸坯角部组织而言，关键是强化结晶器角部区域的坯壳冷却，使铸坯角部组织凝固生成奥氏体过程细化，并防止其在下行过程粗化。但在实际连铸生产过程，凝固坯壳在结晶器持续冷却与组织相转变作用下，不可避免产生动态收缩，致使铸坯角部脱离结晶器而阻碍了凝固坯壳的高效传热[78,79]。如何提高结晶器内凝固坯壳角部的冷却速度，是高效连铸技术发展的重要内涵。

作为连铸坯凝固奥氏体晶粒细化控制的另一个重要手段，是添加合金成分细化组织晶粒尺寸，目前最常见的是向钢中添加稀土与钛等合金，通过引入合金及其氧化物、碳氮化物等形核质点，使铸坯在凝固过程的奥氏体晶粒整体细化。此外，近年来研究发现，向钢中引入多种合金元素复合，通过改变其二相粒子的析出温度、数量以及分布形式等，可实现铸坯凝固组织晶粒的大幅细化。例如，本书作者近期研究发现[80]，向不同含铌量包晶钢中添加含量约 0.02%（质量分数）的 Ti，在相同凝固条件下，钢组织铸态奥氏体晶粒显著细化，甚至消除了粗大柱

状奥氏体晶粒的现象，如图 1-10 所示。为此，在所连铸生产钢种满足轧制工艺
及其力学性能要求的前提下，向含铌钢中添加一定量的 Ti，可显著细化凝固奥氏
体晶粒[81]，从而提升钢组织的热塑性，有利于控制微合金钢连铸板坯角部裂纹
产生。

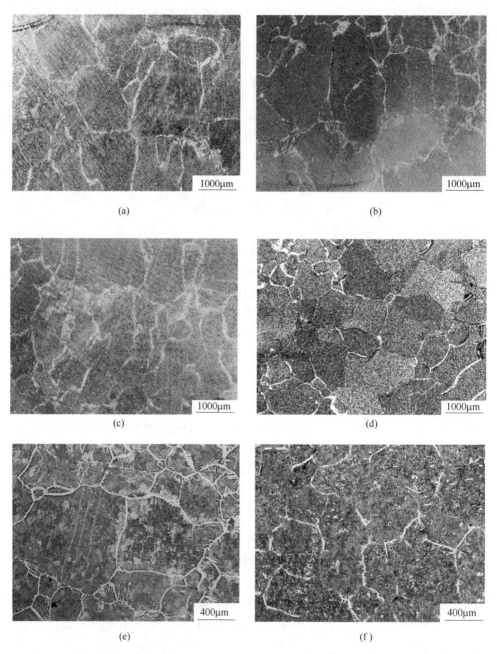

(a)   (b)

(c)   (d)

(e)   (f)

 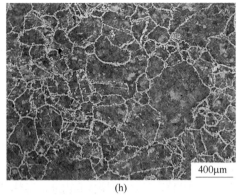

(g)　　　　　　　　　　　　　　　(h)

图 1-10　不同铌含量包晶钢及 0.02%钛含量下的奥氏体形貌

(a) 0.02%Nb；(b) 0.04%Nb；(c) 0.06%Nb；(d) 0.08%Nb；(e) 0.02%Nb+0.02%Ti；
(f) 0.04%Nb+0.02%Ti；(g) 0.06%Nb+0.02%Ti；(h) 0.08%Nb+0.02%Ti

关于微合金碳氮化物析出行为对钢组织高温热塑性影响规律，Miyashita 等[82]针对含 Nb、V 钢凝固过程的热塑性，指出含 Nb、V 碳氮化物在奥氏体晶界析出，且生成的 Nb(C,N) 抑制了奥氏体晶粒动态再结晶，导致奥氏体晶界显著脆化。增加钢中氮含量将促进微合金碳氮化物析出，加剧连铸坯表面横裂纹产生，如图 1-11 所示。Crowther 等[83]的研究结果同样表明，微合金碳氮化物在铸坯角部组织晶界析出，造成了连铸坯角部组织晶界强度显著降低，是引发连铸坯产生边角部微横裂纹的主要原因，精确控制钢中微合金元素和氮的含量可有效抑制铸坯角部微横裂纹的发生。总体而言，含 Nb、Al、V、B 等微合金元素的碳氮化物沿晶界集中析出并钉扎晶界，会恶化钢组织的高温热塑性，并且随着钢中微合金及氮含量的增加，热塑性会加剧变差。而添加适量钛合金有助于提升钢的高温热塑性。

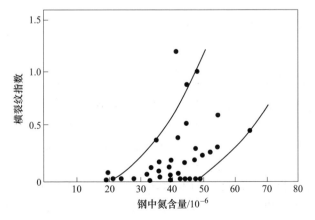

图 1-11　含 Nb-V 钢中氮含量对横裂纹发生率的影响[82]

　　但从表 1-1 中亦可以看出，不同研究者关于不同种类合金及其含量对钢的高温热塑性作用行为的结论区别较大。例如，在铌对钢的高温热塑性影响研究中，Ohmori[85]、Nakata[86] 和 Kang[87] 等认为沿晶析出的 NbC、Nb(C,N) 易使钢在受力过程产生应力集中，恶化钢的高温热塑性。而 Han[88] 和 Mejia[89] 等研究结果则表明，钢中添加 Nb 元素可促进晶内 Nb(C,N) 生成，从而提高钢的高温热塑性。进一步，Wojcik[90] 等研究认为，小尺寸 NbC 析出会恶化钢的高温热塑性，而大尺寸 NbC 析出则对钢的高温热塑性影响不明显。同样，往钢中添加 V 元素，不同学者的研究结论也不尽相同。例如，肖锋等[91] 认为往钢中添加钒含量仅当其超过 0.193% 时，才能较明显降低钢的高温热塑性。而邓深等[92,93] 认为添加 V 合金即造成了钢在 650~800℃ 温度范围内组织的高温热塑性降低。也有少数研究者[94] 认为，钢中加钒合金可降低其珠光体含量与平均尺寸，从而提升钢的高温热塑性。而对于钛对钢组织高温热塑性的影响，Cho[95] 认为在含铌、硼钢中加入钛后可减少 Nb(C,N) 和 BN 沿晶界的析出量。Banks 等[96] 和 Mejia 等[97] 同样认为，钢中加钛可提高其组织的高温热塑性。但 Luo 等[98] 认为加钛会生成大量细小的应变诱导析出物，进而恶化钢的高温热塑性。Mintz[99] 研究结果也表明，钢中加入钛合金后，其高温热塑性被恶化，且 TiN 对钢的高温热塑性恶化效果较 AlN 更为显著。但在含硼、铌、铝类微合金钢实际连铸生产中，向钢中添加合适含量的钛合金，受 TiN 优先析出特性作用，消耗了钢中大量的氮含量，从而减少对钢组织塑性影响更大的含 Nb、V 类碳氮化物析出量，可较明显减少连铸板坯角部裂纹产生。

表 1-1　不同冷却工艺对微合金钢高温热塑性影响[37]

作　者	冷却工艺	结　论
Suzuki 等[100]	弱冷	弱冷有利于减小脆性区间
Luo 等[98]	冷速 0.4℃/s、4℃/s	在 750~900℃ 温度范围内，低冷速低的钢组织热塑性高
Carpenter 等[101]	冷速 100℃/min、200℃/min	增大冷速会恶化钢的热塑性
Cho 等[102]	冷速 1℃/s、5℃/s、20℃/s	冷速对无硼钢热塑性影响较小；增大冷速会恶化含硼钢的热塑性，使塑性凹槽向高温区移动
Lu 等[103]	冷速 3℃/s、8℃/s、15℃/s	增大冷速会恶化 900~700℃ 温度区内钢的热塑性
Kang 等[104]	冷速 1℃/s、20℃/s	低冷速下的钢热塑性高

　　此外，由于不同的冷却工艺对钢组织碳氮化物析出尺寸及分布等影响显著，进而对钢组织的高温热塑性产生明显的影响。对此，国内外冶金工作者[98,100~104] 亦广泛开展了不同冷却速度与冷却温度等工艺对微合金钢高温热塑性的影响规律研究。总体而言，对于当前国内外钢铁企业主流含 Nb、Al、B、V 类微合金钢连铸，强化其碳氮化物析出温度区内的铸坯冷却，有助于提升钢组织的高温热塑性。特别是近年来，以 Lee、文光华以及本书作者等为代表的国内外研究者，对含 Nb 钢连铸坯凝固过程不同冷却速度下的二相粒子析出行为开展了较系统的研

究[52,105~110]，亦认为高冷却速度有助于弥散化微合金碳氮化物析出，提高钢组织的高温热塑性。

但从表1-1中亦可以看出，部分学者通过对不同冷速下的钢组织热塑性影响研究指出，快速冷却工艺不利于提高钢的高温热塑性，甚至起到了恶化作用。相对于采用快速冷却工艺连铸生产微合金钢板坯，采用整体"缓冷"二冷工艺有利于控制铸坯角部裂纹产生。

从组织结构角度，不同冷速及温度下的钢组织结构不同。但在国内外主流常规与厚板坯连铸生产过程，铸坯除了在结晶器内凝固过程的冷却速度较高之外，二冷弧形、矫直以及水平段等区域内的表层组织冷却速度均较低，且宽面表面温度多在850℃以上。此时的铸坯表层组织多为单相奥氏体，塑性整体较高。而对于铸坯角部，其进入矫直区时的温度多处于750~850℃范围。在该温度下，其组织结构多为粗大的"奥氏体+晶界铁素体膜"形式。一般认为，该结构组织的高温热塑性较低，Thomas等[60]研究表明，奥氏体晶界生成铁素体膜是造成钢组织形成第三脆性温度区的重要因素，且当铁素体膜的体积分数达10%时塑性最差[111]。

在实际板坯连铸生产中，受限于连铸拉速、铸流辊列长度及其冷却结构等因，铸坯角部在矫直区附近的组织不可避免产生奥氏体向铁素体转变，从而形成"奥氏体+晶界铁素体膜"低塑性结构组织。为此，为了避开该低塑性结构组织的铸坯角部过矫直，国内外钢铁企业多采用高温过矫直和低温过矫直的二冷配水工艺生产，并以高温过矫直配水工艺为主。然而，受限于不同钢种的相转变温度、导热速度以及连铸工艺差异显著，铸坯在矫直区附近的组织结构，特别是奥氏体晶界的铁素体膜体积分数差距较大，采用整体高温或低温过矫直的冷却工艺，对于提升铸坯角部组织在该区域的热塑性效果并不十分稳定。为此，国内外学者针对如何通过开发合适的冷却工艺来改善钢组织结构，进而改善钢组织在矫直区附近的热塑性，开展了广泛研究[52,112~116]。值得一提的是，自Grange等[117]于1966年率先利用循环快速加热-冷却相变法在实验室条件下首次实现了铸态钢组织晶粒细化以来，国内外学者广泛开展了不同冷却模式的连铸循环相变控冷工艺，以实现钢组织晶粒显著细化而提高其热塑性（表1-2）。

表1-2 不同冷却模式对钢的高温热塑性影响研究

作　者	冷却工艺	结　论
Ito 等[112]	快冷至 γ→α 转变温度，再回温至 γ 区温度，而后缓冷却	复合冷却模式可大幅度提高钢种热塑性
Lee 等[113]	以 20℃/s 冷至 600℃ 再回温至 1100℃，而后以 0.4℃/s 冷却	复合冷却模式可提升钢种热塑性
Lu 等[114]	以 3℃/s 冷速冷却至低温再以 0.3℃/s 回温	该冷却工艺下的钢高温热塑性相比以 3℃/s 冷速冷却至测试温度和室温加热至测试温度工艺下的高温热塑性差

作　者	冷却工艺	结　论
马范军等[115]	以 3～6℃/s 冷速快冷至 A_{c3} 以下，以 3.0℃/s 回温至 A_{r3} 以上	显著细化钢组织，大幅提高热塑性
李云峰[116]	以 5℃/s 冷速冷却铁素体化温度，以 3℃/s 回温至奥氏体化温度	钢组织晶粒显著细化，热塑性提升
蔡兆镇等[52]	以 ≥5℃/s 冷速强冷至 600℃，以 ≥3.5℃/s 速度回温至>900℃	钢组织晶粒超细化，第三脆性区热塑性提升≥30%

1.3.2.2　板坯角部横裂纹形成外因

影响微合金钢连铸板坯角部裂纹产生的外因主要是由于连铸工艺和机械设备等造成的铸坯角部应力过大。在实际连铸生产过程，造成微合金钢连铸坯角部裂纹的外因，影响因素很多，主要体现在如下几个方面。

A　结晶器内坯壳与铜板的摩擦力

在连铸生产过程中，上下往复振动的结晶器与持续向下拉的铸坯存在较大的摩擦应力。当结晶器向下振动时，凝固坯壳多处于压缩状态，表面一般不会引发裂纹。而当结晶器向上振动时，铸坯表面受到较大的拉应力时，容易引发铸坯角部薄弱的晶界处产生晶间微裂纹缺陷。为此，采用合适的结晶器倒锥度、振动参数，减小铸坯在结晶器内凝固过程的摩擦力，是保障微合金钢连铸板坯角部无缺陷生产的重要基础。

B　振痕深度

在实际连铸生产过程，不同的振动模式与振动工艺参数、钢种等条件下的铸坯表面振痕深度与形貌的差异均较大。对于不同形貌的振痕，其形成机理不一致。Emi 等[118]认为铸坯表面"溢流"型振痕主要原因为在结晶器强冷却条件下，弯月面率先形成较厚的坯壳在负滑脱作用下向钢液侧弯曲，但在正滑脱阶段无法再次弯向结晶器壁。坯壳上部的溢流扫走其与结晶器壁间的液态保护渣，从而形成类似双层皮肤的冷隔。而"回弯"型振痕的形成是在结晶器弱冷却条件下，较薄的坯壳在负滑脱过程弯向钢液侧，而在正滑脱阶段被钢水静压力再次压回结晶器壁而形成的振痕。Tomono 等[119]则将该两类型混合的振痕的形成机理归结为溢流钢液将凝固厚坯壳上部重熔，从而形成"溢流-重熔"型表面振痕。对于"溢流"和"溢流-重熔"两种类型的振痕，溶质于勾状振痕上表面形成偏析，致使坯壳上表面与溢流钢液无法焊合，在与结晶器铜板的摩擦力作用下，铸坯角部等表面极易产生沿振痕生长方向的横裂纹缺陷。

此外，铸坯表面形成深振痕后，其波谷一般远离结晶器铜板，极大降低了组织的冷却速度，致使振痕波谷处的奥氏体晶粒异常粗大，从而降低铸坯表层组织的临界应变,加剧铸坯角部横裂纹产生,如图 1-12 所示。有研究表明,对于含 Nb、Al 高强 C-Mn-Al 包晶钢,当振痕深度从 0 增加到 0.2mm 时,铸坯表层组织的临界应变急剧减少约 3/4。此外,深振痕亦将增大铸坯表面的切口效应。总体而言,铸坯表面振痕越深,振痕处的组织塑性越差,越易形成铸坯角部等表面横裂纹缺陷。针对不同钢种开发合适的结晶器振动工艺参数,最大化减小铸坯表面振痕深度,是钢铁企业保障微合金钢连铸坯角部无裂纹生产的重要工作之一。

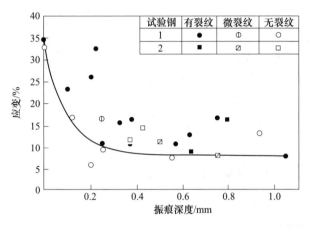

图 1-12 不同振痕深度与铸坯横裂纹临界应变间的关系[120]

(应变速率 $2 \times 10^{-4} \mathrm{s}^{-1}$)

C 连铸配水工艺

热应力是连铸坯凝固过程所受的主要应力之一。在实际板坯连铸过程,铸坯沿拉坯及其横向、铸坯厚度的三维空间方向上均存在较大的温度梯度,由此造成了铸坯凝固过程产生较大的热应力。铸坯角部由于受宽面和窄面二维传热作用,其温度整体下降较快、波动也较大,而且全程温度低于其宽面与窄面。同时,铸坯角部沿其向宽面与窄面中心、皮下等方向的温度梯度亦均较大,其热应力往往最大,从而引发或扩展铸坯角部裂纹缺陷。均匀化连铸二冷配水,以最小化铸坯角部热应力,是国内外钢铁企业微合金钢板坯角部横裂纹控制的另一项重要工作。

D 铸坯弯曲或矫直力

当前,国内外主流的板坯连铸机多为直结晶器的弧形连铸机,实际连铸生产过程中,铸坯在立弯段内由垂直逐渐过渡至指定半径的弧形,而后在矫直过程由弧形变为直坯。在该过程中,铸坯表面会以 $10^{-3} \sim 10^{-4}$ 的应变速率产生约为 2% 的形变量[120]。但不同的是,在弯曲段内,铸坯内弧承受的是压应力作用,一般不会产生角部裂纹缺陷。而铸坯外弧,虽然承受的是拉应力作用,但弯曲点处的铸坯角部温度多超过 900℃,在设备精度满足工艺规程的前提下,铸坯角部一般不会产生横裂纹缺陷。而在矫直过程,铸坯外弧承受的是挤压应力,其角部一般也不会产生横裂纹缺陷。但对于铸坯内弧角部，由于在该位置处的温度及其热塑性均较低，其在承受拉伸力过程极易产生角部横裂纹缺陷。因此，一般认为，铸坯角部裂纹产生的主要环节是连铸矫直区。为此，应采用多点连续矫直、高铸坯角部温度与热塑性等连铸工艺与装备技术，减小铸坯在矫直过程内弧的受力，降低铸坯角部裂纹率。

E　设备精度

连铸机的辊列精度是连铸坯表面无缺陷生产的基础。在实际板坯连铸生产过程中，连铸机设备运转不正常，特别是扇形段对弧或辊缝不对中、支撑辊轴承错位、支撑辊轴线不平行或者相邻辊架之间平行度不一致等，均会造成铸坯在铸流内受到较大的变形应力。例如，当连铸机铸辊偏移量为 0.5~1.5mm 时，由于不对中产生的应变将达到 0.2%~0.4%，其所带来的铸坯变形量比正常浇铸时板坯矫直阶段的变形量都大。为此，在高品质微合金钢板坯连铸生产中，高精度设备维护是一项重要的内容。

1.3.3　微合金钢板坯角部裂纹典型控制技术

正是由于微合金钢板坯连铸过程高发角部横裂纹缺陷是钢铁行业的共性技术难题，国内外钢铁企业结合上述裂纹产生的内因与外因，分别围绕钢的成分、连铸工艺以及设备等方面，开展了广泛的控制技术研发。

1.3.3.1　钢成分控制

由上文可知，造成微合金钢连铸板坯角部裂纹产生的关键内因之一，即为微合金钢碳氮化物于铸坯角部组织晶界大量析出而脆化晶界。因此，降低钢中微合金元素的种类及其含量、严格控制冶炼与连铸过程的氮含量，并尽可能选择避开包晶反应的碳含量，是从钢种成分角度控制微合金钢板坯角部裂纹产生的重要途径。然而，钢种的成分多受制于产品的力学性能，钢中的微合金种类及其含量、碳含量等可调整的幅度一般不大。在实际钢铁生产过程，钢中的氮含量一般作为有害元素加以去除。对于微合金钢而言，氮作为其碳氮化物析出的关键组成，其含量多少直接决定了碳氮化物析出的总量，是影响微合金钢连铸坯角部裂纹的关键参数。已有研究表明，当钢中的氮含量 $<4\times10^{-5}$ 时，微合金钢板坯角部裂纹率即可显著降低。为此，如何降低冶炼、精炼以及连铸过程钢中的氮含量，成为了近年来国内外多数钢铁企业解决微合金钢连铸板坯角部裂纹缺陷亟待解决的难题之一[121,122]。

此外，由于不同种类的合金元素，其在析出碳氮化物时的温度差异较显著。Ti 作为重要的微合金元素，若在含 Nb、Al、B 等元素的微合金钢中添加适量的钛合金，受其可在 1300℃ 以上即已析出的特点，将优先消耗钢中大量的氮，使得留给对钢高温塑性影响更大的含 Nb、Al、B 等元素碳氮化物的氮大幅减少，有利于微合金钢连铸坯角部裂纹控制。例如，在含硼钢连铸生产过程，当钢中氮含量约为 $4.5×10^{-5}$ 时，向钢中添加 0.025%~0.030%Ti，即可基本消除含硼钢板坯的角部裂纹缺陷。目前，"加钛固氮"的微合金钢板坯角部裂纹控制技术已被国内外钢铁企业广泛采用。

1.3.3.2 连铸工艺优化

当前，针对微合金钢连铸板坯角部裂纹控制技术的研发，主要集中在连铸工艺优化上。韩国现代钢铁厚板坯连铸过程，主要通过优化连铸二冷配水工艺，提高铸坯进矫直区的温度，一定程度降低了其含铌、钒类微合金钢厚板坯角部裂纹产生；宝钢通过优化改进保护渣性能、弱化结晶器冷却、优化二冷水水量分配、稳定结晶器锥度和采用合适的浇注速度等工艺方法[123]，一定程度降低了钢板边部裂纹性翘皮缺陷的产生，但未能完全消除裂纹产生；武钢通过对二炼钢两台板坯连铸机生产过程的结晶器液面波动、二冷制度与矫直温度控制、连铸坯表面振痕深度以及铸机精度控制[124]，一定程度降低了含 Al、Nb 钢的板坯角部裂纹缺陷产生；济钢三炼钢通过采用高频、低振幅结晶器振动模式、提高连铸坯矫直温度等方法有效减轻了连铸坯皮下横裂纹的产生[125]。首钢迁钢采用连铸二冷强冷试验研究了连铸坯强冷过矫直工艺的可行性，表明强冷却铸坯，使其角部在矫直区内的温度低于 700℃，可以一定程度降低微合金钢连铸坯角部裂纹产生；汉冶特钢通过优化厚板坯连铸结晶器振动参数、强化结晶器与立弯段的接弧，有效控制了微合金钢连铸板坯角部裂纹产生；天津钢铁采用连铸机矫直区边部减水以及钢中加钛的方法，较好控制了其含硼、铌类微合金钢宽厚板坯角部裂纹产生；攀钢通过优化结晶器振动参数、保护渣理化性能、二冷配水等工艺，大幅降低了其连铸坯角部裂纹发生率；宝钢梅钢通过往含硼钢中加入适量的钛，并严格控制钢中的氮含量，结合连铸二冷配水工艺优化，实现了含硼钢连铸板坯角部免清理低裂纹率稳定生产；鞍钢鲅鱼圈宽厚板坯连铸生产过程，采用钻石结晶器与连铸二冷缓冷工艺，较好控制了微合金钢厚板坯角部裂纹产生。

可以看出，目前针对微合金钢连铸坯角部裂纹控制，各钢铁企业主要通过优化钢水冶炼与精炼、连铸浇注、结晶器—冷结构与冷却制度、连铸二冷配水与矫直等连铸工艺，以期通过合理控制钢的成分以及连铸坯凝固过程的热/力学行为变化，减少该类型裂纹的发生。在已开发的这些微合金钢连铸坯角部横裂纹控制技术中，连铸冷却工艺优化及其技术开发与应用最为广泛。比如 Nozaki[126]、Yasunaka[127]、王新华[128]等通过降低连铸过程铸坯角部的冷却强度来降低横裂纹发生率；文光华[129]、王先勇[130]等通过改变二冷区喷嘴布置来改变铸坯角部冷却条件，进而达到减轻角部横裂纹发生的目的。这些控冷工艺的开发与应用，其根本目的是控制连铸坯的角部温度，使其进入连铸机弯曲及矫直段时避开对应钢种的第三脆性温度区，满足高塑性过弯曲或矫直要求。然而，在实际铸坯连铸二冷优化技术实施过程中，受限于连铸拉速、铸流喷淋结构等因素，铸坯角部较难完全稳定避开对应钢的第三脆性温度区。为此，钢铁研究总院开发出了大倒角结晶器技术[131,132]，并先后在首钢、邯钢、重钢等国内多家钢铁企业应用，取得了较好的应用效果。上述基于铸坯角部温度控制的微合金连铸工艺优化与新技术实施应用，一定程度上缓解了微合金钢连铸坯角部横裂纹的发生，但因其无法解决连铸坯在凝固过程由于微合金碳氮化物及先共析铁素体膜于晶界集中析出与生成、奥氏体晶粒粗大，导致铸坯自身组织弱化的问题，故裂纹控制的稳定性差，更无法从根本上杜绝其发生。

根据上述造成微合金钢连铸坯角部横裂纹的原因，要从根本上杜绝该类型裂纹发生，关键是使铸坯表层生成强抗裂纹能力的组织，即抓住微合金钢连铸坯角部横裂纹产生的本质原因，通过开发新的连铸坯凝固与控冷工艺，消除传统微合金钢连铸过程中铸坯角部表层组织晶界链状碳氮化物和膜状或网状先共析铁素体膜析出。

基于该思想，本纪纪初以 Kato 等[133]为代表的国内外研究者对微合金钢连铸坯在不同的冷却速度下的晶界析出物析出行为及表层组织结构的演变行为开展了较深入的研究，开发出了强化铸坯表层组织的微合金钢板坯表面组织控制新技术（SSC），且在 Kashima 2 号连铸机[134]投入应用。该技术的核心是合理控制二冷垂直段区域内铸坯的冷却速度、冷却温度、回温速度以及回温温度等工艺参数，从而对铸坯表层组织晶界碳氮化物与先共析铁素体膜析出进行控制，达到强化铸坯表层组织在高温状态下抗裂纹性能的目的。其温度及铸坯表层组织结构演变机理如图 1-13 所示。基于 SSC 工艺铸坯角部裂纹控制机理，重庆大学文光华等[115]也开展了相关研究工作，并先后在宝钢、攀钢等企业开展了应用试验研究。

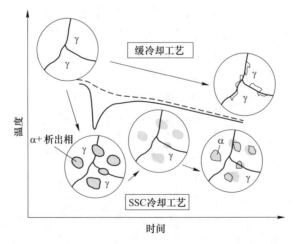

图 1-13　SSC 工艺金相组织演变机理示意图[133]

然而，在实际连铸生产中，连铸机二冷冷却控制十分复杂，在传统铸机条件下，要在足辊与垂直段这一较短区域内对铸坯实施大幅度快速降温与升温控制以强化铸坯表层组织，工艺控制窗口狭窄，在实际实施过程中控制工艺的稳定性难以把握。与此同时，微合金碳氮化物在连铸坯角部组织晶界的析出行为与其所处的温度有关。在实际微合金钢连铸生产中，结晶器内坯壳角部的传热属于二维传热，其角部出结晶器后进入足辊段的温度往往已降至 1000℃ 以下。在该坯壳温度下，诸如 Ti、Nb、Al 与 B 等元素的微合金碳氮化物在铸坯组织中已接近析出完成或已大幅析出（TiN 的奥氏体晶界析出温度区约为 1000~1350℃，Nb(C，N)、AlN、BN 的晶界析出温度区约为 850~1120℃）。采用足辊段强冷却技术，控冷其内微合金钢铸坯角部组织，对于改善其晶界微合金碳氮化物析出行为的作用十分有限。此外，在现有装备条件下，整体强冷却铸坯技术在实际生产过程中想实现铸坯角部快速冷却亦较为困难。因此，在实际微合金钢连铸生产中，在无其他装备技术保障条件下实施上述铸坯表层组织控制技术（SSC）彻底消除角部横裂纹发生仍有一定的难度。

同时，Mintz 等[135]认为 SSC 工艺也存在其缺点，即快速冷却会导致极大的热应力和温度梯度，在快冷之后铸坯表面温度可能无法回升到常规工艺的范围，导致低温矫直，增加矫直负荷和扇形段铸辊磨损。并且由于铸坯实际温度场改变，对铸流辊列的辊缝收缩控制和凝固末端轻压下工艺也产生影响。

1.3.3.3 连铸关键设备优化调控

上文提到，连铸机设备对铸坯角部横裂纹的发生也存在着较大影响，保证铸坯设备的良好运行是所有角部横裂纹控制技术实施的基础。此外，各设备运行的参数也会一定程度上影响角部横裂纹的产生。目前，国内外围绕连铸关键设备精度控制及其工艺参数优化以改善微合金钢连铸坯角部质量的研究主要如下所述。

（1）结晶器振动工艺[31]。实践表明，微合金钢铸坯表面的振痕深度越浅，其角部横裂纹的发生率越低。在实际连铸生产过程，对于某一特定钢种，铸坯表面振痕深度主要取决于包括振频、振幅、负滑脱时间、振动波形等在内的振动参数的合理性。总体而言，结晶器的振频越高，振痕越浅平，减小负滑脱时间有助于减小振痕深度。为此，目前国内外钢铁企业，特别是近年来普瑞特所提供的结晶器振动技术多倾向采用高频率、小振幅的非正弦振动结晶器振动模式与参数，有利于减轻铸坯表面振痕深度，减少微合金钢连铸板坯角部横裂纹发生。

（2）结晶器工艺优化[136]。结晶器作为连铸机的"心脏"，其液面波动、锥度等工艺参数均与铸坯角部裂纹形成与扩展息息相关。结晶器液面波动作为衡量连铸生产稳定化的关键性指标，剧烈的液面波动会导致保护渣流入渣道的均匀性变差，进而造成铸坯表面振痕深浅不一。严重的结晶器液面波动，亦易形成卷渣，加剧微合金钢连铸坯表面裂纹产生。当前主流微合金钢产品（特别是中厚板），其碳含量多处于包晶、亚包晶范围，在较高拉速下连铸生产（特别是采用弱冷二冷配水工艺），结晶器液面常异常剧烈波动，是连铸生产该类钢的共性技术难题。为此，近年来宝武、邯钢、鞍钢等企业均严格控制结晶器液面波动，并为此开发出了非均匀辊列、结晶器弱冷与足辊等二冷高温区强冷却相结合的液面稳定化控制技术。

合理的结晶器锥度是消除铸坯角部等保护渣膜与气隙集中分布与生成，高效化传热结晶器内凝固坯壳角部组织的关键，同时也是防止铸坯窄面鼓肚的重要参数。宝武、涟钢等企业在实际连铸生产裂纹敏感性较高的高强系列微合金钢等钢种时，常采用结晶器大锥度工艺。然而，过大的结晶器锥度，一方面不仅会增加结晶器铜板下口的磨损，缩短结晶器使用寿命；另一方面也加剧铸坯与铜板间的摩擦力，易造成振痕处的组织撕裂而形成裂纹，不利于微合金钢连铸坯角部裂纹控制。

（3）设备维护。保证连铸机设备精度，是保障微合金钢连铸坯表面无缺陷生产的基本要求。关于结晶器辊缝等精度，国内外钢铁企业多要求其偏差不大于0.3mm，并要求高水平度。与此同时，坚决防止铸流各冷却区喷嘴堵塞现象。为此，近年来国内亦开发出了反冲洗喷嘴系统，并在天钢等企业应用。

（4）结晶器内腔结构优化。研发使用有利于控制铸坯角部横裂纹发生的结晶器内腔结构，是当前微合金钢板坯表面无缺陷连铸技术研发与应用的一个热点。目前，国内使用量最大的非常规结构结晶器为大倒角结晶器[132,133]。该结晶器的裂纹控制出发点为大幅提高连铸坯角部过矫直的温度，避开钢的第三脆性温度区。首秦、迁钢、邯钢等企业工业化试验表明，倒角结晶器生产的连铸坯在矫直区内的角部温度相比常规直角结晶器可提高70℃以上，从而高温避开了目前主流连铸微合金钢种的第三脆性温度区。目前，该结晶器已在国内多家钢铁企业使用，并取得了较好的裂纹控制效果。

近年来，作者基于引发微合金钢板坯角部裂纹成因的碳氮化物析出行为与凝固奥氏体生长行为研究，开发出了一种可高效补偿结晶器内坯壳角部凝固收缩的曲面结晶器[52]，以实现铸坯在结晶器内凝固生长过程角部高效传热，弥散化高温段微合金碳氮化物析出并细化初始凝固奥氏体晶粒，从而整体提高钢组织的高温塑性而减少微合金钢板坯角部横裂纹发生。

此外，陈登福等[137]研究了结晶器角部几何形状对铸坯角部温度的影响，提出相对于直角结晶器，采用大倒角、多倒角以及圆角结晶器均可大幅度提高铸坯角部温度，从而避开微合金钢组织的低塑性温度区间，有利于角部横裂纹的控制，但目前并未见其大规模工业应用。

1.4　厚板坯偏离角区纵向凹陷及其控制研究现状

厚板坯是制备高端中厚板与特厚板的母材，具有大宽度与大厚度的特点。厚板坯连铸生产过程，随着其厚度的大幅增加，出结晶器的窄面坯壳若得不到窄面足辊的有效支撑，出足辊后的凝固坯壳强度不足，将产生显著的窄面鼓肚缺陷。在实际厚板坯连铸生产中，铸坯窄面一旦产生较大的鼓肚变形，其宽面偏离角区域常伴随产生纵向凹陷缺陷。而产生明显宽面偏离角区纵向凹陷的铸坯，在凹陷带的表面及其皮下常分别伴随产生横裂纹与纵裂纹缺陷。可以说，频发的宽面偏离角区纵向凹陷已成为厚板坯连铸生产的重要共性技术难题之一，亟待解决。

1.4.1 厚板坯宽面偏离角区纵向凹陷成因研究进展

随着近年来国内外厚板坯连铸产线的大量增加，厚板坯连铸过程产生宽面偏离角区纵向凹陷缺陷问题逐渐凸显。为此，国内外广泛开展了基于钢种成分、结晶器保护渣性能、凝固坯壳收缩、结晶器锥度等的厚板坯偏离角区纵向凹陷成因与控制的研究[138~144]，结果表明优化结晶器相关工艺可一定程度改善厚板坯宽面偏离角区纵向凹陷的深度及宽度。然而，关于厚板坯宽面偏离角区纵向凹陷具体成形于何时、何处，以何种方式成形，尚未形成统一的定论。

关于厚板坯宽面偏离角区纵向凹陷成形的铸流位置，目前主要存在两种观点：一种认为凹陷形成于结晶器内，也称单阶段形成理论；另一种则认为凹陷形成于结晶器、足辊段两个位置，分阶段逐步演变而成，也称两阶段形成理论。

首先，在早期的大部分研究认为厚板坯偏离角区纵向凹陷形成于结晶器内。其中，Brimacombe 等[142]通过对大量的板坯进行冶金学检测，总结出凹陷的成因为结晶器弯月面处坯壳与铜板间易发生非均匀传热，导致初凝坯壳非均匀生长。当凝固坯壳运行至结晶器中下部时，坯壳薄弱处会形成高温"热点"。若此时，窄面铜板锥度过小，不足补偿凝固坯壳沿宽度方向的凝固收缩量，则坯壳"热点"处将形成拉应力。当拉应力达到一定程度，便造成"热点"处的坯壳缩颈，进而发生坯壳表面下沉，甚至开裂，如图 1-14 所示。

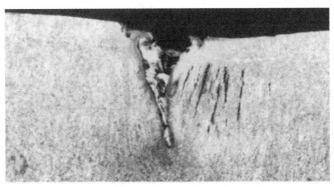

图 1-14 铸坯表面凹陷及其裂纹缺陷形貌[142]

然而，Brimacombe 等提出的该铸坯表面凹陷形成机理较好解释了实际连铸生产过程铸坯表面大型纵裂纹形成时常伴随出现的局部凹陷，却无法解释厚板坯宽面偏离角区纵向凹陷为何仅稳定出现在偏离角区域，且贯穿整块铸坯。此外，宽面偏离角区纵向凹陷并发的内裂纹一般出现在凹陷带皮下 20mm，甚至更深处，而缩颈产生的凹陷带皮下裂纹距表层不足 10mm。由此可知，厚板坯宽面偏离角区连续纵向凹陷与铸坯宽面大型纵裂纹并发的局部凹陷的形成机理不尽相同。

基于该铸坯表面凹陷形成机理研究，Thomas 等[143]指出在连铸生产过程中，若结晶器窄面铜板锥度过小，窄面坯壳将无法得到铜板的有效支撑，在钢水静压力作用下，窄面凝固坯壳将向外鼓肚而引发其角部在水平方向上产生向宽面方向的扭转变形，进而使铸坯的宽面偏离角处坯壳脱离宽面铜板，形成连续纵向凹陷。坯壳角部扭转变形过程如图 1-15 所示。相反，若锥度过大（大于 1.3%），则坯壳表面温度较高的区域易在挤压作用下发生褶皱，同样易形成严重的表面凹陷，同时引发铸坯皮下内裂纹等缺陷。

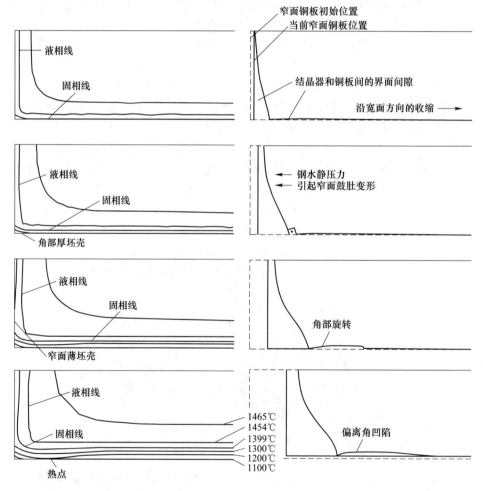

图 1-15　结晶器窄面与宽面锥度分别为 0.3% 和 0.1% 下的坯壳凝固变形演变[64]

与上述大锥度条件下板坯表面纵向凹陷形成机理相类似，Storkman 和 Thomas[144]亦提出，在当前国内外多数钢铁企业所采用的线性单锥度结晶器中内，坯壳在中上部凝固收缩较快，而在中下部的收缩却较为缓慢，从而造成窄面铜板对结晶器中下部的收缩补偿过大，进而挤压坯壳窄面，造成坯壳宽面偏离角处形成褶皱，最终演变为宽面偏离角区纵向凹陷缺陷，如图 1-16 所示。Mahapatra等[145]进一步通提出，当结晶器的内外弧热流密度差距较大时，铸坯凝固至结晶器中下部时的内外弧收缩出现较明显差距，受结晶器窄面锥度不均衡补偿作用，外弧侧的坯壳补偿不足，而内弧侧的坯壳受到铜板较明显的挤压作用，使得内弧侧坯壳宽面偏离角处发生褶皱，最终形成宽面偏离角纵向凹陷，并用该现象解释了实际连铸过程内弧侧凹陷相比外弧更为严重的原因。在此基础上，Mahapatra等进一步通过检测发现，凹陷带下并发内裂纹多出现于皮下 16mm 处，分析确定凹陷发生的位置在结晶器下口附近。

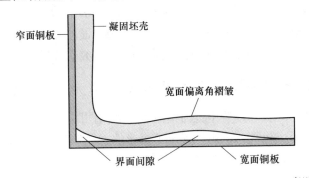

图 1-16　窄面过大锥度造成的坯壳宽面偏离角区纵向凹陷[144]

上述铸坯宽面偏离角区凹陷形成机理虽然一定程度上解释了凹陷的形成过程，但众多板坯结晶器内坯壳凝固热/力学行为研究结果显示，坯壳在结晶器内凝固过程的塑性应变很难达到 0.4%[146]，总应变也基本保持在 0.9% 以下。这意味着，在目前国内外普遍使用的板坯结晶器锥度范围内（0.9%~1.2%），坯壳在结晶器内的变形量非常有限，难以为宽面偏离角区纵向凹陷的形成提供应力应变条件。即板坯宽面偏离角区纵向凹陷发生在结晶器内的概率非常低。而实际连铸生产过程，厚板坯连铸结晶器窄面铜板锥度调整范围为 1.0%~1.2%，但生产过程却频发宽面偏离角区纵向凹陷缺陷。

鉴于实际连铸生产过程，坯壳在结晶器内的塑性变形十分有限，坯壳难以发生较大的变形而在宽面偏离角处形成连续的纵向凹陷，Thomas 等[147]进一步提出纵向凹陷仅是孕育于结晶器，而实际产生于足辊段的论断，即通常所说的铸坯宽面偏离角区纵向凹陷两阶段形成机理。通过数值模拟典型锥度等连铸工艺条件下坯壳在板坯结晶器内的凝固行为，结果表明受坯壳凝固收缩与结晶器锥度及铜板变形等综合作用，凝固坯壳宽面偏离角区域形成有较大的界面间隙，促使该区域的坯壳形成高温"热点"，并将该阶段定义成宽面偏离角区纵向凹陷形成的孕育期。而当凝固坯壳出结晶器进入二冷区后，钢水静压力推动宽面坯壳在辊间形成周期性鼓肚窄面，并在偏离角区的"热点"处发生坯壳弯折，同时在窄面足辊区内铸坯鼓肚作用下，凝固坯壳角部发生向宽面中心方向的扭转，使凹陷被扩大并形成较大的纵向凹陷，并定义该阶段为铸坯宽面偏离角区纵向凹陷的形成阶段。然而，部分学者亦认为该形成机理存在如下不足：第一，该研究中铸坯窄面鼓肚与宽面偏离角区纵向凹陷形成有直接关系，其在研究过程并未考虑侧导辊对铸坯窄面的支撑作用，无定量数据表明铸坯宽面偏离角区凹陷形成于足辊段内；第二，该研究中关于结晶器内坯壳的传热均匀性为假定条件，但实际板坯连铸生产过程，铸坯宽面偏离角区存在"热点"区显然是客观存在的；第三，该研究中采用模拟方法计算获得的凹陷分布范围从角部即已开始出现，而实际生产中所产生的厚板坯宽面偏离角区纵向凹陷仅开始于距角部 30~50mm 处，模拟结果与实际不甚相符。此外，该研究亦尚未定量明确铸坯宽面偏离角区凹陷与窄面鼓肚变形间的定量化关系、偏离角区凹陷形成过程及其在铸流内的演变行为等，研究有待进一步深入。

1.4.2　厚板坯宽面偏离角区纵向凹陷典型控制方法

　　为控制和减少厚板坯连铸中宽面偏离角区纵向凹陷的发生，国内外学者基于各自对纵向凹陷形成机理的认识，提出了相应的控制策略[148~156]。总体而言，大体可以分为如下几方面的控制策略。

1.4.2.1　结晶器结构及其工艺优化

　　铸坯在结晶器内的传热行为直接决定了坯壳凝固均匀性，均匀化结晶器内坯壳传热并合理控制坯壳变形是厚板坯宽面偏离角区纵向凹陷控制的基础。Thomas等[143]提出通过采用沿高度方向上部大补偿量、中部平行、下部小补偿量的三锥度结晶器，保证铸坯窄面在凝固过程与铜板高效贴合凝固。铸坯在该结晶器内凝固过程，上部大锥度补偿可高效补偿初始凝固坯壳的快速收缩，并支撑窄面坯壳以防止其大变形鼓肚，以及因鼓肚造成的对铸坯宽面的拉应力，防止宽面偏离角区凹陷产生。而在结晶器中下部实施小锥度补偿，可以有效避免坯壳与铜板间发生较大的摩擦和挤压，从而避免了大锥度可能引起的宽面偏离角区坯壳褶皱或凹陷，并延长结晶器铜板的使用寿命。然而，在实际生产中，优化结晶器内腔结构仅可一定程度上缓解厚板坯宽面偏离角凹陷产生，但无法稳定根除。目前除了舞阳钢铁等少数几个企业使用该类型结晶器外，尚未见该类型结晶器规模化推广使用。

　　此外，实践表明优化结晶器浸入式水口结构及其浸入深度和吹氩量等工艺，既保证结晶器液面活跃，又避免液面发生较大的波动，亦可一定程度改善结晶器内的传热均匀性而缓解厚板坯宽面偏离角区纵向凹陷产生。

1.4.2.2 保护渣物性优化

首钢针对其高铝钢板坯生产过程频发宽面偏离角纵向凹陷缺陷问题,季晨曦等[148]研究结果显示,该类钢板坯宽面偏离角区的纵向凹陷与所连铸的铸坯断面尺寸、结晶器液面的钢-渣反应,以及 Al 元素的扩散有关。对于 1900mm 宽的大断面板坯连铸,宜采用高碱度、低黏度、低熔点的结晶器保护渣。而对于 1200mm 宽的窄断面板坯,宜采用高黏度、高熔点的保护渣。同时,该研究亦认为结晶器液面的钢-渣反应会加重板坯渣面偏离角区纵向凹陷形成,提高结晶器保护渣中 Al_2O_3 与 SiO_2 的比值可在不影响黏度等其他性能指标的同时,降低钢渣反应的程度,减轻板坯宽面偏离角区纵向凹陷的发生。而对于一般性钢种生产,实践表明采用较低黏度、烧结温度区间较窄且烧结温度高的保护渣有助于防止铸坯宽面偏离角区纵向凹陷缺陷产生。

1.4.2.3 二冷喷淋优化

Thomas 等[143]提出,窄面足辊段内采用密排辊并强化铸坯窄面冷却可减小凝固坯壳在该区域内的变形,防止铸坯窄面鼓肚发生,进而避免宽面偏离角区纵向凹陷产生。鲁永剑等[153]基于现场实际生产提出,铸坯在足辊段内的侧面冷却不足,会导致窄面发生鼓肚变形,进而引发铸坯宽面偏离角区纵向凹陷。适当增加铸坯出结晶器后对窄面的喷淋,可增加板坯窄面侧的坯壳厚度和强度,进而防止窄面鼓肚与宽面偏离角区纵向凹陷的发生。朱振毅等[150]提出,适当增加窄面侧导辊的锥度,保证其与板坯侧面充分接触,也有助于防止窄面鼓肚变形及宽面偏离角纵向凹陷生成。

1.5 微合金钢板坯热送裂纹及其控制研究现状

1.5.1 连铸坯热送热装工艺简介

连铸坯热送热装技术是一项高效连接钢-轧界面的绿色化钢铁制造技术,其起步于 20 世纪 60 年代,并在两次世界石油危机的推动下快速发展起来。该工艺的基本思路是将切成定尺的连铸坯在红热状态下从连铸车间直接送到轧钢厂的加热炉加热,从而高效利用高温连铸坯内的热量,并大幅缩短生产工序与产品制造周期,具有降低能耗、提高成材率、缩短工艺流程等特点,近年来备受钢铁企业关注。连铸坯常规热送热装,以及直接轧制工艺流程示意图如图 1-17 所示。

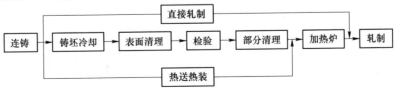

图 1-17 连铸坯不同送装工艺示意图

根据连铸坯热送温度的不同，一般将连铸坯的热送热装工艺划分成如表 1-3 所示的 5 类[157~159]。

表 1-3　连铸坯热装热送技术分类

序号	工 艺 名 称	热送热装温度	工 艺 特 征
I	铸坯直接轧制 （CC-DR）	1100℃	不经加热炉，补热和均热后直接轧制
II	铸坯热装直接轧制 （CC-HDR）	$A_3 \sim 1100℃$	不经加热炉，补热和均热后直接轧制
III	铸坯直接热装轧制 （CC-DHCR）	$A_1 \sim A_3$	铸坯直接装炉，加热后轧制
IV	铸坯热装轧制 （CC-HCR）	$400℃ \sim A_1$	经设备保温后再装炉，加热后轧制
V	冷坯装炉加热轧制	室温	下线堆冷到室温再装炉，加热后轧制

各连铸坯热送热装工艺的特点如下：

（1）连铸坯直接轧制，简称 CC-DR，其要求连铸坯的热装温度不小于 1100℃，铸坯不经加热炉加热，只需在铸坯输送过程中对其进行一定量的补热，达到可轧制温度后直接轧制。该工艺下的铸坯组织没有发生 $\gamma \rightarrow \alpha \rightarrow \gamma$ 相变，铸坯表层等均为较粗大的原奥氏体晶粒，同时没有发生常规冷装铸坯过程的碳氮化物析出-再溶解行为。

（2）连铸坯热装直接轧制，简称 CC-HDR，其要求连铸坯的热装温度在 1100℃ 至 A_3 温度之间，同样只需在铸坯输送过程中对其进行补热，达到可轧制温度后对其进行直接轧制。该工艺下的铸坯的金属学特征与 CC-DR 工艺相同，仅有部分合金元素发生析出-再溶解行为。

（3）连铸坯直接热装轧制，简称 CC-DHCR，其要求铸坯的热装温度在 A_3 至 A_1 之间，直接热送的铸坯需进加热炉加热至达到可轧制温度后方对其进行轧制。该工艺下的铸坯送至加热炉前，其表层组织处于 $\gamma+\alpha$ 两相区，即奥氏体晶界已发生 $\gamma \rightarrow \alpha$ 相变，生成了铁素体膜。铸坯进加热炉再加热后形成奥氏体细晶粒。同样，由于铸坯表层组织没有完全发生 $\gamma \rightarrow \alpha$ 相变，加热后的奥氏体多仍为粗大的原始奥氏体晶粒，部分新生成的奥氏体与原奥氏体构成混晶组织，塑性较差。在该热送热装工艺下，铸坯表层组织大多数合金元素发生了析出-再溶解行为，且各合金元素的析出-溶解程度有所差异。

（4）连铸坯热装轧制，简称 CC-HCR，该工艺下铸坯在保温设备中冷却到 A_1 至 400℃ 之间，再送加热炉进行加热后轧制。加热前的铸坯表层等组织已发生完全 $\gamma \rightarrow \alpha$ 相变，组织结构与冷装工艺差别不大。由于 400℃ 以下热装的节能效果不明显，因此将铸坯温度达 400℃ 作为热送热装的低温界限。

连铸坯热送热装工艺是钢铁制造流程的一项重要革新技术，其改变了传统微合金钢制造流程中，铸坯需下线堆冷再装炉的连铸-轧钢界面模式，可充分利用连铸坯内的显热，充分发挥节能降耗的作用。与常规的连铸坯冷装工艺相比，连铸坯热送热装技术具有明显的成本、效率以及环保优势[160]。

（1）降低能源消耗。由于热装的连铸坯具有相对高的温度，铸坯内大量的显热得以充分利用，因而具有良好的节能降耗效果。铸坯热装温度每提高100℃，加热炉加热环节的燃料消耗可降低约6%。采用传统的连铸坯下线冷装工艺，从连铸至热轧成卷，能源消耗约为 $(1.25 \sim 1.67) \times 10^6 kJ/t$，而采用直接轧制工艺可降低能源消耗约 75%～85%，采用直接热送热装工艺可降低能源消耗约65%，采用一般热送热装工艺可降低能源消耗约35%[161]，节能效果十分显著。

（2）提高金属收得率。同样由于热装的铸坯具有较高的温度，因而可显著缩短铸坯在加热炉内加热的时间，从而减少生产过程铸坯表面氧化铁皮损耗。按全铁计算铸坯氧化铁皮的生成量，在采用传统冷装工艺时，连铸坯在加热炉内产生的氧化铁皮量可高达 0.6%～1.0%；而采用热送热装工艺，铸坯表面氧化铁皮的损耗量显著减少，可相比传统冷装工艺的金属收得率提升约 0.5%～1.0%[162]。

（3）缩短生产周期。采用传统冷装工艺时，连铸坯需要下线堆冷。根据连铸坯的厚度及季节温度影响，一般堆冷环节需耗时 24～48h，整个连铸-轧制过程一般需要耗时 40h 以上。而采用热送热装工艺，从连铸到轧制成品，一般只需5～10h，大幅缩短了产品的生产周期，大幅提高生产效率。

（4）减少厂房占地面积。由于热送热装工艺免除了铸坯下线堆冷环节，简化了生产流程的同时，亦减少了厂房占地，节约了基建投资和生产费用。随着现代大型钢铁企业多采用紧凑式布局，连铸坯热送技术也成了保证生产顺畅的重要措施，解决了钢铁企业铸坯堆放场地有限的难题。

1.5.2 微合金钢板坯热送裂纹简介

尽管连铸坯热送热装工艺具有降低能源消耗、缩短生产周期、减少金属消耗、简化生产流程等优点，但是微合金钢连铸坯采用热送热装工艺生产时，常常会造成轧材表面裂纹的发生率大大增加[163]。微合金钢连铸坯热送过程高发表面裂纹问题已成为阻碍钢铁企业品种钢高质与高效化，乃至生产工艺顺行的关键技术瓶颈。

微合金钢生产过程采用连铸坯热送热装工艺时所造成的轧材表面裂纹称之为"热送裂纹"或者"红送裂纹"缺陷[164]。连铸坯在加热炉加热过程中，当表面的加热应力与组织应力之和超过铸坯的高温强度时，极易产生热送裂纹。图1-18为某钢厂含铌微合金钢板因铸坯红送裂纹造成的表面裂纹形貌。可以看出，由于该铸坯热送所造成的裂纹遗留至钢板表面，密集且较深，在实际生产过程中，多无法通过后续钢板表面修磨等工序消除。

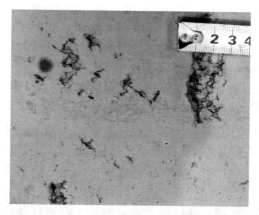

图 1-18　某钢厂含铌微合金钢板红送裂纹缺陷形貌

1.5.3　微合金钢板坯热送裂纹成因及影响因素

微合金钢板坯热送过程高发表面裂纹缺陷是钢铁行业面临的另一共性难题。自连铸坯热送热装工艺被广泛应用以来，针对微合金钢连铸坯热送裂纹的成因便已开展了大量研究。目前，国内外冶金工作者多认为，引发微合金钢连铸坯热送裂纹的成因主要受两类因素的影响：（1）热送过程中铸坯组织演变情况。由于Nb、V 具有扩大钢 γ 相区的作用，使铸坯的 A_{r1} 温度比较低，故热装温度大多都介于 A_{r3} 和 A_{r1} 温度之间，加热前铸坯表层一部分组织发生 γ→α 相变，这部分组织经加热后形成奥氏体细晶粒，另一部分组织没有发生 γ→α 相变，其在加热后仍为原始奥氏体粗晶粒，两者形成混晶组织，在加热应力有可能造成铸坯表面开裂[165,166]；（2）微合金元素碳氮化物在铸坯中的行为作用[167]。由于碳氮化物极易在奥氏体晶界集中析出，链状大尺寸析出物能够降低晶界强度，当铸坯表面热应力、组织应力之和超过晶界强度时，极易产生裂纹缺陷。铸坯在加热炉加热的过程中产生较大的热应力，同时铸坯组织发生相变产生组织应力，两者共同作用并表现为拉应力时，极易造成铸坯表面开裂形成裂纹源[168,169]。

为此，一般认为影响连铸坯热送裂纹形成的影响因素包括：送至加热炉路口的连铸坯表面温度、连铸坯表层组织晶粒尺寸、微合金种类及其碳氮化物析出量及分布形式以及连铸坯在加热炉内的加热工艺等。

1.5.4　微合金钢板坯热送裂纹典型控制技术

自连铸坯热送热装工艺问世以来，铸坯加热过程高发热送裂纹缺陷的情况广泛存在于国内外各大钢铁企业。为此，经过长时间的研究摸索，针对微合金钢连铸坯热送裂纹问题开发出了如下典型的控制方法[170~174]。

（1）添加合金法。向含 Nb、Al、V 等合金元素的微合金钢中加入钛元素，可优先消耗钢中的氮含量而起到固氮的作用，从而减少对铸坯表层组织高温热塑性影响更大的 Nb(C,N)、AlN、VN 等碳氮化物在铸坯表层组织晶界大量析出。然而，有些钢种要求其成分中仅可含有较低量的钛，甚至完全避免钛加入，因此这种方法经常受到限制。

（2）铸坯延时热送。当连铸坯的表面温度低于对应钢的 A_{r1} 以下温度时，表层组织将全部发生 $\gamma \rightarrow \alpha$ 相变。铸坯进入加热炉后，加热生成的奥氏体相对原奥氏体显著细化，且新生成的奥氏体的晶界与铸坯凝固奥氏体晶界不再重合，沿原奥氏体晶界析出的微合金碳氮化物不在新奥氏体晶界集中分布，铸坯加热过程将不易产生裂纹。采用该连铸坯送装方法，虽可有效避免热送裂纹产生，但连铸坯需下线长时间堆冷或采用保温坑方式保温，需要铸坯堆放的场地大，生产周期较长，且节能效果降低。

（3）铸坯高温热送法。所谓的高温热送法，即采用高拉速连铸提高铸坯出连铸机的温度或采用辊道保温与补热技术，使铸坯进入加热炉时的表面温度高于对应钢种的 A_{r3} 温度。在该温度下，铸坯表层组织不发生 $\gamma \rightarrow \alpha$ 相变，并且碳氮化物在晶界的析出量较少，铸坯在加热过程的塑性较高，可避免其表面裂纹产生。目前多用于棒、线材产线的连铸坯热送热装。而在板材生产中，由于常规与宽厚板坯连铸拉速较低、连铸机至加热炉的产线较长，在不增加补热措施的条件下，难以实现连铸坯高温热送法的有效应用。

（4）连铸坯表面淬火。铸坯表面淬火技术是近年来被国内外钢铁企业逐渐广泛采用的一种连铸坯热送裂纹控制方法，其工艺原理为：对出连铸机后的高温铸坯进行表面强喷淋冷却，而后利用铸坯心部高温返红，从而使铸坯表面生成一定厚度的高塑性细晶组织，避免热送铸坯在加热炉内加热过程产生表面裂纹。实施表面淬火工艺的连铸坯，其表面温度虽然会有所降低，但铸坯心部大部分的热量得以保留，具有良好节能降耗的效果。由于该方法相对于添加合金法、铸坯延时热送法、铸坯高温热送法具有更为高效、节能的优势，因而具有广泛的应用前景。

参 考 文 献

[1] 雍歧龙，马鸣图，吴宝榕. 微合金钢——物理和力学冶金 [M]. 北京：机械工业出版社，1989.

[2] 王祖滨. 低合金钢和微合金钢的发展 [J]. 中国冶金，1993 (3)：22~26.

[3] 王仪康. 微合金钢回顾与展望 [J]. 中国工程科学，2000 (2)：79~84.

[4] 谢建新，唐荻，毛卫民，等. 低合金钢的现状和发展趋势 [J]. 特殊钢，1998 (5)：

1~4.

［5］陈明香，儒卓，李润洪. 微合金钢的开发与研究 ［J］. 钢管，2002，31 （4）：14~16.

［6］韩孝永. 铌、钒、钛在微合金钢中的作用 ［J］. 宽厚板，2006，12 （1）：39~41.

［7］侯晶，王飞，赵国英，等. 微合金钢的研究现状及发展趋势 ［J］. 材料导报，2007，21 （6）：91~95.

［8］Xie H，Du L，Hu J，et al. Microstructure and mechanical properties of a novel 1000MPa grade TMCP low carbon microalloyed steel with combination of high strength and excellent toughness ［J］. Materials Science and Engineering A，2014，612：123~130.

［9］张朝磊，邵洙浩，李戬，等. 铌微合金化技术在中高碳钢中的应用现状与发展 ［J］. 材料导报，2021，35 （5）：5102~5106.

［10］张彦辉，战东平，杨永坤，等. Ti 微合金化技术在热轧带肋钢筋中的应用 ［J］. 材料与冶金学报，2020，19 （1）：51~56.

［11］Babenko A，Smirnov L，Upolovnikova A，et al. Theoretical Bases and Technology of Steel Exhaustive Metal Desulfurization and Direct Microalloying with Boron Beneath Basic Boron-Containing Slags ［J］. Metallurgist，2020，63 （11-12）：1259~1265.

［12］Beatriz L，Jose R. Some Metallurgical Issues Concerning Austenite Conditioning in Nb-Ti and Nb-Mo Microalloyed Steels Processed by Near-Net-Shape Casting and Direct Rolling Technologies ［J］. Metallurgical and Materials Transactions A，2017，48 （6）：2801~2811.

［13］Zhang K，Li Z D，Sun X J，et al. Development of Ti-V-Mo complex microalloyed hot-rolled 900-MPa-grade high-strength steel ［J］. Acta Metallurgica Sinica，2015，28 （5）：641~648.

［14］Yi H L，Du L X，Wang G D，et al. Development of a hot-rolled low carbon steel with high yield strength ［J］. ISIJ international，2006，46 （5）：754~758.

［15］崔健. 宝钢微合金、低合金钢的发展 ［J］. 中国冶金，2001 （4）：32~35.

［16］宝山钢铁 （集团） 公司. 宝钢微合金、低合金高强度钢生产现状与发展 ［J］. 中国冶金，1998，6 （1）：33~40.

［17］林滋泉，张晓刚，敖列哥，等. 鞍钢 21 世纪低合金钢展望 ［J］. 中国冶金，2001，3 （1）：30~33.

［18］林滋泉，张晓刚，钢铁集团公司. 鞍钢低合金钢与微合金钢品种现状与发展 ［C］∥中国金属学会特钢分会，2007.

［19］戴连生，宋跃华. 武钢低合金高强度钢及宽厚板的生产现状和展望 ［J］. 宽厚板，1995 （3）：38~41.

［20］吴义生. 世界炼钢技术的发展与启示 ［J］. 山东冶金，1999 （2）：3~6.

［21］贺道中，周书才，肖鸿光. 连续铸钢 ［M］. 2 版. 北京：冶金工业出版社，2013.

［22］Morrison W B. Overview of microalloying in steel ［C］∥The proceedings of the vanitec symposium，China：Guilin，2000：25~35.

［23］Bodnar R L，Shen Y，Lin M，et al. Accelerated cooling on Burns Harbor's 160in. plate mill ［J］. Accelerated Cooling/Direct Quenching of Steels，1997：3~13.

［24］Funakawa Y，Shiozaki T，Tomita K，et al. Development of high strength hot-rolled sheet steel consisting of ferrite and nanometer-sized carbides ［J］. ISIJ International，2004，44 （11）：

1945~1951.

[25] Shanmugam S, Ramisetti N K, Misra R, et al. Microstructure and high strength-toughness combination of a new 700MPa Nb-microalloyed pipeline steel [J]. Materials Science Engineering: A, 2008, 478 (1-2): 26~37.

[26] 杨柳, 李阳, 薛正良, 等. 钛铌微合金钢连铸坯角部横裂纹敏感性 [J]. 钢铁研究学报, 2018, 30 (10): 807~815.

[27] Mintz B. The influence of composition on the hot ductility of steals and to the problem of transverse cracking [J]. ISIJ International, 1999, 39 (9): 833~855.

[28] 刘军. 微合金钢铸坯角部横裂纹控制技术的应用 [J]. 连铸, 2019, 44 (3): 34~38.

[29] 袁航, 杨树峰, 王田田, 等. 亚包晶微合金钢连铸板坯角部横裂纹研究进展 [J]. 中国冶金, 2020, 30 (10): 1~8.

[30] 李树森, 张立峰, 杨小刚, 等. 亚包晶钢连铸坯角部横裂纹控制研究 [J]. 炼钢, 2016, 32 (3): 67~72.

[31] 杨小刚. 低碳微合金钢铸坯角部横裂纹控制研究 [D]. 北京: 北京科技大学, 2016.

[32] 阳祥富. 连铸板坯角部横裂纹成因探析 [J]. 宝钢技术, 2016 (2): 40~42.

[33] El-wazri A M, Hassani F, Yue S. The effect of thermal history on the hot ductility of microalloyed steels [J]. ISIJ International, 1999, 39 (3): 253~262.

[34] 何安瑞, 荆丰伟, 刘超, 等. 薄板坯连铸连轧过程控制技术的发展、应用及展望 [J]. 轧钢, 2020, 37 (3): 1~7.

[35] 马银涛, 李宁, 杨涛. 薄板坯连铸连轧无头轧制技术的应用 [J]. 河北冶金, 2021 (6): 37~40.

[36] 康永林. 薄板坯连铸连轧超薄规格板带技术及其应用进展 [J]. 轧钢, 2015, 32 (1): 7~11.

[37] Kromhout J K, Kawamoto M, Hanao M, et al. Development of Mould Flux for High Speed Thin Slab Casting [J]. Steel Research International, 2009, 80 (8): 575~581.

[38] 毛新平. 热轧板带近终形制造技术 [M]. 北京: 冶金工业出版社, 2020.

[39] 毛新平, 陈麒琳, 朱达炎. 薄板坯连铸连轧微合金化技术发展现状 [J]. 钢铁, 2008 (4): 1~9.

[40] 张磊, 翟冰钰, 王万林. 薄板坯连铸及其铸坯表面缺陷的形成机理 [J]. 连铸, 2020 (4): 22~28.

[41] 张剑君, 张慧, 席常锁, 等. 薄板坯连铸中碳钢角横裂缺陷成因及控制 [J]. 钢铁, 2017, 52 (11): 32~36.

[42] 王谦, 鲁永剑, 何宇明, 等. 提高宽厚板坯无清理率的关键技术 [J]. 中国冶金, 2012, 22 (12): 22~27.

[43] 余志祥. 连铸坯热送热装技术 [M]. 北京: 冶金工业出版社, 2002.

[44] 田敬龙. 热送热装节能效果评价 [J]. 冶金能源, 2007, 26 (4): 12~14.

[45] Zhuchkov S M, Kulakov L V, Lokhmatov A P, et al. Ways of reducing energy costs in the continuous rolling of sections [J]. Metallurgist, 2004, 48 (3): 174~180.

[46] 席约强. 线棒材生产实现连铸坯热送热装的若干问题 [J]. 轧钢, 2000 (6): 38~41.

[47] 帅习远. 热送热装工艺对管线钢性能影响的研究 [J]. 武钢技术, 2006, 44（4）: 14~18.

[48] 张鹏程, 王路兵, 唐荻, 等. 热装温度对 X80 管线钢组织及析出行为的影响 [J]. 金属热处理, 2008, 33（10）: 99~102.

[49] 夏文勇, 朱正海, 干勇. 微合金钢红送裂纹形成的试验研究 [J]. 钢铁, 2011, 46（12）: 29~32.

[50] Badri A, Natarajan T T, Snyder C C, et al. A Mold Simulator for the Continuous Casting of Steel: Part 1. The Development of a Simulator [J]. Metallurgical and Materials Transactions B, 2005, 36B（3）: 355~371.

[51] 肖太平, 肖时新. 板坯角部裂纹成因分析及改善实践 [J]. 冶金信息导刊, 2021（3）: 33~36.

[52] 蔡兆镇, 安家志, 刘志远, 等. 微合金钢连铸坯角部裂纹控制技术研发及应用 [J]. 钢铁研究学报, 2019, 31（2）: 117~124.

[53] 渠松涛. 连铸二冷工艺优化与铸坯角部裂纹控制研究 [J]. 山西冶金, 2021, 44（1）: 131~132.

[54] Maehara Y, Yasumoto K, Tomono H, et al. Surface cracking mechanism of continuously cast low carbon low alloy steel slabs [J]. Materials Science and Technology, 1990, 6（9）: 793~806.

[55] Harada S, Tanaka S, Misumi H. A formation mechanism of transverse cracks on CC slab surface quality [J]. South East Asian Iron & Steel Institute, 1990, 3: 26~32.

[56] Brimacombe J K, Sorimachi K. Crack formation in the continuous casting of steel [J]. Metall. Trans. B, 1977（8）: 489~505.

[57] Suzuki H G, NishimuraI S, Yamaguchi S. Characteristics of hot ductility in steels subjected to the melting and solidification [J]. Transactions ISIJ, 1982, 22: 48~56.

[58] Hori S, Suzuki M, Unigame Y. Effect of carbon on the low temperature brittleness of iron [J]. Journal of the Japan Institute of Metal, 1980, 44（2）: 138~143.

[59] Wolf M Fachber. On transverse surface cracks of CC slabs in Nb bearing high strength steels [J]. Hiittenpraxis Metallweiterverarb, 1982（20）: 222~227.

[60] Thomas B G, Brimacombe J K. The formation of panel cracks in steel ingots [J]. ISS Transaction, 1986, 7: 7~20.

[61] Suzuki H G, Nishimura S, Imamura J, et al. Hot ductility in steels in the temperature range between 900 and 600 deg C: related to the transverse facial cracks in continuously cast slabs [J]. Tetsu-to-Hagane, 1981, 67（8）: 1180~1189.

[62] Turkdogan E. Causes and effects of nitride and carbonitride precipitation during continuous casting [J]. Iron Steelmaker, 1989, 16（5）: 61~75.

[63] Cominelia O, Abushoshaa R, Mintza B. Influence of titanium and nitrogen on hot ductility of C-Mn-Nb-Al steels [J]. Materials Science and Technology, 1999, 15（9）: 1058~1068.

[64] Dippenaar R. Transverse surface cracks in continuously cast steel slabs, oscillation marks and austenite grain size [J]. Materials Science Forum, 2010, 638~642: 3603~3609.

[65] Park J S, Ha Y S, Lee S J, et al. Dissolution and precipitation kinetics of Nb(C,N) in aus-
tenite of a low-carbon Nb-microalloyed steel [J]. Metallurgical and Materials Transactions A,
2009, 40 (3): 560~568.

[66] 卢忠山, 王福明, 张博, 等. 不同冷速下 36Mn2V 钢坯高温塑性及碳氮化物的析出 [J].
材料热处理学报, 2011, 32 (8): 118~122.

[67] Bttger B, Apel M, Santillana B, et al. Relationship Between Solidification Microstructure and
Hot Cracking Susceptibility for Continuous Casting of Low-Carbon and High-Strength Low-
Alloyed Steels: A Phase-Field Study [J]. Metallurgical and Materials Transactions A, 2013,
44 (8): 3765~3777.

[68] Dippenaar R, Szekeres E S, Moon S. Strand Surface Cracks—The Role of Abnormally Large
Prior-austenite Grains [J]. AISE Steel Technology, 2007, 4 (7): 105~115.

[69] Reiter J, Bernhard C, Presslinger H. Determination and prediction of austenite grain size in re-
lation to product quality of the continuous casting process [J]. Materials Science and Technology
Association for Iron and Steel Technology, 2006, 5: 805~816.

[70] Tsuchiya S, Ohno M, Matsuura K, et al. Formation mechanism of coarse columnar γ grains in
as-cast hyperperitectic carbon steels [J]. Acta. Mater., 2011, 59 (9): 3334~3342.

[71] Ohno M, Tsuchiya S, Matsuura K. Formation conditions of coarse columnar austenite grain
structure in peritectic carbon steels by the discontinuous grain growth mechanism [J].
Acta. Mater., 2011, 59 (14): 5700~5709.

[72] Kencana S, Ohno M, Matsuura K, et al. Effects of Al and P additions on as-cast austenite
grain structure in 0. 2 mass% carbon steel [J]. ISIJ Int., 2010, 50 (12): 1965~1971.

[73] Ohno M, Yamaguchi T, Matsuura K, et al. Suppression of coarse columnar grain formation in
as-cast austenite structure of a hyperperitectic carbon steel by Nb addition [J]. ISIJ Int.,
2011, 51 (11): 1831~1837.

[74] Maruyama T, Kudoh M, Itoh Y. Effects of carbon and ferrite-stabilizing elements on austenite
grain formation for hypo-peritectic carbon steel [J]. Tetsu-To-Hagané., 2000, 86 (2):
86~91.

[75] Maruyama T, Matsuura K, Kudoh M, et al. Peritectic transformation and austenite grain forma-
tion for hyper-peritectic carbon steel [J]. Tetsu-To-Hagané., 1999, 85 (8): 585~591.

[76] Fu D C, Wen G H, Zhu X Q, et al. Modification for prediction model of austenite grain size at
surface of microalloyed steel slabs based on in situ observation [J]. Journal of Iron and Steel
Research International, 2021, 28 (9): 1133~1140.

[77] Li Y, Wen G, Luo L, et al. Study of austenite grain size of microalloyed steel by simulating in-
itial solidification during continuous casting [J]. Ironmaking Steelmaking, 2015, 42 (1):
41~48.

[78] Cai Z Z, Zhu M Y. Thermo-mechanical behavior of peritectic steel solidifying in slab continuous
casting mold and a new mold taper design [J]. ISIJ International, 2013, 53 (10):
1818~1827.

[79] Niu Z Y, Cai Z Z, Zhu M Y. Dynamic distributions of mold flux and air gap in slab continuous

casting mold [J]. ISIJ International, 2019, 59 (2): 283~292.

[80] An J Z, Cai Z Z, Zhu M Y. Role of Ti on the Growth of Coarse Columnar Austenite Grain during Nb-bearing Peritectic Steel Solidification [J]. Metallurgical and Materials Transactions A, 2022.

[81] An J Z, Cai ZZ, Zhu M Y. Effect of titanium content on the refinement of coarse columnar austenite grains during solidification of peritectic steel [J]. International Journal of Minerals, Metallurgy and Materials, 2022.

[82] Miyashita Y, Suzuki M, Taguchi K, et al. Improvement of surface quality of continuously cast slabs [J]. Nippon Kokan Technical Report Overseas, 1982, 36: 55~64.

[83] Crowther D N. The effects of microalloying elements on cracking during continuous casting [C]//Pro ceedings of Conference on the Use of Vanadium in Steel, Beijing, 2001: 99~131.

[84] 宋景欣. 高强微合金钢连铸板坯角部横裂纹形成机理及控制技术研究 [D]. 沈阳: 东北大学, 2018.

[85] Ohmori Y, Maehara Y. Precipitation of NbC and Hot Ductility of Austenitic Stainless Steels [J]. Nippon Kinzoku Gakkai-si, 1984, 48 (2): 158~163.

[86] Nakata H, Yasunaka H. Influence of Carbo-Nitride and Proeutectoid Ferrite on Hot Ductility of Nb, V Containing Steel [J]. Tetsu-To-Hagané, 1988, 74 (7): 94~101.

[87] Kang S E, Tuling A, Lau I, et al. The Hot Ductility of Nb/V Containing High Al, TWIP Steels [J]. Materials Science and Technology, 2011, 27 (5): 909~915.

[88] Han W B, Lee J H, Kim H S, et al. Effect of Precipitates on Hot Ductility Behavior of Steel Containing Ti and Nb [J]. Journal of Korean Institute of Metals and Materials, 2012, 50 (4): 285~292.

[89] Mejia I, Salas-Reyes A E, Bedolla-Jacuinde A, et al. Effect of Nb and Mo on the Hot Ductility Behavior of a High-Manganese Austenitic Fe-21Mn-1. 3Al-1. 5Si-0. 5C TWIP Steel [J]. Materials Science and Engineering A, 2014, 616: 229~239.

[90] Wojcik T, Kozeschnik E. Influence of NbC-Precipitation on Hot Ductility in Microalloyed Steel - TEM Study and Thermokinetic Modeling [J]. Materials Science Forum, 2016, 879: 2107~2112.

[91] 肖锋, 徐楚韶, 赵克文, 等. 600~1200℃温度范围内含钒低合金钢高温热塑性影响因素的研究 [J]. 钢铁钒钛, 1998 (2): 2~5.

[92] 邓深. 柳钢含铌钛及铌钒钛钢坯热塑性能研究 [J]. 柳钢科技, 2010 (3): 17~20.

[93] 王建锋, 邓深, 饶江平, 等. 铌钛及铌钒钛微合金钢的高温力学性能研究 [J]. 炼钢, 2011, 27 (1): 46~49.

[94] Kostryzhev A G, Morales-Cruz E U, Zuno-Silva J, et al. Vanadium Microalloyed 0. 25 C Cast Steels Showing As-Forged Levels of Strength and Ductility [J]. Steel Research International, 2017, 88 (3): 1600166.

[95] Cho K C, Mun D J, Koo Y M, et al. Effect of Niobium and Titanium Addition on the Hot Ductility of Boron Containing Steel [J]. Materials Science and Engineering A, 2011, 528 (10-11): 3556~3561.

［96］ Banks K M, Tuling A, Mintz B. Influence of V and Ti on Hot Ductility of Nb Containing Steels of Peritectic C Contents ［J］. Materials Science and Technology, 2011, 27 (8): 1309~1314.

［97］ Mejia I, Salas-Reyes A E, Calvo J, et al. Effect of Ti and B Microadditions on the Hot Ductility Behavior of a High-Mn Austenitic Fe-23Mn-1. 5Al-1. 3Si-0. 5C TWIP steel ［J］. Materials Science and Engineering A, 2015, 648: 311~329.

［98］ Luo H, Pentti K L, Porter D A, et al. The Influence of Ti on the Hot Ductility of Nb-Bearing Steels in Simulated Continuous Casting Process ［J］. ISIJ International, 2002, 42 (3): 273~282.

［99］ Spradbery C, Mintz B. Influence of Undercooling Thermal Cycle on Hot Ductility of C-Mn-Al-Ti and C-Mn-Al-Nb-Ti Steels ［J］. Ironmaking and Steelmaking, 2005, 32 (4): 319~324.

［100］ Suzuki H G, Nishimura S, Nakamura Y. Improvement of Hot Ductility of Continuously Cast Carbon Steels ［J］. Transactions of the Iron and Steel Institute of Japan, 1984, 24 (1): 54~59.

［101］ Carpenter K R, Dippenaar R, Killmore C R. Hot Ductility of Nb- and Ti-Bearing Microalloyed Steels and the Influence of Thermal History ［J］. Metallurgical and Materials Transactions A: Physical Metallurgy and Materials Science, 2009, 40 (3): 573~580.

［102］ Cho K C, Mun D J, Kim J Y, et al. Effect of Boron Precipitation Behavior on the Hot Ductility of Boron Containing Steel ［J］. Metallurgical and Materials Transactions A: Physical Metallurgy and Materials Science, 2010, 41 (6): 1421~1428.

［103］ Lu Y, Wang Q, Li J, et al. Effect of the Charging Temperature on the Hot Ductility of Nb-Containing Steel in the Simulated Hot Charge Process ［J］. Steel Research International, 2012, 83 (7): 671~677.

［104］ Kang M, Lee J, Koo Y, et al. Correlation Between MnS Precipitation, Sulfur Segregation Kinetics, and Hot Ductility in C-Mn Steel ［J］. Metallurgical and Materials Transactions A, 2014, 45 (12): 5295~5299.

［105］ 岳尔斌, 仇圣桃, 干勇. 低合金高强度钢中氮化物和碳化物析出热力学 ［J］. 钢铁研究学报, 2007, 19 (1): 35~38.

［106］ 刘伟建, 王重君, 李双江, 等. 二冷强冷与回温工艺对微合金钢板坯边角裂纹的影响 ［J］. 炼钢, 2017, 33 (5): 72~78.

［107］ 刘志远, 王重君, 蔡兆镇, 等. 含铌微合金钢连铸坯角部裂纹控制二冷新工艺 ［J］. 中国冶金, 2018, 28 (3): 22~29.

［108］ 张小欢, 刘珂, 李阳, 等. 碳氮化物析出模型在 Nb 微合金船板钢连铸工艺中的应用 ［J］. 特殊钢, 2011, 32 (3): 40~43.

［109］ Ma F J, Wen G H, Tang P, et al. Effect of cooling rate on the precipitation behavior of carbonitride in microalloyed steel slab ［J］. Metallurgical and Materials Transactions B, 2011, 42 (2): 81~86.

［110］ 王海宝, 张炳明, 赵新宇, 等. 冷却模式对铸坯表面组织的影响 ［J］. 钢铁, 2013, 48 (4): 35~39.

［111］ Weisgerber B, Hecht M, Harste K, et al. Improvement of surface quality on peritectic steel slabs ［J］. Steel research, 2002, 73 （1）: 15~19.

［112］ Kato T, Ito Y, Kawamoto M, et al. Prevention of Slab Surface Transverse Cracking by Micro-structure Control ［J］. ISIJ International, 2003, 43 （11）: 1742~1750.

［113］ Lee U H, Park T E, Son K S, et al. Assessment of Hot Ductility with Various Thermal Histo-ries as an Alternative Method of in situ Solidification ［J］. ISIJ International, 2010, 50 （4）: 540~545.

［114］ Lu Z S, Wang F M, Zhang B, et al. Hot Ductility and Carbonitride Precipitation of Continuous Cast 36Mn2V Steel Slabs at Different Cooling Rates ［J］. Cailiao Rechuli Xuebao/Transactions of Materials and Heat Treatment, 2011, 32 （8）: 118~122.

［115］ 马范军. 微合金钢铸坯第二相析出行为及表层组织演变研究 ［D］. 重庆: 重庆大学, 2010.

［116］ 李云峰. 微合金钢连铸坯表层原始奥氏体晶粒的细化研究 ［D］. 重庆: 重庆大学, 2014.

［117］ Grange R A. Strengthening steel by austenite grain refinement ［J］. ASM transactions quarterly, 1966, 59 （1）.

［118］ Emi T, Nakato H, Iida Y, et al. Influence of Physical and Chemical Properties of Mold Pow-ders on the Solidification and Occurrence of Surface Defect of Strand Cast Slabs ［J］. Steel-making Processding, 1978, 61: 350~360.

［119］ Tomono H, Kurz W, Heineman W. The Liquid Steel Meniscus in Molds and Its Relevance to the Surface Quality of Castings ［J］. Metallurgical transactions B, 1981, 12 （2）: 409~411.

［120］ Mintz B, Yue S, Jonas J. Hot Ductility of Steels and Its Relationship to the Problem of Trans-verse Cracking During Continous Casting ［J］. International Materials Reviews, 1991, 36 （1）: 187~220.

［121］ Chen B, Yu H. Hot Ductility Behavior of VN and V-Nb Microalloyed Steels ［J］. International Journal of Minerals, Metallurgy and Materials, 2012, 19 （6）: 525~529.

［122］ Papillon Y, Jäeger W, Konig M, et al. Determination of High Temperature Surface Crack Formation Criteria in Continuous Casting and Thin Slab Casting ［J］. EUR, 2003: 20897.

［123］ 赵沛, 王新华, 吴世培, 等. 宝钢 （GR） SS41 连铸坯角横裂成因的研究 ［J］. 钢铁, 1996, 31 （2）: 21~24.

［124］ 殷碧群, 杨菊娣. 铌钒钛微合金钢连铸坯表面裂纹 ［J］. 钢铁钒钛, 1991(1): 39~45.

［125］ 刘辉, 温维新. 厚板连铸坯角部横裂纹缺陷的成因分析及控制 ［J］. 连铸, 2014 （2）: 34~38.

［126］ Nozaki T, Matsuno J, Murata K, et al. Secondary Cooling Pattern for the Prevention of Surface Cracks in Continuous-Cast Steel Slabs ［J］. Tetsu-To-Hagané, 1976, 62 （12）: 1503~1512.

［127］ Yasunaka H, Nakayama K, Ebina K, et al. Improvement of Transverse Corner Cracks in Con-tinuously Cast Hypoperitectic Slabs ［J］. Tetsu-To-Hagané, 1995, 81 （9）: 894~894.

［128］ 王新华, 王文军, 刘新宇, 等. 减少含铌、钒、钛微合金化钢连铸板坯角横裂纹的研究 ［J］. 钢铁, 1998, 33 （1）: 22~25, 72.

[129] 文光华，唐萍，韩志伟，等. 宝钢 1930 板坯铸机二冷喷嘴布置方式对铸坯质量的影响 [J]. 钢铁，2003，38（1）：22~24.

[130] 王先勇，刘青，胡志刚，等. 喷嘴布置方式对中厚板坯连铸二次冷却效果的影响 [J]. 北京科技大学学报，2010，32（8）：1064~1070.

[131] 厚健龙，刘海强，高新军. 安钢倒角结晶器漏钢原因分析及预防措施 [J]. 河南冶金，2019，27（2）：44~46.

[132] 刘启龙，陶红标，张慧，等. 倒角结构对连铸坯角部温度的影响及角横裂控制工业试验 [J]. 炼钢，2018，34（2）：31~37.

[133] Ma F J, Wen G H, Tang P, et al. Causes of transverse corner cracks in microalloyed steel in vertical bending continuous slab casters [J]. Ironmaking & Steelmaking, 2010, 37（1）：73~79.

[134] Baba N, Ohta K, Ito Y, et al. Prevention of Slab Surface Transverse Cracking at Kashima n° 2 Caster with Surface Structure Control（SSC）Cooling [C] // 5th European Continuous Casting Conference, Nice, France, 2005.

[135] Mintz B, Crowther D N. Hot Ductility of Steels and Its Relationship to the Problem of Transverse Cracking in Continuous Casting [J]. International Materials Reviews, 2010, 55（3）：175~176.

[136] 蔡开科. 连铸坯质量控制 [M]. 北京：冶金工业出版社，2010.

[137] 陈登福，杨晓东，高兴健，等. 板坯连铸铸坯二冷顶弯段应力分析 [J]. 过程工程学报，2009，9（S1）：333~336.

[138] Zappulla M L S, Thomas B G. Surface defect formation in steel continuous casting [J]. Materials Science Forum, 2018, 941：112~117.

[139] Zappulla M L S. Mechanisms of longitudinal depression formation in steel continuous casting [D]. Ann Arbor, Washtenaw：Colorado School of Mines, 2020.

[140] Ji C, Cui Y, Zeng Z, et al. Continuous casting of high-Al steel in shougang jingtang steel works [J]. Journal of Iron and Steel Research International, 2015, 22（S1）：53~56.

[141] Cui H, Zhang K, Wang Z, et al. Formation of surface depression during continuous casting of high-Al trip steel [J]. Metals, 2019, 9（2）：204~212.

[142] Brimacombe J K, Weinberg F, Hawbolt E B. Formation of longitudinal, midface cracks in continuously-cast slabs [J]. Metallurgical Transactions B, 1979, 10（2）：279~292.

[143] Thomas B G, Storkman W R, Moitra A. Optimizing taper in continuous slab casting molds using mathematical models [C] // Proc 6th Int Iron and Steel Congress, Tokyo：Iron and Steel Institute of Japan, 1990：348~355.

[144] Storkman W R, Thomas B G. Mathematical models of continuous slab casting to optimize mold taper [C] // Modeling of Casting and Welding Processes, Pittsburgh, PA：Minerals, Metals & Materials Society, 1988：287~297.

[145] Mahapatra R B, Brimacombe J K, Samarasekera I V. Mold behavior and its influence on quality in the continuous casting of steel slabs：Part Ⅱ. Mold heat transfer, mold flux behavior, formation of oscillation marks, longitudinal off-corner depressions, and subsurface cracks

［J］. Metallurgical and Materials Transactions B, 1991, 22（6）：875~888.

［146］ Li C, Thomas B G. Thermomechanical finite-element model of shell behavior in continuous casting of steel ［J］. Metallurgical and Materials Transactions B, 2004, 35（6）：1151~1172.

［147］ Thomas B G, Moitra A, Zhu H. Coupled thermo-mechanical model of solidifying steel shell applied to depression defects in continuous-cast slabs ［C］// Proceedings of the 1995 7th Conference on Modeling of Casting, Welding and Advanced Solidification Processes, Pittsburgh, PA：The Minerals, Metals & Materials Society, 1995：241~248.

［148］ He S, Li Z, Chen Z, et al. Review of Mold Fluxes for Continuous Casting of High-Alloy（Al, Mn, Ti）Steels ［J］. Steel Research International, 2019, 90（1）：1800424.

［149］ Srinivasan R, Weiss I. Formation of surface depressions during hot isostatic pressing（HIP）［J］. Scripta Metallurgicaet Materialia, 1990, 24（12）：2413~2418.

［150］ 朱振毅, 张永亮, 王克忠. 板坯鼓肚及凹陷的原因分析及控制 ［C］// 全国高效连铸应用技术及铸坯质量控制研讨会, 石家庄：河北省金属学会, 2019：241~244.

［151］ Thomas B G, Moitra A, McDavid R. Simulation of longitudinal off-corner depressions in continuously cast steel slabs ［J］. ISS Transactions, 1996, 23（4）：57~70.

［152］ Matsumiya T. Recent topics of research and development in continuous casting ［J］. ISIJ International, 2006, 46（12）：1800~1804.

［153］ 鲁永剑, 王谦, 李玉刚, 等. 连铸板坯宽面边部纵向凹陷的预防 ［J］. 连铸, 2011, 27（6）：33~37.

［154］ 李元, 张立. 板坯表面凹陷成因与对策 ［J］. 宝钢技术, 2017, 35（6）：53~59.

［155］ 胡浩. 连铸坯表面凹陷分析与控制研究 ［J］. 海峡科技与产业, 2020, 31（6）：40~44.

［156］ 赵建平, 王帅, 冯帅, 等. 低碳低硅铝镇静钢铸坯表面凹陷的成因及控制 ［J］. 连铸, 2020, 45（2）：31~35.

［157］ 高仲龙, 温治, 刘曼朗. 轧钢加热炉节能技术现状和展望 ［J］. 轧钢, 1997（6）：48~52.

［158］ 赵林春, 周积智, 孙本荣. 连铸与轧钢衔接分析 ［J］. 炼钢, 1990（1）：29~37.

［159］ 张树堂. 连铸坯热送热装系统优化技术 ［J］. 连铸, 1999, 3（1）：12~14.

［160］ 王定武. 连铸坯热送热装技术的发展和前景 ［J］. 冶金管理, 2004（12）：50~52.

［161］ Zhuchkov S M, Kulakov L V, Lokhmatov A P, et al. Ways of reducing energy costs in the continuous rolling of sections ［J］. Metallurgist, 2004, 48（3）：174~180.

［162］ 史东日. 线棒材轧机连铸坯热送热装及直轧方案分析 ［J］. 轧钢, 1997（1）：54~57.

［163］ 陈超, 丁翠娇. 裂纹敏感钢种热送热装技术综述 ［J］. 工业加热, 2016, 45（3）：58~60.

［164］ 万友堂. 热送中厚板生产线钢板表面裂纹的机理分析 ［J］. 钢铁研究, 2008（3）：14~16.

［165］ Wada T, Tsukamoto H, Suga M. Effect of hot charge rolling conditions from austenite region on microstructure and mechanical properties of Nb and Ti bearing steel plates ［J］. ISIJ International, 1988, 74 (7): 1438~1445.

[166] 高雅, 孙建林. Q460C 钢组织特性对表面裂纹成因的影响分析 [J]. 材料科学与工艺, 2011, 19 (5): 139~143.

[167] Herman J C, Donnay B, Leroy V. Precipitation kinetics of microalloying additions during hot rolling of HSLA steels [J]. ISIJ International, 1992, 32 (6): 779~785.

[168] 刘志明, 张炯明, 罗衍昭. 热装热轧微合金钢板表面裂纹分析 [J]. 钢铁, 2012, 47 (2): 67~71.

[169] 王贵, 赵莉萍, 刘红咀. 低合金钢钢锭红送裂纹的形成机理 [J]. 钢铁研究报, 2001 (3): 16~17.

[170] 高新军, 王三忠, 王洪顺. 板坯的热脆性与淬火处理 [J]. 连铸, 2005 (6): 28~29.

[171] 鲁永剑. 低合金钢中厚板连铸坯热送裂纹形成及预防机理研究 [D]. 重庆: 重庆大学, 2013.

[172] Teshima T, Kitagawa T, Miyahara S, et al. The secondary cooling technology of continuous casting for production of high temperature and high quality slab [J]. Tetsu-to-Hagane, 1988, 74 (7): 1282~1289.

[173] 蔡长生. 用于热送的铸坯表面淬火技术 [C] // 第八届全国连铸学会会议论文集, 中国金属学会连铸分会, 2007 (6): 71~76.

[174] Carboni A, Ruzza D W, Feldbauer S L. Quenching for improved direct hot charging quality [J]. Iron and Steelmaker, 1999, 26 (8): 39~42.

2 微合金钢常规板坯与 宽厚板坯角部裂纹及其控制

作为热轧卷板、宽厚板和特厚板等板（带）材产品最主要坯料来源的常规连铸坯与宽厚板连铸坯多由直弧形和弧形板坯连铸机所生产。含 Ti、Nb、B、Al、V 等微合金化元素的微合金钢作为国内外钢铁企业的主力品种钢，在采用直弧形或弧形常规与宽厚板坯连铸机生产过程中，铸坯（特别是内弧）常产生角部横裂纹缺陷，致使后续轧制过程产生严重的轧材边部裂纹、翘皮、烂边等质量缺陷，制约了微合金钢板（带）材的高质、高效、绿色与低成本制备。这是钢铁行业的共性技术难题。本章将围绕微合金钢常规与宽厚板坯角部横裂纹的产生机理、典型微合金成分凝固过程的二相粒子析出热力学与动力学、高温组织演变、铸坯在结晶器与二冷铸流内的凝固热/力学演变及其控制等展开论述，在此基础上介绍基于角部高效传热曲面结晶器与二冷高温区铸坯角部晶粒超细化的裂纹控制新工艺与装备技术研发与应用。

2.1 铸坯角部横裂纹形成机理及"根治"方法

当前，国内外钢铁企业所生产的主流微合金钢主要采用 Ti、Nb、V、B、Al 等元素作为微合金化元素，通过向钢中添加一定含量的某一种或几种微合金元素，并采用控轧控冷工艺以析出强化和细化钢组织等方式整体提升钢铁产品的强度与塑性等力学性能的钢材，成为了钢铁企业的主力产品，占全球钢产量的 15% 左右。然而，该类钢在实际连铸生产过程中，铸坯的表面裂纹敏感性较高，常产生如图 2-1 所示的典型铸坯角部横裂纹缺陷。

钢的连铸生产过程是一个耦合化学反应、高温组织凝固生长与演变、铸坯凝固宏观热/力学演变等的复杂作用过程，影响连铸坯产生裂纹的因素众多。对于微合金钢连铸生产而言，当前国内外钢铁企业所广泛采用的 Ti、Nb、V、B、Al 等微合金元素，其在连铸坯凝固过程中均具有强的碳、氮结合能力，极易与钢中游离的 C、N 等元素结合，形成碳化物、氮化物或碳氮化物高温析出。因此，微合金碳氮化物二相粒子高温析出是微合金钢连铸过程区别于其他普通钢种生产的关键特性之一。

此外，选分结晶是钢组织高温凝固过程的另一自然特性。在实际微合金钢板坯连铸过程中，不同类型及成分含量的合金在钢组织凝固过程的固溶度所有不

图 2-1 典型微合金钢宽厚板坯角部横裂纹形貌

同。对于 Ti、Nb、V、B、Al 等微合金元素而言，受其固/液界面分配系数较低的影响，铸坯在凝固过程的晶界极易产生显著的合金偏析或偏聚现象，大幅增加钢组织晶界的微合金成分含量。在常规与宽厚板坯连铸较低的冷却速度作用下，当铸坯组织冷却至对应微合金元素的碳氮化物析出温度区时，铸坯角部等奥氏体晶界将优先并大量集中析出对应的微合金碳氮化物二相粒子。

图 2-2 为对某低碳含 Ti、Nb 微合金化成分的高强钢常规板坯角部皮下 5mm 处的奥氏体晶界局部透射图及其能谱分析图。从图中可以看出，该晶界上集中分布有尺寸为 200~450nm 大小的粗大二相粒子。根据其形貌及能谱分析可知，该二相粒子主要为含 Ti、Nb 等元素的复合析出碳氮化物。

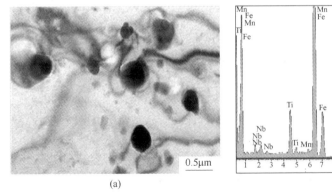

图 2-2 某高强钢板坯角部皮下 5mm 处的组织透射形貌及其能谱分析
(a) 微合金碳氮化物析出透射；(b) 能谱分析图

图 2-3 为对应高强钢铸坯角部皮下 5mm 处的金相组织形貌。从图中可以看出，该铸坯角部组织的原奥氏体晶界分布有尺寸约为 $1 \sim 3\mu m$、沿晶界铁素体膜生长方向并呈链状分布的微孔洞。

根据 Maehara 等[1]关于微合金碳氮化物析出对钢组织高温热塑性变化作用行

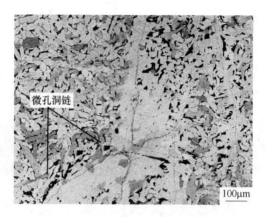

微孔洞链

100μm

图 2-3　某高强钢铸坯角部金相组织形貌

为的研究结果可知，微合金碳氮化物在奥氏体晶界集中析出将降低晶界的结合力，并通过钉扎方式阻碍晶界的滑移，从而显著降低钢的高温塑性。与此同时，奥氏体晶界集中析出二相粒子的组织，在应力与应变作用下将逐渐相互脱离而形成微孔，进而逐渐聚合长大，形成尺寸较大且连续分布的晶界微孔洞链（如图 2-3 金相和图 2-4 的示意图所示）。根据含铌等高温析出的微合金碳氮化物析出温度可知，碳氮化物在奥氏体晶界析出完成温度往往已降至 900℃ 以下，而该温度下的钢奥氏体组织晶界开始逐渐生成膜状铁素体。而由实际常规与宽厚板坯连铸生产过程的铸坯角部温度演变可知，角部温度在 900℃ 以下时，铸坯往往已凝固至临近或处于连铸机矫直段等区域。在矫直变形力、热应力等作用下，奥氏体晶界集中析出微合金碳氮化物的组织周围将伴随铁素体膜的形成与生长过程而生成微孔洞，并在晶界变形过程聚合长大而形成沿铁素体膜生长方向的"微孔洞链"，从而显著降低钢组织的高温塑性。低塑性的铸坯角部组织因铸流扇形段的辊缝或对弧精度不佳、矫直等较大的变形作用，极易发生沿晶开裂并扩展。因此，在微合金钢常规与宽厚板坯连铸过程，铸坯角部奥氏体组织晶界集中析出微合金碳氮化物，造成其铸坯角部组织高温塑性显著降低是引发其横裂纹的关键因素之一。

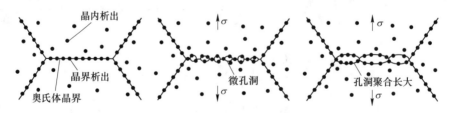

晶内析出　　　　　　　　　　　↑σ　　　　　　　　　↑σ

晶界析出

奥氏体晶界　　　　　　微孔洞　　　　　　孔洞聚合长大

　　　　　　　　　　　↓σ　　　　　　　　　↓σ

图 2-4　奥氏体晶界集中析出微合金碳氮化物作用下的晶界微孔洞形成与生长演变示意图[1]

　　进一步对包晶成分体系的某高强钢板坯角部皮下 5mm 处的组织进行金相分

析，对应的组织形貌如图 2-5 所示。从图中可以看出，室温下该钢的铸坯角部铸态组织主要由铁素体和珠光体组织构成。通常而言，室温下观察铸坯凝固过程的奥氏体晶粒形貌主要根据其晶界铁素体膜的生长走向来确定。从图 2-5（a）可知，该铸坯角部在两相区温度时的组织主要以"奥氏体+晶界铁素体膜"的低塑性结构存在，且奥氏体组织晶粒的尺寸较大，约为 1.2~1.5mm。晶界铁素体膜的厚度约为 20~25μm，整体包裹着奥氏体分布。铸坯角部裂纹沿奥氏体晶界内的铁素体生长方向开裂并扩展。

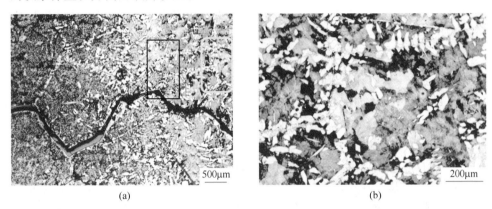

图 2-5 某高强钢铸坯角部金相组织形貌

（a）铸坯角部皮下 5mm 深度；（b）图（a）的局部放大

已有研究表明[2~5]，铸坯的裂纹的敏感性与其奥氏体晶粒的尺寸密切相关。当铸坯的奥氏体组织晶粒尺寸超过 1.0mm 时，其晶界的面积将显著减少，致使其位错等结构消耗裂纹开裂能量的能力将明显减弱，当铸坯受到较大的应力与应变作用时，极易造成晶界开裂并扩展裂纹。

同时，根据当前国内外所生产的常规与宽厚板坯微合金钢成分体系可知，其多为亚共析钢。而亚共析钢在实际连铸生产过程中，当高温钢组织冷却至奥氏体向铁素体转变的温度时，晶界将优先生成铁素体组织，形成包围奥氏体晶粒的膜状结构，从而打破高温态下的奥氏体组织分布的连续性。与此同时，铁素体组织的强度仅约为奥氏体组织强度的 1/4，铸坯在变形过程中所承受的应力与应变将集中在晶界铁素体膜上。而根据图 2-3，伴随晶界铁素体膜生长而形成的"微孔洞链"将成为应力与应变的集中点。当铸坯组织晶界所承受的应力与应变超过"微孔洞链"组织的临界断裂应力或应变时，裂纹将在该微孔洞链上形成并沿其发展方向开裂与扩展，从而形成沿奥氏体晶界发展的宏观裂纹缺陷。

可见，当前主流微合金钢常规与宽厚板坯连铸过程的铸坯角部形成粗大的奥氏体组织，并在其晶界凝固生成强度较低的先共析铁素体膜，致使铸坯角部组织的高温塑性进一步显著下降，是引发微合金钢板坯角部横裂纹的另一重要因素。

从图 2-5（b）中可以看出，在奥氏体晶界的铁素体膜组织内，存在明显的沿铁素体膜发展方向贯穿"微孔洞链"的穿越铁素体晶粒的细微裂纹缺陷。从该现象中可以得出如下结论：该微合金钢板坯的角部横裂纹可能产生于奥氏体晶界形成稳定的铁素体膜之后。根据当前国内外主流常规与宽厚板坯连铸机结构及其微合金钢连铸生产实际，仅当铸坯凝固下行至弧形 4 段以下时，铸坯角部的温度率先降至 900℃ 以下。而在该温度下，一方面含 Ti、Nb、B、Al 等微合金元素的碳氮化物已在晶界大幅析出；另一方面随着铸坯角部温度的继续下降，其奥氏体组织晶界将逐渐生成膜状铁素体组织。若连铸机弧形 4~6 段扇形段的辊缝或对弧精度不佳，以及之后铸坯经矫直等过程，低塑性的铸坯角部组织极易因过大的应力或应变而产生沿奥氏体晶界铁素体膜发展方向的"微孔洞链"开裂，并扩展形成铸坯角部宏观横裂纹缺陷。因此，微合金钢常规与宽厚板坯的角部裂纹主要产生于连铸机弧形段的中后部及矫直等过程。

根据上述微合金钢板坯角部横裂纹产生的环节及组织结构与析出特点，结合微合金钢常规与宽厚板坯连铸生产实际，可归纳其角部横裂纹产生机理如下：

微合金钢板坯连铸过程中，受结晶器角部传热条件不佳的影响，铸坯角部凝固生成了粗大的奥氏体晶粒。同时，受钢组织凝固选分结晶等作用，微合金元素在铸坯角部凝固过程中产生晶界偏聚。当铸坯角部温度降至对应的微合金碳氮化物析出温度区时，不佳的冷却条件与晶界较大的合金偏聚量使得铸坯角部奥氏体晶界内的微合金元素率先与钢中游离的 C、N 元素结合，形成碳化物、氮化物或碳氮化物并集中析出。当铸坯凝固至连铸机弧形中后段和矫直区时，铸坯角部奥氏体晶界生成强度较低的先共析铁素体膜，并在辊缝偏差及矫直等变形作用下，集中析出碳氮化物的晶界铁素体膜组织逐渐形成微孔洞并动态聚合长大形成尺寸约为 1~3μm 大小的"微孔洞链"，综合致使铸坯角部组织的高温塑性显著下降。铸坯在控制不佳的辊缝与对弧精度以及矫直应力等作用下，应力在角部组织晶界铁素体膜及"微孔洞链"周围组织集中，最终因塑性不足而使得沿铁素体膜发展方向的孔洞链开裂，进而扩展形成铸坯角部宏观横裂纹缺陷。

根据该微合金钢板连铸坯角部裂纹形成机理，从根本上控制铸坯角部横裂纹产生的关键是，加速连铸结晶器等环节的铸坯角部冷却速度，以凝固生成较小尺寸的奥氏体晶粒，并在连铸机的高温区弥散化析出微合金碳氮化物和抑制粗大的奥氏体晶界生成先共析铁素体膜，从而整体提升铸坯角部组织的塑性。

2.2　微合金碳氮化物析出热力学与动力学

由 2.1 节微合金钢常规与宽厚板坯角部横裂纹的产生机理可知，提高铸坯角部组织的塑性是根治其横裂纹产生的关键。而弥散化铸坯角部凝固过程的微合金碳氮化物析出是提高铸坯角部组织塑性关键之一。为此，本节将结合目前国内典型微合金钢的成分体系及其板坯连铸生产实际，分析对应类型碳氮化物析出的热力学与动力学行为，进而确定其弥散析出的温度与冷却控制工艺。

2.2.1 典型微合金钢碳氮化物析出热力学行为

2.2.1.1 热力学模型

微合金钢凝固过程的碳氮化物析出是一个十分复杂的过程，国内外主要通过建立对应的碳氮化物析出热力学与动力学模型进行描述。目前，可描述微合金钢凝固过程碳氮化物析出热力学行为的数学模型较多，包括理想溶液模型、正规溶液模型、亚正规溶液模型以及双亚点阵模型等。其中，理想溶液模型由于对组元的宏观热效应与微观结构等有严格的要求，实际材料中满足其条件的体系较少[6]；正规溶液模型虽对二元系建模描述所需的参数少，计算简便，但其只考虑最近邻原子间的相互作用，且认为原子之间是随机排列的。而实际微合金钢的凝固过程难以遵循该正规溶液的体系；亚正规溶液模型是对正规溶液模型的改进，但该模型未考虑过剩熵，因此也无法较准确描述微合金钢凝固过程的碳氮化物析出热力学行为。

双亚点阵模型是于 20 世纪 70 年代被提出并被广泛应用的碳氮化物析出热力学计算模型，对间歇式固溶体的相平衡计算有明显的优势。近年来，双亚点阵模型被广泛应用于微合金钢凝固过程奥氏体组织碳氮化物析出热力学行为研究[7,8]。

对于 Ti、Nb 等微合金化元素而言，其凝固过程所析出的碳化物和氮化物具有相同的晶体结构和相似的点阵常数，通常可以互溶形成碳氮化物 M(C,N)。同时，在当前企业所生产的微合金钢中，所含的微合金、C、N 的含量均较小，因此满足亨利定律，可忽略碳氮化物的原子空位，即微合金元素占据的阵点位置与 C、N 占据的间隙位置数相同，且符合理想化学配位比。因而，M(C,N) 的摩尔自由能可表述为：

$$G_{M(C,N)} = G_{MC_xN_{1-x}} = xG_{MC}^{\ominus} + (1-x)G_{MN}^{\ominus} {}^{L_SmE}G^m \qquad (2-1)$$

式中　$G_{M(C,N)}$——MC$_x$N$_{1-x}$ 的摩尔自由能，J/mol；

　　　　M——微合金元素 Nb、Ti、V 等；

　　　　x——MC 在 MC$_x$N$_{1-x}$ 中所占的摩尔分数；

　　　　$G_{MC}^{\ominus}$——MC 的标准吉布斯自由能，J/mol；

　　　　$G_{MN}^{\ominus}$——MN 的标准吉布斯自由能，J/mol；

　　　　T——热力学温度，K；

　　　　$^{L}S^m$——理想混合熵，J/(mol·K)；

　　　　$^{E}G^m$——混合过剩自由能，J/mol。

其中，

$$-\frac{{}^{L}S^{m}}{R} = x\ln x + (1-x)\ln(1-x) \tag{2-2}$$

$$^{E}G^{m} = x(1-x)L_{CN}^{M} \tag{2-3}$$

式中 R——气体常数，8.314J/(mol·K)；

L_{CN}^{M}——$MC_{x}N_{1-x}$中碳氮的相互作用自由能，J/mol。

通常认为在析出过程中，当两相中溶质的偏摩尔自由能相等时碳氮化物从奥氏体中不再析出，即：

$$\Delta G_{MC} = \overline{G}_{MC} - \overline{G}_{M} - \overline{G}_{C} \tag{2-4}$$

$$\Delta G_{MN} = \overline{G}_{MN} - \overline{G}_{M} - \overline{G}_{N} \tag{2-5}$$

而二元化合物在奥氏体中的偏摩尔自由能为：

$$\overline{G}_{MC} = G_{MC}^{\ominus} + RT\ln x + x^{2}L_{CN}^{M} \tag{2-6}$$

$$\overline{G}_{MN} = G_{MN}^{\ominus} + RT\ln(1-x) + (1-x)^{2}L_{CN}^{M} \tag{2-7}$$

溶质元素 M、C、N 在奥氏体中的偏摩尔自由能为：

$$\overline{G}_{C} = RT\ln\alpha_{C} = RT\ln f_{C}x_{C} \tag{2-8}$$

$$\overline{G}_{N} = RT\ln\alpha_{N} = RT\ln f_{N}x_{N} \tag{2-9}$$

$$\overline{G}_{M} = RT\ln\alpha_{M} = RT\ln f_{M}x_{M} \tag{2-10}$$

式中 α_{C}——溶质元素 C 的活度；

α_{N}——溶质元素 N 的活度；

α_{M}——溶质元素 M 的活度；

f_{C}——溶质元素 C 的活度系数；

f_{N}——溶质元素 N 的活度系数；

f_{M}——溶质元素 M 的活度系数；

x_{C}——溶质元素 C 的摩尔浓度；

x_{N}——溶质元素 N 的摩尔浓度；

x_{M}——溶质元素 M 的摩尔浓度。

由于在实际微合金钢中，合金 M、C、N 溶质元素的溶解量都很小，取 $f_{C}=1$、$f_{N}=1$、$f_{M}=1$，二元化合物在奥氏体中的相互作用自由能为 0。故化简以上方程得：

$$x\Delta G_{MC} + (1-x)\Delta G_{MN} = 0 \tag{2-11}$$

将变量 ΔG_{MC} 和 ΔG_{MN} 代入上式化简可得：

$$x\ln\frac{xK_{MC}}{x_{M}x_{C}} + (1-x)\ln\frac{(1-x)K_{MN}}{x_{M}x_{N}} = 0 \tag{2-12}$$

即

$$x_{M}x_{C} = xK_{MC} \tag{2-13}$$

$$x_{M}x_{N} = (1-x)K_{MN} \tag{2-14}$$

式中 K_{MC}——MC 在奥氏体中的溶度积；

K_{MN}——MN 在奥氏体中的溶度积。

将质量百分浓度转化为摩尔百分浓度，对应二元化合物的取值分别如下式所示[9,10]：

$$\lg([Nb][C])_\gamma = 3.42 - 7900/T \qquad (2-15)$$

$$\lg([Nb][N])_\gamma = 2.80 - 8500/T \qquad (2-16)$$

$$\lg([Ti][N])_\gamma = 0.32 - 8000/T \qquad (2-17)$$

$$\lg([Ti][C])_\gamma = 2.75 - 7000/T \qquad (2-18)$$

$$\lg([V][C])_\gamma = 6.72 - 9500/T \qquad (2-19)$$

$$\lg([V][N])_\gamma = 3.60 - 8700/T \qquad (2-20)$$

$$\lg([B][N])_\gamma = 5.24 - 13970/T \qquad (2-21)$$

$$\lg([Al][N])_\gamma = 1.79 - 7180/T \qquad (2-22)$$

对于含钛铌钢，设在温度为 T 时，将奥氏体中析出的 $f_{1(TiC_xN_{1-x})}$ 和 $f_{2(NbC_xN_{1-x})}$，代入式（2-13）和式（2-14）可得：

$$\begin{cases} x_{Ti}x_C = xK_{TiC} \\ x_{Ti}x_N = (1-x)K_{TiN} \\ x_{Nb}x_C = yK_{NbC} \\ x_{Nb}x_N = (1-y)K_{NbN} \end{cases} \qquad (2-23)$$

由质量平衡方程得到如下关系式：

$$\begin{cases} x_{Ti}^0 = (1 - f_1 - f_2)x_{Ti} + 0.5f_1 \\ x_{Nb}^0 = (1 - f_1 - f_2)x_{Nb} + 0.5f_2 \\ x_C^0 = (1 - f_1 - f_2)x_C + 0.5xf_1 + 0.5yf_2 \\ x_N^0 = (1 - f_1 - f_2)x_N + 0.5(1 - x)f_1 + 0.5(1 - y)f_2 \end{cases} \qquad (2-24)$$

式中 x_{Ti}^0，x_{Nb}^0，x_C^0，x_N^0——溶质元素 Ti、Nb、C、N 在奥氏体中的初始浓度；

x_{Ti}，x_{Nb}，x_C，x_N——溶质元素 Ti、Nb、C、N 析出达到平衡时在奥氏体中的浓度。

而对于 V(C,N) 的析出，可认为 f_2 为 0，即可求得不同温度下 V、C、N 各元素的固溶度及碳氮化钒的含量，当以上式中 x 为 0 时，可求得不同温度下 BN、AlN 的析出量。

2.2.1.2 含 Nb、Ti 碳氮化物析出热力学

图 2-6 为某典型低碳含铌、钛成分微合金钢（C、Ti、Nb 和 N 的含量分别为 0.075%、0.01%、0.025% 和 0.003%）凝固过程不同温度下的奥氏体中各元素的固溶量。从图中可以看出，该低碳微合金钢凝固过程中，Ti(C,N) 最早在

1386℃开始析出，并在800℃前后析出完成。在该Ti（C，N）析出过程中，由于TiN较TiC在奥氏体中的固溶度积低3个数量级以上，故Ti（C，N）析出过程接近于二元相TiN的析出。因而含钛碳氮化物在析出过程，将优先大量消耗钢中的游离氮，使得其留给Nb元素结合析出Nb（C，N）的量大幅减少。

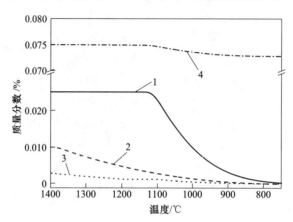

图2-6　奥氏体中各元素固溶量随温度的变化
1—Nb；2—Ti；3—N；4—C

同时从图2-6中可以看出，在该微合金钢成分体系下，铌的碳氮化物开始析出温度约为1130℃，析出完成温度约为750℃，显著低于Ti（C，N）的对应析出温度。在实际连铸生产中，Nb（C，N）析出对钢的高温塑性恶化作用大于Ti（C，N）。若能充分利用Nb（C，N）的析出较Ti（C，N）析出显著滞后的特点，在满足钢的性能前提下，可以考虑往钢中加入适量的钛合金，以实现"以钛固氮"的目的，从而减少Nb（C，N）在奥氏体晶界的析出量，强化连铸坯生产过程抗裂纹的能力。

在钢铁企业实际微合金钢生产过程中，受钢种性能要求与冶炼工艺波动影响，微合金钢中的微合金及氮的含量往往会有一定程度波动。一般而言，钢铁企业在生产微合金钢过程中均比较注意对钢中氮含量的控制。鞍钢与宝钢等重点钢铁企业，微合金钢的氮含量一般控制在0.003%~0.006%范围，且目前国内多数钢铁企业具备控制钢中的氮含量至0.0045%及以下水平。为此，本书下文将结合目前钢铁企业典型含Ti、Nb、V、B、Al、N元素含量波动范围，开展碳氮化物析出热力学讨论。

图2-7给出了钛含量为0.01%的微合金钢在不同氮含量下的Ti（C，N）析出量随温度的变化。从图中可以看出，当钢中氮含量高于0.0045%时，Ti（C，N）的开始析出温度以及析出量随温度变化不明显，而当钢中的氮含量小于0.0045%时，由于钢中游离氮的减少，其凝固过程中相同温度下的Ti（C，N）析出量明显

减少,且开始析出温度亦下降较明显。

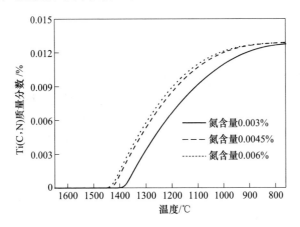

图 2-7 钛含量 0.01%时,不同氮含量下 Ti(C,N) 析出量随温度变化

而当钢中的钛含量增加时,以当前国内钢铁企业主流控氮水平下的 0.0045%氮含量为例计算,钢中的钛加入量从 0.01%分别提高到 0.02% 和 0.03%时,Ti(C,N) 最终析出量分别从 0.013%提升至 0.025%和 0.038%,且其开始析出的温度整体显著提高,如图 2-8 所示。从图中可以看出,当钢中钛含量达到 0.02%时,Ti(C,N) 在钢液条件下即可析出,从而有利于连铸坯在后续凝固过程的组织形核。在实际连铸生产过程,经常发现相同连铸工艺下,含钛钢连铸生产过程的铸坯凝固组织较均匀,且内部质量整体偏好。钢液中 TiN 析出促进了铸坯凝固形核是重要的影响因素。

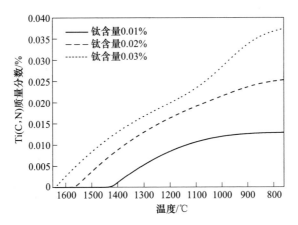

图 2-8 不同钛含量时 Ti(C,N) 析出温度和析出量

铌是当前国内外钢铁企业应用最多的微合金化成分,广泛应用于高强船板钢、桥梁钢、容器用钢、汽车结构钢以及高层建筑用钢等。根据不同钢种的用途

及力学性能，铌的添加量常在 0.02%~0.06% 范围，且以 0.02%~0.03% 范围应用最广泛。

图 2-9 为不同铌与氮含量条件下的含铌微合金钢凝固过程 Nb(C,N) 在奥氏体中的析出量随温度的变化。可以看出，在铌与氮含量分别为 0.025%~0.045% 和 0.003%~0.006% 变化范围内，Nb(C,N) 的开始析出温度约为 1120~1160℃，且随铌与氮含量的增加而总体有所提高，但变化幅度不大。同时可以看出，不同铌与氮含量下 Nb(C,N) 的主要析出温度区间均在 950℃ 以上。根据常规与宽厚板坯生产过程角部温度的演变，该析出温度区间所对应的铸坯处于结晶器内（结晶器中下部）。

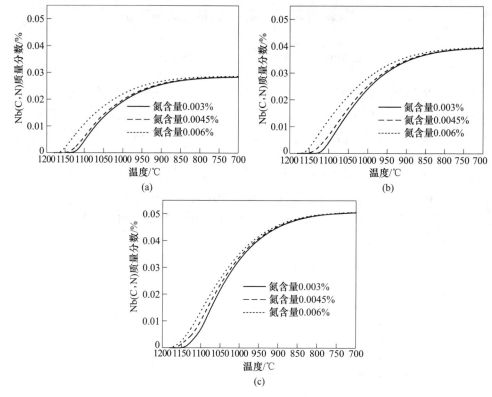

图 2-9 不同氮含量下 Nb(C,N) 析出量随温度变化关系

(a) 0.025% Nb；(b) 0.035% Nb；(c) 0.045% Nb

此外，从图 2-9 中亦可看出，当钢中的氮含量不高于 0.0045% 时，Nb(C,N) 的析出量随氮含量的变化不明显，最终析出量主要取决于钢中铌的含量。该现象说明，企业在生产含铌微合金钢过程，成品钢中的氮含量应尽可能控制至低于 0.0045% 水平。

进一步针对氮含量为 0.0045% 的含铌微合金钢凝固过程进行研究，其奥氏体中铌的固溶量随温度的变化关系如图 2-10 所示。可看出，当钢中铌含量分别为0.025%、0.035% 和 0.045% 时，在其凝固过程中奥氏体开始析出 Nb(C,N) 的温度分别约为 1120℃、1133℃ 和 1160℃，并均在 700℃ 前后完成析出。图 2-11 为对应不同铌含量时奥氏体中 Nb(C,N) 析出量随温度的变化关系。可以看出，在析出前期，Nb(C,N) 的析出速度较快，且不同铌含量下的 Nb(C,N) 析出量相差不大。当温度降至 850℃ 及以下时，不同铌含量下奥氏体中的 Nb(C,N) 析出量变化逐渐趋缓，接近析出完成。结合实际板坯连铸过程，当铸坯进入矫直区时，其角部温度往往降至 850℃ 及以下。这就意味着铸坯角部组织中的大部分Nb(C,N) 在进入连铸矫直区时已接近最大析出量，铸坯在矫直变形过程，集中析出的 Nb(C,N) 将使晶界形成链状分布微孔洞，从而显著降低铸坯角部组织的

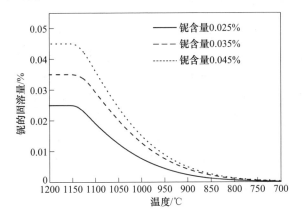

图 2-10 不同铌含量下奥氏体中铌的固溶量随温度变化

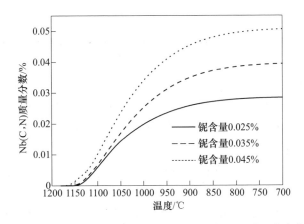

图 2-11 不同铌含量奥氏体中 Nb(C,N) 析出量随温度变化

高温塑性，致使铸坯角部在矫直等过程沿奥氏体晶界开裂而形成横裂纹缺陷。

结合图 2-8，生产氮含量为 0.0045% 的含铌钢时，由于 Nb(C,N) 的开始析出温度在 1120~1160℃，当钢中加入含量大于 0.02% 的钛时，Ti(C,N) 在 1550℃ 以上即已开始析出。在铸坯角部温度降至 1160℃ 的过程中，钢中大量的游离氮将以 TiN 析出的形式被消耗，使得留给铌的游离氮显著降低，从而降低 Nb(C,N) 的析出量而有利于缓解含铌钢的高温塑性恶化。因此，国内外钢铁企业在实际含铌钢的生产过程中，往往都往钢中添加一定量的钛，其除了保障钢的强度力学性能外，亦有利于防止连铸坯角部横裂纹产生。实践表明，若要通过"以钛固氮"的方法防止含铌钢连铸坯角部横裂纹产生，钢中的钛加入量需达 0.025% 及以上。

2.2.1.3　V(C,N) 析出热力学

V（钒）是现代钢铁生产的重要微合金化元素。钢中添加适量的钒合金可显著增强其淬透性，并有二次硬化的作用。近年来，研究表明含钒微合金钢可利用 VN 在奥氏体中的析出促进晶内铁素体形核，从而达到细化铁素体晶粒的效果。国内外广大材料学专家与钢铁企业根据 VN 在钢中的该析出特性，将其与再结晶控制轧制（RCR）工艺结合，开发形成了第 3 代 TMCP 工艺，使得钢中的钒充分发挥了沉淀强化优势的同时，利用 VN 奥氏体析出促进晶内铁素体形核而细化钢组织晶粒。这一工艺被广泛应用于磨具钢、汽车钢、先进桥梁钢、高强度钢筋等微合金钢的开发。特别是在一些难以实现低温控轧的钢铁产品，如厚壁型钢、高强度厚板等上获得了良好应用。

由于 V 与 Ti、Nb 等元素的析出特性类似，亦为强碳、氮结合元素，凝固过程易形成 V(C,N) 二相粒子析出。当前，国内外钢铁企业主流含钒微合金钢中的钒合金添加量主要集中在 0.04%~0.08% 范围。图 2-12 为不同钒含量微合金钢在不同氮含量下的奥氏体中 V(C,N) 的析出量随温度的变化关系。从图中可以看出，随着钢中钒合金与氮含量的增加，V(C,N) 在奥氏体中开始析出的温度逐渐提高。当钢中的氮含量为 0.003%~0.006% 时，0.04%~0.08% 主流添加量的含钒微合金钢凝固过程中 V(C,N) 在奥氏体中的开始析出温度为 900~980℃，析出完成温度约为 600℃。根据该析出温度区间，当钢中钒含量不高于 0.04% 时，铸坯角部组织凝固过程的 V(C,N) 主要在出结晶器后的二冷区内析出。而当钢中钒与氮含量较高时（特别是在实际凝固过程，受钒合金的晶界偏聚作用，其奥氏体晶界实际钒的含量要显著高于平均钒含量），铸坯角部组织中的 V(C,N) 在结晶器中下部即已开始析出，直至铸坯出连铸机。此外，从图中亦可看出，当钢中氮含量在 0.003%~0.006% 范围时，钢组织中的 V(C,N) 完全析出量几近相同，说明钢中的钒含量是限制其凝固过程 V(C,N) 析出量的主要因素。

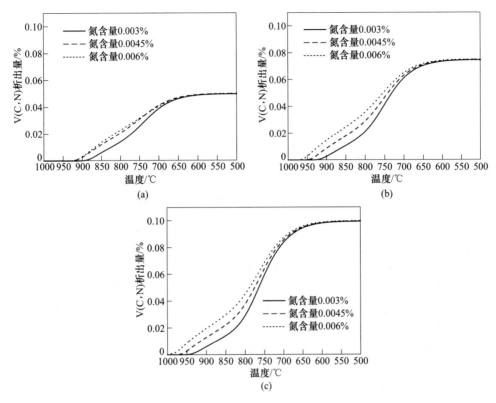

图 2-12 不同钒含量微合金钢在不同氮含量下的 V(C,N) 析出量随温度变化
(a) 0.04%V; (b) 0.06%V; (c) 0.08%V

为了进一步分析 V(C,N) 在铸坯凝固过程中的析出行为，对比分析氮含量为 0.0045% 时不同钒含量下的微合金钢凝固过程 V(C,N) 析出量随温度的变化关系，如图 2-13 所示。可以看出，当钢中的钒含量分别为 0.04%、0.06% 和 0.08% 时，V(C,N) 的开始析出温度分别约为 915℃、935℃、960℃，而其析出完成温度基本相同，均趋近于 640℃。然而，V(C,N) 在高温区析出速度相对于含 Ti、Nb 碳氮化物的析出速度慢。当温度降至 840℃ 时，V(C,N) 的析出量仅约为最终析出量的 30%。而在常规与宽厚板坯连铸过程中，各钢铁企业的铸坯角部在矫直区的温度多处于 750~840℃ 范围。若能采用高温缓冷却二冷配水工艺，使铸坯角部进入矫直区的温度在 840℃ 以上，或者尽可能减少钢中的钒添加量，将有助于减少铸坯角部组织晶界 V(C,N) 的析出而实现铸坯角部以较高的塑性过矫直，减少裂纹产生。

2.2.1.4 BN 析出热力学分析

B（硼）是重要的微合金化元素，往钢中加入适量的硼合金，不仅可以显著

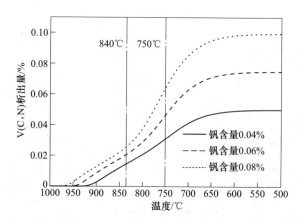

图 2-13   不同钒含量下 V(C,N) 析出量随温度的变化

提高钢的淬透性，对于耐热钢而言还可以提升其高温强度、蠕变强度，同时亦可改善高速钢的红硬性和刀具的切削能力。含硼钢主要作为结构钢使用。特别是在制造螺栓等各类紧固件时，可用其替代部分中碳钢、中碳铬镍钼钢等钢种。此外，优质的含硼钢还可用作弹簧钢、低合金高强度钢、冷变形钢、耐磨钢、耐热钢和原子能用钢等。目前，我国规模化生产的含硼钢多数用于出口，其硼含量一般控制在 0.0008% ~ 0.0020% 范围。因此本书主要针对该硼含量范围的含硼钢 BN 析出行为进行讨论。

图 2-14 为硼含量分别为 0.0008%、0.0014%、0.0020%的含硼钢在不同氮含量下凝固过程的 BN 析出量随温度的变化关系。可以看出，硼含量为 0.0008% ~ 0.0020%、氮含量为 0.003% ~ 0.006%时，BN 开始析出的温度区间主要集中在 1000 ~ 1100℃范围，析出完成的温度约为 850℃。析出温度区的宽度相对 Nb(C,N) 与 V(C,N) 的析出温度区的宽度显著减小。同时，BN 的析出过程较快，大部分的 BN 在 950℃以上即已完成析出。特别值得一提的是，B 元素在钢凝固过程具有显著的微观偏析效应。有研究表明[11]，含硼钢在凝固过程硼的晶界偏聚量可达 30 倍以上。在该晶界显著的偏聚量下，晶界处的 BN 开始析出温度将更高，随之析出量也将显著提高。因此，根据常规与宽厚板坯角部温度演变可认为，目前国内钢铁企业 0.0008% ~ 0.0020%硼含量下的含硼钢板坯连铸过程，其角部奥氏体组织晶界的 BN 绝大部分在结晶器内即已析出，并在铸坯进入连铸机二冷矫直区前析出完成，从而极度恶化铸坯角部组织的高温塑性，导致铸坯矫直等过程高发角部横裂纹。

进一步分析不同硼含量的含硼钢在氮含量为 0.0045%条件下的 BN 析出量随温度的变化关系，如图 2-15 所示。可以看出，相同氮含量下，钢中微量的硼含量变化即可使 BN 的最终析出量发生显著变化。在国内多数钢铁企业 0.0045%控

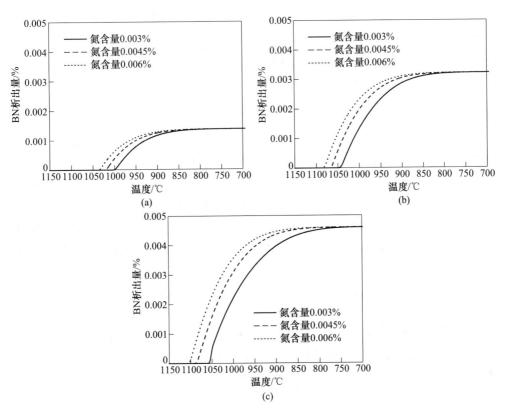

图 2-14　不同硼含量微合金钢在不同氮含量下的 BN 析出量随温度变化

（a）0.0008%B；（b）0.0014%B；（c）0.002%B

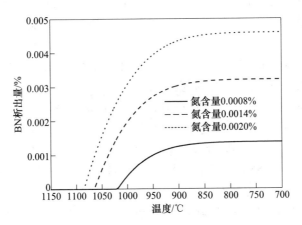

图 2-15　不同硼含量下 BN 析出量随温度的变化

氮水平条件下，钢中硼含量由 0.0008% 分别增加至 0.0014% 和 0.0020% 时，凝固过程奥氏体中 BN 的开始析出温度由约 1015℃ 分别提升至 1045℃ 和 1090℃，析出量总量也由 0.0014% 分别提升至 0.0032% 和 0.0046%。特别需要指出的是，当凝固温度降至约 950℃ 时，不同硼含量下钢组织中的 BN 析出量变化均开始趋缓，即意味着大部分 BN 已在钢中析出。由于实际板坯连铸生产过程，铸坯角部温度在 950℃ 以上时的铸坯仍处于结晶器内。因此，BN 的析出控制关键环节应在连铸结晶器内。

然而，在传统板坯连铸结晶器凝固条件下，受坯壳在结晶器内凝固过程的动态收缩变形作用，结晶器角部及其附近区域常集中分布有较厚的气隙和保护渣膜，致使坯壳角部的传热速度低下，引发 BN 在奥氏体晶界处集中析出。而 B 元素显著的晶界偏聚效应将加剧 BN 在奥氏体晶界的析出量，从而大幅恶化铸坯角部组织的高温塑性。因此，钢铁企业在连铸生产含硼钢时，其铸坯角部横裂纹的发生率往往较高，且传统已开发的铸坯角部裂纹控制技术均较难控制该类钢铸坯角部横裂纹的产生。

然而，从上述 BN 的析出特点亦可以看出，BN 的析出量对钢中的硼与氮含量的变化十分敏感。在满足钢种性能及提高冶炼水平的前提下，若能适当降低钢中的硼与氮的含量，可有效降低其凝固过程奥氏体晶界的 BN 析出量，从而缓解其高温塑性的降低。宝钢梅钢等连铸生产低碳与包晶系列含硼钢实践表明，严格控制钢中的氮含量不超过 0.003%，并加强结晶器角部与铸坯二冷高温区角部的冷却强度，可控制其铸坯角部的裂纹发生率不高于 0.03% 水平。

2.2.1.5　AlN 析出热力学分析

铝是炼钢重要的脱氧剂，同时也是钢的重要微合金化成分。往钢中添加适量的铝，可细化钢组织晶粒、抑制低碳钢的时效、提高钢在低温下的韧性和抗氧化性等作用，这一工艺在钢铁生产中被广泛应用。然而，Al 元素在钢凝固过程同样易与游离氮结合形成 AlN 析出，并在不合理控冷条件下在铸坯奥氏体组织晶界大规模析出，从而降低钢组织的高温塑性。

图 2-16 为铝含量分别为 0.02%、0.03% 和 0.04% 时，不同氮含量条件下的钢凝固过程 AlN 析出量随温度的变化关系。可以看出，铝和氮含量分别为 0.02%~0.04% 和 0.003%~0.006% 时，铸坯凝固过程奥氏体组织的 AlN 开始析出温度集中在 950~1055℃，析出结束温度约为 650℃。根据该析出温度区分布和常规与宽厚板坯角部温度演变的特点，若钢中的铝和氮的含量较高时，铸坯角部组织的 AlN 析出区将涵盖结晶器中下部与整个二冷铸流。但若钢中的铝和氮含量较低时，铸坯角部组织 AlN 的析出区主要在二冷铸流内。由于传统板坯结晶器结构及其控冷工艺下，较难对结晶器内的铸坯角部凝固进行控制，因此我们更希望铸坯角部组织的 AlN 析出区尽可能出结晶器。在满足钢的性能和连铸生产顺行等

前提下，应尽可能降低钢中的铝和氮的含量。目前，国内梅钢等企业在生产 GR4160Al 等含铝成分的钢种过程，严格控制钢中的铝氮积不超过 4.5×10^{-5}，可显著降低铸坯角部裂纹的产生。

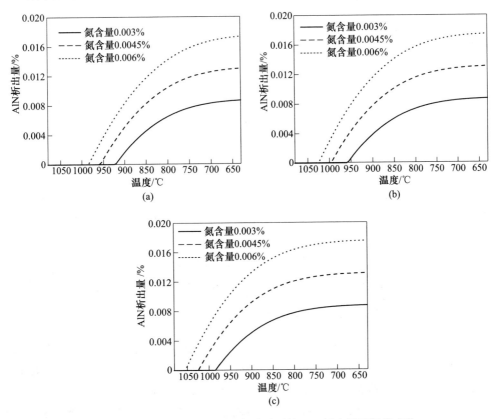

图 2-16　不同铝含量钢在不同氮含量下的 AlN 析出量随温度变化
(a) 0.02%Al；(b) 0.03%Al；(c) 0.04%Al

　　图 2-17 为钢中氮含量为 0.0045%时，不同铝含量的含铝钢凝固过程 AlN 的析出量随温度的变化。结合图 2-16 可以看出，钢中铝含量不同，其凝固过程 AlN 完全析出的总量基本相同，表明在氮含量为 0.0045%时，铝含量为 0.02% ~ 0.04%的含铝钢凝固过程 AlN 析出主要受限于钢中的氮含量。根据 AlN 的该析出特点，降低钢中的氮含量，可显著减少铸坯角部凝固过程奥氏体晶界的 AlN 析出量，从而可缓解铸坯角部等组织的高温塑性缺失，有助于防止铸坯角部横裂纹产生。

　　从上述当前国内外钢铁企业所主流生产的含 Ti、Nb、V、B、Al 等成分体系及含量下的微合金钢板坯凝固过程碳氮化物析出热力学可以看出，铸坯角部组织的微合金碳氮化物的析出环节多涵盖结晶器与二冷区（特别是二冷高温区）。而

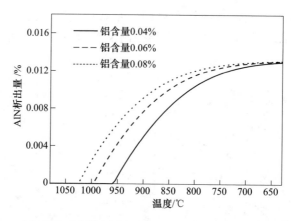

图 2-17　不同铝含量下 AlN 析出量随温度的变化

当前国内外钢铁企业的常规与宽厚板坯连铸生产过程中，其结晶器上线后往往需满足多成分钢种、多断面的生产要求，铸坯在结晶器等凝固过程往往较难有效控制碳氮化物析出，因此应综合开发具有较高适应性并可弥散化不同类型碳氮化物析出的新结晶器与二冷控冷技术，以消除铸坯角部凝固过程碳氮化物沿晶界集中析出的现象，实现铸坯角部组织高塑化而"根治"横裂纹产生。

2.2.2　典型微合金钢碳氮化物析出动力学行为

根据上一节不同类型的微合金钢凝固过程碳氮化物析出热力学行为分析可知，当前国内外钢铁企业所主流生产成分体系及含量的微合金钢常规与宽厚板坯，其角部组织的碳氮化物在结晶器和二冷区内均可大规模析出，需对结晶器与二冷等关键环节开展其控冷结构及工艺技术研发，以弥散化其碳氮化物析出。然而，不同合金类别及含量下的微合金钢碳氮化物析出的特点及关键控温工艺要求差别较大，其最佳析出控温区的确定往往需要根据对应碳氮化物的析出动力学来确定。因而，本节将围绕上述国内外主流成分体系及含量的微合金钢凝固过程，开展其碳氮化物析出动力学行为分析。

微合金碳氮化物的析出属于典型的扩散型相变。对于扩散型相变来说，微合金碳氮化物在较高温度析出时，各溶质元素的扩散速率快但过冷度低，导致相变驱动力较低，转变速率慢。而当温度降低时，过冷度增加，转变速率加快。随着温度的进一步降低，微合金等元素的扩散能力下降，并逐渐占据主导作用，导致相变速率降低。在该高温相变自由能和低温原子扩散所主导的综合作用下，其相转变量-温度-时间曲线（PTT 曲线）常常呈现出典型的 C 曲线特征。本书将通过对微合金碳氮化物在不同形核机制下的相转变量-温度-时间（PTT）曲线理论计算，找出避开晶界碳氮化物快速析出的控温区间，为控制微合金碳氮化物的弥散化析出控制提供理论依据。

2.2.2.1 析出动力学模型

微合金碳氮化物的析出形核机制通常包括晶界形核、位错形核和均匀形核 3 种。假设在该 3 种不同形核机制下的析出物均为球形，形核以及析出过程中的化学驱动力可由下式表述[12]：

$$\Delta G_n^b \cong \frac{RT}{2}\left[x\ln\frac{x_M^0 x_C^0}{x_M^b x_C^b} + (1-x)\ln\frac{x_M^0 x_N^0}{x_M^b x_N^b}\right] \tag{2-25}$$

式中　　R——气体常数，8.314J/mol·K；

　　　　T——热力学温度，K；

x_M^0，x_C^0，x_N^0——溶质元素 M（微合金元素）、C、N 在奥氏体中的初始浓度；

x_M，x_C，x_N——溶质元素 M、C、N 析出达到平衡时在奥氏体中的浓度；

　　　　x——平衡 MC 组元分数。

而单位体积的相变自由能可表述如下：

$$\Delta G_V = \frac{\Delta G_n^b}{V_{M(C,N)}} \tag{2-26}$$

式中　$V_{M(C,N)}$——M(C,N) 的摩尔体积分数，m³/mol，可由相对应的 MC、MN 的点阵常数和线膨胀系数通过线性内插法求得。

具体为[13]：

$$V_{M(C,N)} = \{\{a_{MC} \times [1 + \alpha_{MC} \times (T - 293)]\}^3 \cdot x +$$
$$\{a_{MN} \times [1 + \alpha_{MN} \times (T - 293)]\}^3 (1-x)\} \times \frac{6.02 \times 10^{-4}}{4} \tag{2-27}$$

式中　a_{MC}，a_{MN}——MC、MN 的点阵常数；

　　　α_{MC}，α_{MN}——MC、MN 的线膨胀系数。

a_{MC}、a_{MN}、α_{MC}、α_{MN} 的数值大小如表 2-1 所示[13]。

表 2-1　典型微合金碳化物与氮化物的点阵常数与线膨胀系数

碳氧化物	NbC	NbN	TiC	TiN	VC	VN
点阵常数 a/nm	0.4469	0.4394	0.43167	0.4239	0.4182	0.4136
线膨胀系数 α/K⁻¹	7.02×10^{-6}	10.1×10^{-6}	7.86×10^{-6}	9.35×10^{-6}	8.29×10^{-6}	8.1×10^{-6}

M(C,N) 的比界面能可由不同温度下相对应的 MC、MN 的比界面能通过线性内插法求得：

$$\delta_{M(C,N)} = \delta_{MC} \cdot x + \delta_{MN} \cdot (1-x) \tag{2-28}$$

式中　δ_{MC}，δ_{MN}——MC、MN 的比界面能。

比界面能对应各碳化物和氮化物的计算式如式（2-29）~式（2-34）所示[13]：

$$\delta_{\text{NbC}-\gamma} = 1.3435 - 0.6054 \times 10^{-3}T \tag{2-29}$$

$$\delta_{\text{NbN}-\gamma} = 1.2999 - 0.5858 \times 10^{-3}T \tag{2-30}$$

$$\delta_{\text{TiC}-\gamma} = 1.2360 - 0.5570 \times 10^{-3}T \tag{2-31}$$

$$\delta_{\text{TiN}-\gamma} = 1.1803 - 0.5318 \times 10^{-3}T \tag{2-32}$$

$$\delta_{\text{VC}-\gamma} = 1.1292 - 0.5088 \times 10^{-3}T \tag{2-33}$$

$$\delta_{\text{VN}-\gamma} = 1.0879 - 0.4902 \times 10^{-3}T \tag{2-34}$$

对于均匀形核的碳氮化物临界形核尺寸，可由式（2-35）确定：

$$d^* = -\frac{4\delta}{\Delta G_{\text{V}} + \Delta G_{\text{EV}}} \tag{2-35}$$

式中　ΔG_{EV}——碳氮化物形核时的弹性应变能。

对稳定性很高的第二相来说，其弹性应变能和单位体积的相变自由能相差较大，通常可以忽略不计。因而可将式（2-35）简化为 $d^* = \dfrac{4\delta}{\Delta G_{\text{V}}}$。其临界形核功 ΔG^* 为：

$$\Delta G^* = \frac{16\pi\delta^3}{3\Delta G_{\text{V}}^2} \tag{2-36}$$

而对于晶界形核，Christian 等人[14]的研究结果表明，在晶界形核机制下的临界形核尺寸仍可由式（2-35）描述。而晶界形核机制下的临界形核功明显降低，与均匀形核机制下的临界形核功相比，存在如下关系式：

$$\Delta G_{\text{g}}^* = A_1 \Delta G^* \tag{2-37}$$

$$A_1 = \frac{1}{2}(2 - 3\cos\theta + \cos^3\theta) \tag{2-38}$$

$$\cos\theta = \frac{1}{2}\frac{\sigma_{\text{B}}}{\sigma} \tag{2-39}$$

式中　ΔG_{g}^*——晶界形核机制下的临界形核功；

　　　σ_{B}——奥氏体相的比界面能，在 1100℃时，σ_{B} 的取值为 0.756J/mol；

　　　σ——第二相与奥氏体相的比界面能。

对于位错形核，由于刃型位错与螺型位错相比，其单位位错线上的能量较高，因而本书主要考虑刃型位错上的形核。故位错形核机制下的临界形核尺寸与临界形核功可分别由式（2-40）和式（2-41）描述：

$$d_{\text{d}}^* = -\frac{2\sigma}{\Delta G_{\text{V}}}\left[1 + (1 + \beta)^{\frac{1}{2}}\right] \tag{2-40}$$

$$\Delta G_{\text{d}}^* = (1 + \beta)^{\frac{3}{2}}\Delta G^* \tag{2-41}$$

式中，参数 β 可由式（2-42）求得：

$$\beta = \frac{Gb^2 \cdot \Delta G_V}{8\pi^2(1-\nu)\sigma^2} \qquad (2-42)$$

式中，ν——泊松比，一般取值 0.35；

    b——位错伯格斯矢量，取值 0.2nm；

    G——基体切变弹性模量。

奥氏体基体切变弹性模量可由式（2-43）所示：

$$G = \frac{0.5E}{1+\nu} \qquad (2-43)$$

$$E_{\gamma\text{-Fe}} = 254680 - 114.76T \quad (1184 \sim 1665K) \qquad (2-44)$$

式中 E——奥氏体基体的正弹性模量，MPa。

对于当前国内外主流微合金钢成分体系而言，由于其微合金的含量都较低，当局部区域生成碳氮化物后，该区域溶质元素的过饱和度将降低，使得临界形核功显著增大。因此，该区域将不可能成为新的形核点，即形核率迅速衰减为零。在形核率迅速衰减为零的情况下，晶界（用 ga 表示）、位错（用 da 表示）、均匀（用 a 表示）三种不同形核机制下的碳氮化物析出的相对开始时间可由式（2-45）~式（2-47）表示[13]：

均质形核：

$$\lg\frac{t_{0.05a}}{t_{0a}} = \frac{2}{3}\left(-1.28994 - 2\lg d^* + \frac{1}{\ln 10}\times\frac{\Delta G^* + 2.5Q}{kT}\right) \qquad (2-45)$$

晶界形核：

$$\lg\frac{t_{0.05ga}}{t_{0ga}} = 2\left(-1.28994 - 2\lg d^* + \frac{1}{\ln 10}\times\frac{\Delta G_g^* + Q}{kT}\right) \qquad (2-46)$$

位错形核：

$$\lg\frac{t_{0.05da}}{t_{0da}} = -1.28994 - 2\lg d^* + \frac{1}{\ln 10}\times\frac{\Delta G_d^* + \frac{5}{3}Q}{kT} \qquad (2-47)$$

式中 Q——微合金元素的扩散激活能；

    k——常数。

而由式（2-45）~式（2-47）可以求出不同微合金碳氮化物在不同形核机制下的开始析出曲线。通常，我们将当析出量达到 5% 时的沉淀量-温度-时间曲线作为开始析出曲线，而当碳氮化物的析出达到 95% 时，认定其为析出结束曲线。其可由式（2-48）求得[13]：

$$\lg\frac{t_{0.95}}{t_0} = \frac{1.76644}{n} \qquad (2-48)$$

式中，n 为主要取决于微合金元素碳氮化物的形核以及长大机制，在形核率迅速衰减为零的情况下，均质形核、晶界形核、位错线上形核时 n 的取值分别为 3/2、2、1。

2.2.2.2　Ti(C,N) 析出动力学

图 2-18 是某低碳含钛、铌微合金钢（C、Ti、Nb 和 N 的含量分别为 0.075%、0.01%、0.025% 和 0.003%）凝固过程 Ti(C,N) 在晶界形核、位错形核、均匀形核三种形核机制下的临界形核功随温度的变化关系。可以看出，随着温度的下降，各形核机制下的临界形核功均逐渐降低。其中，晶界形核时的临界形核功最小，位错形核次之，均匀形核所需的临界形核功最大。其原因主要是晶界处原子的排列不规则，晶体结构存在较大的畸变，Ti(C,N) 在降温过程优先于晶界析出，从而降低了晶界上合金溶质的浓度，并与晶内形成浓度差，使晶内合金溶质向晶界扩散，从而造成晶界易形成链状微合金碳氮化物集中析出。

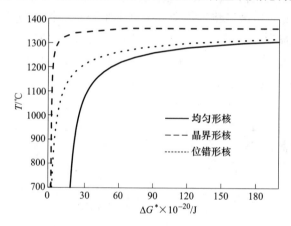

图 2-18　不同形核机制下碳氮化钛的相对形核率

图 2-19 为上述某低碳微合金钢成分体系下 Ti(C,N) 在晶界、位错以及均匀 3 种形核机制下的析出 PTT 曲线。可以看出，3 种形核机制下的曲线均呈现为 C 曲线特征。一般在研究过程，我们常将该类型 PTT 曲线的碳氮化物析出过程形核率最大、析出物最容易长大的温度定义为"鼻子点"温度，重点分析不同形核机制下的"鼻子点"温度分布及其变化。

可以看出，该典型低碳微合金钢成分条件下的 Ti(C,N) 晶界形核析出的"鼻子点"温度约为 1290℃，位错形核和均匀形核的"鼻子点"温度稍低，均在 1100~1120℃ 之间。对 C 曲线来说，在"鼻子点"温度附近，析出物从开始析出到完成析出的时间最长，是最利于析出物长大的温度区间，通常通过增大"鼻子点"温度附近的冷却速度，以减少在该温度下的停留时间从而抑制钢组织析出物的长大。

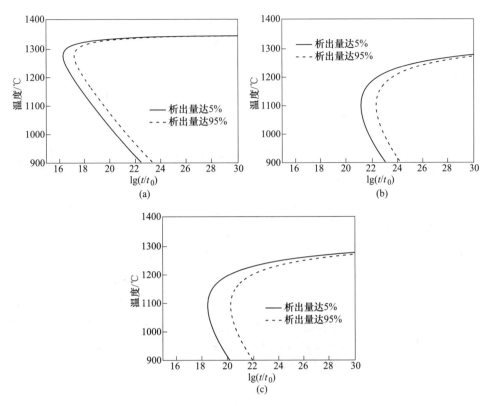

图 2-19 Ti(C,N) 在不同形核机制下的析出 PTT 曲线
(a) 晶界形核；(b) 位错形核；(c) 均匀形核

由上文碳氮化物析出热力学可知，Ti(C,N) 的析出温度高，且随着钢中的钛与氮含量的增加而显著升高。图 2-20 为不同钛与氮含量下 Ti(C,N) 在不同形核机制下的析出 PTT 曲线。可以看出，随着钢中钛与氮含量的增加，Ti(C,N) 在不同形核机制下析出的"鼻子点"温度不断增加。当钢中的钛与氮含量分别增至 0.03% 和 0.0045% 时，其晶界形核"鼻子点"温度已达到 1585℃。而当钢中氮含量增至 0.006%，各形核机制下的 Ti(C,N) 析出"鼻子点"温度均已超过 1550℃，即高钛与氮含量下，Ti(C,N) 在钢液条件下即已逐渐析出，而即使低钛与氮含量下，其析出"鼻子点"温度亦处于结晶器内。

2.2.2.3 Nb(C,N) 析出动力学

对 Nb(C,N) 析出而言，钢中典型铌与氮含量下的 Nb(C,N) 在不同形核机制下的析出 PTT 曲线见图 2-21。从图中可以看出，随着钢中铌与氮含量的增加，不同形核机制下的 Nb(C,N) 析出"鼻子点"温度变化稍区别于 Ti(C,N)。当钢中氮含量为 0.0045% 时，铌含量由 0.025% 分别提升至 0.035% 和 0.045% 时，

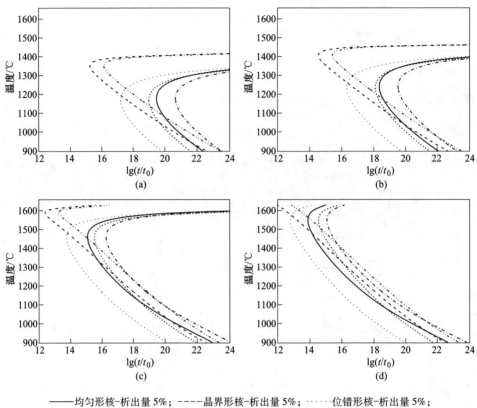

——均匀形核-析出量 5%；----晶界形核-析出量 5%；······位错形核-析出量 5%；
-·-·-均匀形核-析出量 95%；— —晶界形核-析出量 95%；······位错形核-析出量 95%

图 2-20　钢中不同钛与氮下 Ti(C,N) 在不同形核机制下的析出 PTT 曲线
(a) 0.01% Ti-0.0045% N；(b) 0.01% Ti-0.006% N；
(c) 0.03% Ti-0.0045% N；(d) 0.03% Ti-0.006% N

Nb(C,N) 的晶界析出"鼻子点"温度由约 870℃分别提升至 916℃和 932℃，而
均匀形核与位错形核机制下的 Nb(C,N) 析出"鼻子点"温度变化很小，约为
720℃。同样，当钢中氮含量为 0.006%时，铌含量由 0.025%分别提升至 0.035%
和 0.045%时，Nb(C,N) 的晶界析出"鼻子点"温度由约 890℃提升至约
935℃和 975℃，而均匀形核与位错形核下的 Nb(C,N) 析出"鼻子点"温度均
稳定在 760℃左右。对于当前国内外主流含铌钢成分体系下，考虑到实际生产波
动，Nb(C,N) 弥散析出的关键控制温度区间应为 820~1000℃。

2.2.2.4　V(C,N) 析出动力学

图 2-22 为不同钒与氮含量下，含钒钢凝固过程不同形核机制下的 V(C,N)
析出 PTT 曲线。可以看出，在较低的钒与氮含量下，V(C,N) 的析出 PTT 曲线

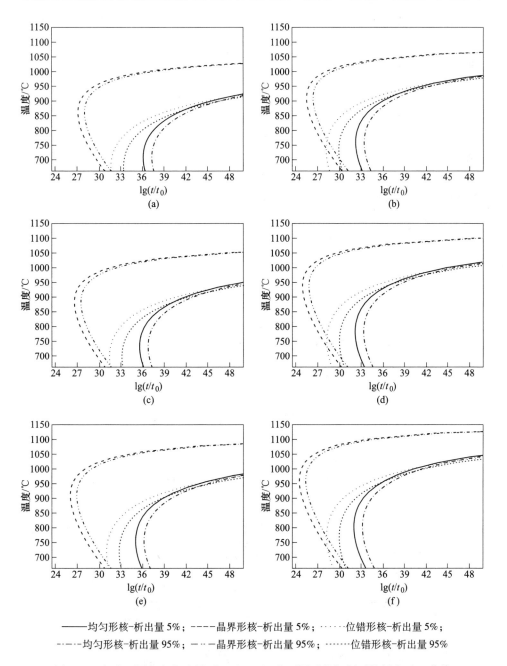

——均匀形核-析出量5%；---晶界形核-析出量5%；······位错形核-析出量5%；
—·-均匀形核-析出量95%；— —晶界形核-析出量95%；······位错形核-析出量95%

图2-21 钢中不同铌与氮含量下 Nb(C,N) 在不同形核机制下的析出 PTT 曲线

(a) 0.025% Nb-0.0045% N；(b) 0.025% Nb-0.006% N；(c) 0.035% Nb-0.0045% N；

(d) 0.030% Nb-0.006% N；(e) 0.045% Nb-0.0045% N；(f) 0.045% Nb-0.006% N

与 Ti、Nb 等元素类似，呈现出明显的 C 曲线特征。而当钢中的钒与氮含量增加

至一定量，其 PPT 曲线呈现出 S 曲线的特征，即 PTT 曲线出现最快沉淀析出的双峰。导致这一现象出现的主要原因是由于相变自由能在某一温度范围出现明显的非线性。同时，从图中可以看出，随着钢中的钒与氮含量增加，不同形核机制

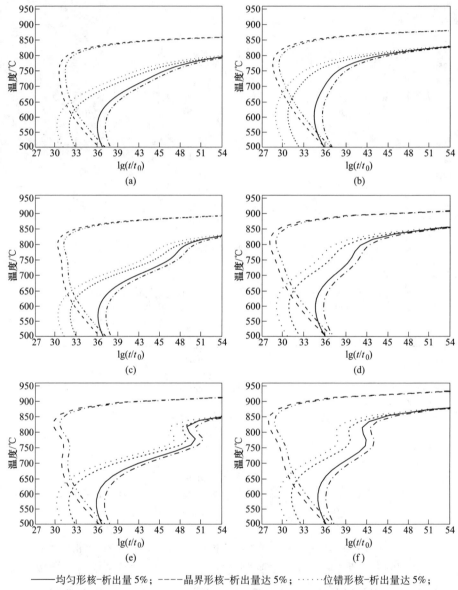

────均匀形核-析出量 5%；　─ ─ ─晶界形核-析出量达 5%；　·········位错形核-析出量达 5%；
─·─·─均匀形核-析出量 95%；　─ ·· ─晶界形核-析出量达 95%；　········位错形核-析出量达 95%

图 2-22　钢中不同钒与氮含量下 V(C,N) 在不同形核机制下的析出 PTT 曲线

(a) 0.04% V-0.0045% N；(b) 0.04% V-0.006% N；(c) 0.06% V-0.0045% N；
(d) 0.06% V-0.006% N；(e) 0.08% V-0.0045% N；(f) 0.08% V-0.006% N

下的 V(C,N) 析出"鼻子点"温度逐渐升高。但仅晶界形核机制下的变化较为显著，均匀形核与位错形核机制下的"鼻子点"温度升高幅度并不明显。

具体针对氮含量为 0.0045% 的含钒微合金钢，钒含量从 0.04% 分别提升至 0.06% 与 0.08% 时，V(C,N) 的晶界析出"鼻子点"温度从约 780℃ 提升至约 810℃ 和 835℃，而均匀形核与位错形核下的析出"鼻子点"温度仅从约 580℃ 提升至 590℃。而当钢中的氮含量为 0.006% 时，钒含量从 0.04% 分别提升至 0.06% 与 0.08% 时，V(C,N) 的晶界析出"鼻子点"温度从约 795℃ 分别提升至约 825℃ 和 850℃，均匀形核与位错形核机制下的析出"鼻子点"温度仅从约 600℃ 提升至 610℃。根据该析出特征温度，当前主流含钒微合金钢连铸生产过程，其碳氮化物析出的关键控制环节应在二冷区，且关键控制温度区间应为 750~850℃。

2.2.2.5　BN 析出动力学

图 2-23 是含硼微合金钢凝固过程中不同硼与氮含量下不同形核机制的 BN 析出 PTT 曲线。可以看出，其 PTT 曲线亦均呈现 C 曲线的特征。随着钢中的硼与氮含量的增加，不同形核机制下的鼻子点温度不断升高，特别是均匀形核与位错

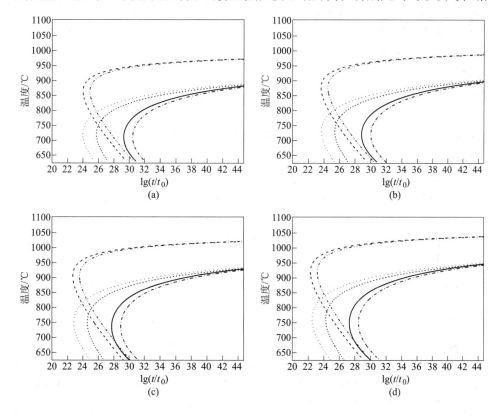

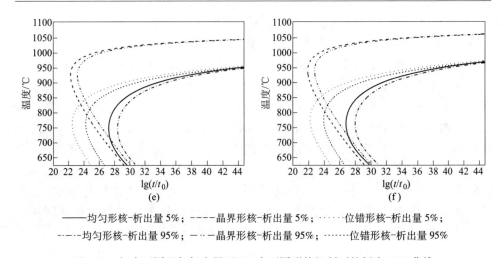

——均匀形核-析出量 5%；----晶界形核-析出量 5%；······位错形核-析出量 5%；
—·-·—均匀形核-析出量 95%；—··—晶界形核-析出量 95%；········位错形核-析出量 95%

图 2-23　钢中不同硼与氮含量下 BN 在不同形核机制下的析出 PTT 曲线
(a) 0.0008% B-0.0045% N；(b) 0.0008% B-0.006% N；(c) 0.0014% B-0.0045% N；
(d) 0.0014% B-0.006% N；(e) 0.0020% B-0.0045% N；(f) 0.0020% B-0.006% N

形核机制下，BN 的析出"鼻子点"温度随硼与氮含量变化的幅度相对于 Ti、Nb、V 元素大。当钢中氮含量为 0.0045% 时，硼含量由 0.0008% 增加至 0.0014% 与 0.0020%，BN 的晶界析出"鼻子点"温度由约 865℃ 分别提升至约 900℃ 和 925℃，均匀形核机制下的析出"鼻子点"温度由约 710℃ 分别提升至 740℃ 和 750℃，位错形核机制下的析出"鼻子点"温度由 715℃ 提升至 745℃ 和 765℃。而当钢中氮含量为 0.006% 时，硼含量由 0.0008% 增加至 0.0014% 与 0.0020%，BN 的晶界析出"鼻子点"温度由约 875℃ 分别提升至约 920℃ 和 935℃，均匀形核机制下的析出"鼻子点"温度由约 720℃ 分别提升至 750℃ 和 770℃，位错形核机制下的析出"鼻子点"温度由 735℃ 分别提升至 765℃ 和 775℃。我们知道，硼在钢的凝固过程具有显著的偏聚特性，即钢凝固过程组织晶界的硼含量要远高于均质条件下的硼含量。因此，其晶界 BN 的析出"鼻子点"亦高于均质条件下的 BN 析出"鼻子点"温度。根据硼的该凝固与析出特点，其关键控冷环节应在结晶器与二冷的高温环节。实践表明，BN 弥散化析出的最有效控制温度区间应在 850~1000℃。

2.2.2.6　AlN 析出动力学

图 2-24 为钢中不同铝与氮含量时，不同形核机制下的 AlN 析出 PTT 曲线。可以看出，AlN 在不同形核机制下的析出特点与 B 元素相近，晶界形核、均匀形核和位错形核下的 AlN 析出"鼻子点"温度均随钢中的铝与氮含量增加而升高。当钢中氮含量为 0.0045% 时，铝含量由 0.02% 增加至 0.03% 和 0.04%，AlN 的晶界析出"鼻子点"温度由约 825℃ 分别提升至约 860℃ 和 885℃，均匀形核机制

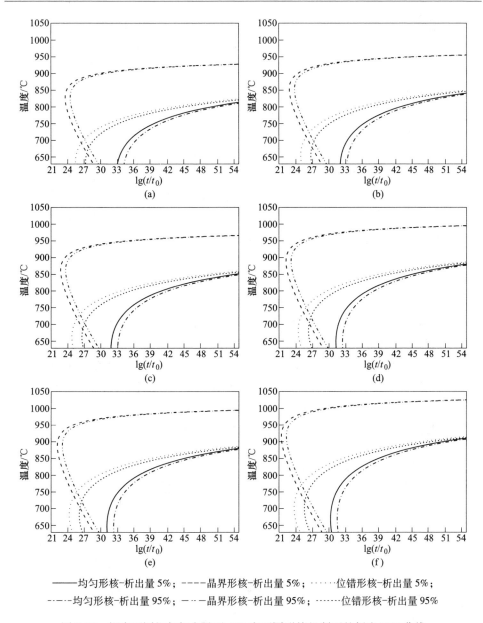

——均匀形核-析出量 5%；- - - -晶界形核-析出量 5%；·······位错形核-析出量 5%；
-·-·-均匀形核-析出量 95%；- ·· -晶界形核-析出量 95%；·······位错形核-析出量 95%

图 2-24　钢中不同铝与氮含量下 AlN 在不同形核机制下的析出 PTT 曲线

（a）0.02% Al-0.0045% N；（b）0.02% Al-0.006% N；（c）0.03% Al-0.0045% N；

（d）0.03% Al-0.006% N；（e）0.04% Al-0.0045% N；（f）0.04% Al-0.006% N

下的析出"鼻子点"温度由约 630℃ 分别提升至约 640℃ 和 655℃，位错形核机制下的析出"鼻子点"温度由约 645℃ 分别提升至约 655℃ 和 665℃。当钢中氮含量为 0.006% 时，铝含量由 0.02% 增加至 0.03% 和 0.04%，AlN 晶界析出"鼻子点"温度由约855℃分别提升至约885℃和915℃，均匀形核机制下的析出"鼻子点"温度由约645℃分别提升至约655℃和670℃，位错形核机制下的析出"鼻子点"温度由约655℃分别提升至约680℃和705℃。根据该析出动力学特点并结合常规与宽厚板坯连铸生产实际，含铝钢AlN析出的关键控冷环节应集中在二冷高温区，最佳控温区间应为800~950℃。

通过以上含Ti、Nb、V、B、Al等元素的碳氮化物析出动力学的计算结果可知，Ti(C,N)、Nb(C,N)和BN的最佳析出控温区位于结晶器及二冷高温区，V(C,N)和AlN的最佳控温区位于二冷区。根据该结果，可通过优化设计结晶器与二冷区的控冷结构及工艺，大幅提高关键控温区或全析出温度区内的铸坯角部冷却速度，弥散化其微合金碳氮化物析出，从而消除致使铸坯角部裂纹产生的微合金碳氮化物晶界集中析出脆化晶界的关键因素。

2.2.2.7　典型微合金碳氮化物弥散析出冷却条件确定

根据上述典型微合金碳氮化物析出的动力学行为，调控析出温度区内的钢组织冷却速度是细小化析出物尺寸并实现其弥散分布的主要手段。铌作为新一代微合金钢析出强化应用最为广泛的微合金元素，其在钢中的强化方式往往为Nb、Ti复合析出形式。本书将以表2-2所示成分的某含Nb、Ti桥梁钢为代表钢种，采用Gleeble-3500热模拟机制备不同速度条件下的碳氮化物析出检测试样，并利用透射电镜检测对应控冷条件下的碳氮化物析出尺寸与分布，从而定量化探明其碳氮化物弥散析出控制的冷却速度条件。热模拟实验的控冷曲线如图2-25所示。

表2-2　某含Nb、Ti桥梁钢成分（质量分数）　　　　　（%）

元素	C	Si	Mn	P	S	V	Ti	Nb	N
含量	0.16	0.30	1.05	0.017	0.003	0.006	0.016	0.027	0.003

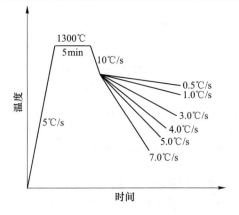

图2-25　热模拟实验控冷曲线

　　图2-26为冷却速度分别为0.5℃/s、1℃/s、3℃/s、4℃/s、5℃/s和7℃/s条件下，检测试样的析出物透射形貌。可以看出，当冷却速度小于3℃/s时，试样中的析出物呈链状形式分布，且析出物尺寸较大，约为150nm。当冷却速度为3℃/s时，析出物虽依然呈链状形式分布，但其尺寸有所减小，多在100nm以内。而当冷速达到4℃/s和5℃/s时，试样中的析出物逐渐呈弥散化分布，且析出物颗粒细小。而随着冷却速度进一步增大，当其达到7℃/s，检测试样中的析

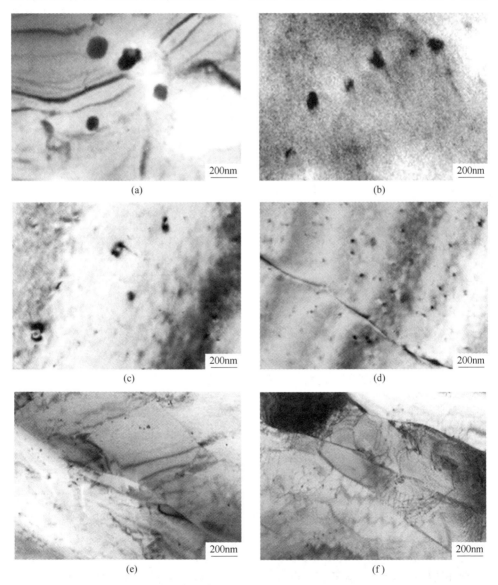

图 2-26　不同淬火速度下析出物形貌

(a) 0.5℃/s；(b) 1℃/s；(c) 3℃/s；(d) 4℃/s；(e) 5℃/s；(f) 7℃/s

出物的尺寸更加细小，多在 10nm 以内，且均弥散分布于基体中。从上述检测结果可以看出，在微合金碳氮化物析出温度区内，当其冷却速度大于等于 5℃/s 时，可有效消除其在钢组织晶界呈链状、大尺寸集中析出的现象，并使其弥散分布于钢组织的基体内，从而提高微合金钢铸态组织的高温塑性。

　　进一步对不同冷却速度下检测试样的微合金碳氮化物平均尺寸进行统计，结果如图 2-27 所示。从图中可以看出，随着钢组织的冷却速度增加，析出物的尺寸明显减小。冷却速度从 0.5℃/s 提升至 4℃/s，碳氮化物的平均尺寸由近150nm 细化至 8.5nm。然而，当钢组织的冷却速度达到 5℃/s 以上时，析出物的平均尺寸降至小于 4nm，此后随着冷却速度的进一步提高，析出物的尺寸变化不明显。因此，综上可以得出结论，保障微合金钢连铸坯角部组织碳氮化物弥散析出的冷却条件为：析出温度区内的冷却速度大于等于 5℃/s。

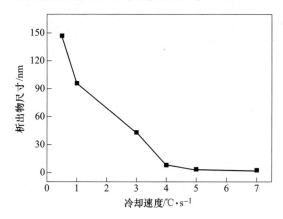

图 2-27　不同冷速下析出物平均尺寸变化

2.2.3　碳氮化物弥散析出的连铸控制环节确定

　　从微合金钢均质凝固条件下的碳氮化物析出热力学与动力学计算结果可以看出，虽然不同微合金钢由于其合金的种类与含量、钢中氮的含量等不同，其微合金碳氮化物开始析出的温度与析出"鼻子点"温度有一定的差异，但总体而言，对于含 Ti、Nb、B、Al 及其复合类的碳氮化物的开始析出温度均接近或超过了1100℃，析出结束温度大多降至约 800℃水平。而对于含 V 微合金钢凝固而言，其碳氮化物的开始析出温度一般低于 980℃，析出结束温度约近 600℃。而在实际钢凝固过程，由于选分结晶的作用，铸坯凝固组织晶界的微合金成分含量将显著高于均质凝固条件下的含量，由此造成实际连铸坯凝固过程晶界的微合金碳氮化物开始析出温度、"鼻子点"温度等均有所提高。根据上述典型微合金钢的析出物析出温度区间分布及常规与宽厚板坯连铸生产过程的角部温度场演变，弥散化其角部组织碳氮化物析出的最佳控制环节应为结晶器的中下部与连铸机二冷铸流高温区段。因此，需加速结晶器中下部及二冷高温区的铸坯角部冷却至冷却速度达5℃/s及以上。

2.3　结晶器内凝固坯壳热/力学行为

由2.2节可知，弥散化铸坯角部微合金碳氮化物析出，首先需保障铸坯角部在结晶器内凝固过程的冷却速度大于等于5℃/s。此外，细化铸坯角部原奥氏体组织晶粒亦需要铸坯角部在结晶器内凝固过程有较大的冷却速度。然而，在实际钢连铸过程中，铸坯在结晶器内的凝固受复杂的传热与力学演变相互耦合作用，影响因素众多。定量化探明典型微合金钢板坯在结晶器内的凝固热/力学演变是解决结晶器内铸坯角部高效传热的理论前提。

铸坯在结晶器内凝固过程中受收缩应力、钢水静压力以及倒锥度补偿等综合作用，坯壳的变形具有显著的动态性，由此导致结晶器内坯壳/结晶器界面的间隙呈动态不均匀分布。受此影响，填充于界面间隙内的气隙和保护渣膜等传热介质沿结晶器高度和周向亦呈动态变化分布，由此导致凝固坯壳的传热亦具有动态性。因此，立足于凝固坯壳与结晶器界面间的热阻构成及其动态变化特性，建立可定量化描述结晶器内保护渣膜与气隙动态分布特征的坯壳/结晶器界面传热模型是研究结晶器内坯壳凝固热/力学行为的关键。

为了准确描述坯壳与结晶器间的传热行为，国内外冶金工作者已开展了大量的研究工作，其中有代表性的工作有：

Savage和Prichard等[15]为了确定结晶器内铸坯凝固过程的热流分布，最早于20世纪50年代采用热平衡法对静止水冷结晶器内的铸坯表面热流进行了测定，并获得了热流与坯壳在结晶器内停留时间的关系：

$$q_s = 2680 - 335\sqrt{\tau}, \text{kW/m}^2 \qquad (2-49)$$

式中，τ——坯壳在结晶器内的停留时间，s。

此后，Lait等[16]对该热流式在工业结晶器上的可用性进行了大量实测验证工作，并获得了其修正式：

$$q_s = 2680 - 227\sqrt{60L/v}, \text{kW/m}^2 \qquad (2-50)$$

式中　L——结晶器长度，m；

v——拉速，m/min。

然而，研究表明，由上述二式求得的结晶器弯月面以下区域的热流却明显低于实际值[17,18]，因而不能真实反映结晶器内坯壳的凝固传热特点。为此，Samarasekera和Brimacombe等[19]通过对多家钢铁企业的结晶器铜板进行热电偶温度测量，并对结晶器铜板的温度场进行建模计算，利用试差法获得了沿结晶器高度方向的热流分布。由于该方法实施起来比较简单，成为了国内外冶金工作者研究结晶器内坯壳凝固传热行为广泛采用的热流确定方法。但是，采用该方法所确定的结晶器内铸坯表面热流仅能近似计算沿结晶器高度方向的传热变化，而无法确定沿结晶器周向分布的热流，且由于热电偶安装的数量有限，不能全面反映出坯壳凝固全过程的热流演变。为此，Dippenaar 和 Samarasekera 等[20]又进一步通过对连铸坯横断面宏观酸浸图的黑白凝固带分布估算热流沿坯壳沿周向的分布，获得了热流沿结晶器周向的近似分布。然而，铸坯横断面凝固形貌的形成是一个累积热历程的过程，该方法无法确定铸坯在结晶器不同高度处的周向热流分布。

此后，随着人们对坯壳/结晶器界面内存在气隙及其对凝固坯壳传热产生显著影响的认识逐渐深刻[21]，聚焦于气隙在结晶器内的动态分布行为及其对坯壳传热的影响开展了大量研究。其中，Dippenaar[20]、Hills[22]、Wimmer[23]和 Perkins[24]等分别沿结晶器周向和高度方向将其划分为若干不同的传热区，并赋以不同的换热系数，试图探究气隙对结晶器内凝固坯壳传热的影响。但在实际连铸过程中，结晶器内不同位置的气隙分布不尽相同，且钢种成分及其连铸工艺参数的波动均较大，加剧了其分布的动态性。采用分区域加载换热系数法很难准确确定不同连铸条件下各区适合的换热系数。鉴于此，陈克等[25]根据坯壳与结晶器界面的接触状态，将坯壳/结晶器间的传热划分为接触区和气隙区，接触区的界面传热系数由高温材料接触传热系数所确定，气隙区由传导传热和辐射传热构成，由此建立了界面动态传热模型。

坯壳/结晶器界面内的保护渣膜不仅对铸坯润滑有重要的作用，其分布行为（特别是与气隙的动态耦合分布行为）对结晶器的传热更是有重要的影响。为此，冶金工作者进一步对坯壳/结晶器界面的传热构成进行细分，将保护渣膜作为界面的传热介质构成引入至界面热流计算模型[26~35]。其中，作为典型代表，Thomas 和 Moitra[34,35]定性地将坯壳/结晶器界面的热量传输过程划分为坯壳与保护渣膜间的换热、气隙导热、保护渣膜传热、保护渣膜与铜板间的换热以及坯壳与铜板间的辐射传热等形式，将保护渣层对结晶器传热的影响引入至界面热流计算模型。

Han 和 Kim 等[32,36]在 Thomas 和 Moitra 等人的基础上，假设坯壳与结晶器间的传热由坯壳/保护渣膜界面、保护渣膜、气隙、铜板/保护渣膜界面间的传热构成，建立了描述板坯和异形坯结晶器/坯壳界面传热模型。该模型对坯壳/结晶器界面内传热构成的创新划分，显然与钢的实际连铸过程较为接近。然而，在该模型中，二位研究者对界面内的保护渣层厚度仅作了定值分布处理，其与实际连铸过程保护渣在结晶器内沿其高度和周向动态分布的结果不符，因而仍无法准确描述坯壳在结晶器内的动态凝固行为。

可以看出，目前已开发的坯壳/结晶器界面热流计算模型缺乏对其内保护渣膜与气隙动态分布行为的有效考虑，因而难以较准确探明结晶器内坯壳（特别是角部）凝固过程的温度演变。贴近实际建立可反映铸坯凝固过程高温相变行为和坯壳/结晶器界面内多传热介质动态分布与传热耦合作用下的坯壳凝固热/力学行为计算模型，是探明微合金钢板坯在结晶器凝固过程温度场演变的前提。

鉴于此，本节将基于实际板坯结晶器的冷却结构和冷却工艺，通过建立耦合δ/γ相变的两相区微观偏析模型确定反映钢高温相变行为的物性参数，并利用铸坯在结晶器内凝固收缩变形与结晶器内表面的位移关系、保护渣的液/固状态及厚度分布、铸坯表面和铜板热面的温度分布以及气隙的动态变化等建立坯壳/结晶器界面动态传热模型，由此获得可接近实际板坯连铸过程结晶器内坯壳凝固热/力学行为的耦合计算模型，以期较准确揭示结晶器内坯壳凝固过程的热/力学演变。

2.3.1 数学模型建立

2.3.1.1 耦合相变的溶质微观偏析模型

上述提到，铸坯在结晶器内凝固过程的相变行为直接影响坯壳的动态收缩变形行为，进而影响铸坯的传热。而钢的相变行为与其成分息息相关，为了确定不同成分钢凝固过程的高温物性参数，本书采用耦合相变行为的溶质微观偏析模型，计算确定耦合相变与溶质微观偏析行为的钢凝固过程固相率及各相分率随温度的变化关系，基此确定钢的导热、质量、热容、线膨胀系数等关键物性参数。

A 模型假设

在实际板坯连铸过程，铸坯在结晶器内传热与力学行为十分复杂，需对铸坯凝固过程的微观偏析模型建立作如下假设：

（1）假设铸坯凝固前沿枝晶的横断面形状为如图 2-28 所示的正六边形，且其随凝固进程推进保持正六边形并不断长大，直至与相邻枝晶接触而达到完全凝固。

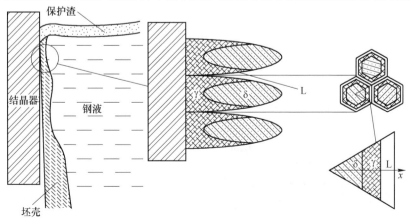

图 2-28 连铸坯凝固过程及模型示意图

（2）忽略枝晶生长过程中溶质沿枝晶轴向的扩散，溶质元素在液相内均匀分布，在相界面处为平衡分布态。

（3）忽略结晶器振动和界面传热条件变化等引起的温度波动，枝晶横断面温度分布均匀，仅随时间匀速下降。

（4）钢液凝固过程中，液/固两相区为 δ，γ，L 中的三相或两相共存，凝固前沿与 δ/γ 相界面的移动由对应界面处的溶质浓度和当前枝晶温度共同决定。

B　模型计算

由模型假设，根据正六边形的对称性，取其中一个等边三角形为研究对象，溶质元素的扩散简化成沿 x 轴方向的一维扩散问题。模型同时考虑了伴随 δ/γ 相变过程 C、Si、Mn、P 和 S 的 5 种溶质元素凝固过程中的扩散与分布，溶质元素在固相内的扩散由菲克第一定律控制，固/液界面扩散由质量守恒定律和溶质元素在界面处的平衡分配系数共同决定。将模型等间距划分为 100 个节点，基本控制方程如下[37]：

（1）溶质在 δ 或 γ 相内的扩散：

$$\begin{cases} C_i = C_i + D\dfrac{\text{flag}_1 \cdot L_i(C_{i+1}^0 - C_i^0) - \text{flag}_2 \cdot L_{i-1}(C_i - C_{i-1}^0)}{A_i \cdot \Delta x}\Delta t \\ D = D_0 \cdot \exp(-Q/RT) \end{cases} \tag{2-51}$$

（2）溶质在 δ/γ 界面扩散：

$$\begin{cases} C_{i+1} = C_{i+1} + \dfrac{\text{flag}_1 \cdot L_{i+1} \cdot D^\gamma(C_{i+2}^0 - C_{i+1}^0) - \text{flag}_2 \cdot L_{i-1} \cdot D^\delta(C_i^0 - C_{i-1}^0)}{(A_i \cdot k_{\delta/\gamma} + A_{i+1}) \cdot \Delta x}\Delta t \\ C_i = k_{\delta/\gamma} \cdot C_{i+1} \end{cases}$$

$$\tag{2-52}$$

（3）溶质在 δ/L 或 γ/L 界面扩散：

$$\begin{cases} C_L = \dfrac{C_{\text{initial}}\sum\limits_{j=1}^{100} A_j - \sum\limits_{j=1}^{i-1} C_j A_j}{kA_i + \sum\limits_{j=i+1}^{100} A_j} \\ C_i = kC_L \end{cases} \tag{2-53}$$

式中　　　C_i——第 i 节点的溶质浓度；

　　　　　A_i——节点 i 的面积；

　　　　　L_i——节点 i 对应三角形的边长；

　　　　　Δx——节点间距；

　　　　　Δt——时间步长；

　　　　　k——相间平衡分配系数；

flag$_1$，flag$_2$——分别仅当 $i=1$ 和 $i=100$ 时取 0，否则取 1；

D_0——扩散常数；

Q——扩散活化能；

R——气体常数；

T——热力学温度。

各式所用的各元素在各相中的平衡分配系数和扩散系数详见表 2-3。

表 2-3　溶质元素的平衡分配系数和扩散系数[36,37]

溶质元素	$k_{\delta/L}$	$k_{\gamma/L}$	$k_{\delta/\gamma}$	δ 相		γ 相	
				$D_0/\mu m^2 \cdot s^{-1}$	$Q/J \cdot mol^{-1}$	$D_0/\mu m^2 \cdot s^{-1}$	$Q/J \cdot mol^{-1}$
C	0.19	0.34	1.79	0.0127×10^4	81379	0.0761×10^4	143511
Si	0.77	0.52	0.68	8.0×10^4	248948	0.30×10^4	251458
Mn	0.76	0.78	1.03	0.76×10^4	224430	0.055×10^4	249366
P	0.23	0.13	0.57	2.90×10^4	230120	0.01×10^4	182841
S	0.05	0.035	0.70	4.56×10^4	214639	2.40×10^4	223425

在模型中，枝晶间距是影响溶质微观偏析行为的关键参数之一。鉴于实际连铸过程中，铸坯凝固前沿枝晶的大小与冷却速率和碳含量均有关，本书模型中的枝晶间距选取 Won 等[38]根据不同研究者实验结果回归得到的不同冷却速率和碳含量下的二次枝晶间距表达式：

$$\lambda_D = \begin{cases} (169.1 - 720.9w_C) C_R^{-0.4935} & 0 < w_C \leqslant 0.15 \\ 143.9 C_R^{-0.3616} w_C^{(0.5501 - 1.996w_C)} & w_C > 0.15 \end{cases} \quad (2-54)$$

式中　λ_D——二次枝晶间距，μm；

　　　C_R——冷却速率，℃/s；

　　　w_C——C 元素含量，%。

冷却速率 C_R 影响着溶质元素在钢中的扩散时间及扩散量。

根据传统板坯结晶器控冷工艺，模型中的冷却速率选为坯壳在结晶器内的综合冷却速率 10℃/s。相界面移动原则为：当由凝固前沿液相内溶质元素浓度得到的局部液相线温度 T_L，或由 δ/γ 相界面处溶质元素浓度得到的局部 δ→γ 相变转化温度 T_{Ar4} 等于枝晶当前温度时，对应相界面发生推移。T_L 和 T_{Ar4} 的计算方法见式（2-55）和式（2-56）。式中对应系数 m_x 和 n_x 分别来自 Fe-X（X＝C，Si，Mn，P，S）二元平衡相图，取值见表 2-4。模型采用有限容积方法，将等边三角形等间距划分为 100 个节点，运用 C++语言进行程序编写，求取钢凝固过程各相分率与温度的关系，并以此为纽带计算获得典型微合金凝固过程各高温物性参数与温度间的关系[38]。

$$T_L = T_p - \sum m_X \cdot C_{L,X} \quad (2-55)$$

$$T_{Ar4} = T_p^{\delta/\gamma} - \sum n_X \cdot C_X \quad (2-56)$$

表 2-4 系数 m_X 和 n_X 的取值

项　目	C	Si	Mn	P	S
m_X	78	7.6	4.9	34.4	38
n_X	−1122	60	−12	140	160

2.3.1.2 坯壳/结晶器界面传热模型

根据本书上述所述，定量化确定描述坯壳/结晶器界面动态传热行为，是研究坯壳在结晶器内凝固热/力学行为的关键。图 2-29（a）给出了连铸结晶器内铜板与凝固坯壳间填充了保护渣与气隙的铸坯凝固示意图。在实际钢连铸生产过程中，熔融态的保护渣在结晶器振动作用下自弯月面流入坯壳/结晶器界面。受到结晶器水冷铜板冷却作用，保护渣在靠近铜板侧凝固形成玻璃态，进而转化为结晶态。由于保护渣在凝固过程中伴随有收缩现象，在结晶器铜板/保护渣界面形成了较大的可变界面热阻。在结晶器上部，由于初凝坯壳表面温度较高，靠近坯壳侧的保护渣仍呈液态，在渣道横截面上的保护渣呈液-固共存态。但随着铸坯下行，凝固坯壳表面温度持续降低，当降至或低于保护渣凝固温度时，保护渣便全部转化成固态，坯壳/保护渣界面在坯壳的继续热收缩作用下开始形成气隙，在界面内形成了气隙-固渣结构。在该过程中，界面内保护渣和气隙的厚度、保护渣的状态等随着铸坯凝固进程的推进沿结晶器周向和高度方向时刻发生变化。

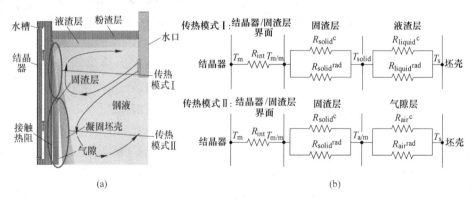

（a）　　　　　　　　　　　　　　　　（b）

图 2-29 结晶器-坯壳界面及传热示意图

（a）结晶器凝固示意图；（b）传热电路图

为了有效描述该界面传热，进行了如下假设：

（1）忽略固渣层中玻璃相与结晶相的组成，流入渣道的保护渣仅作固渣层和液渣层区分，且液渣具有良好的流动性。

（2）保护渣的状态由坯壳表面与结晶器热面温度及自身的熔化特性所决定，渣层厚度分布由坯壳/结晶器界面间隙和保护渣状态共同决定。

（3）忽略保护渣凝固变形，保护渣的凝固收缩通过引入与保护渣厚度相关的界面热阻处理。

由假设（1）可知，由于液渣在结晶器内具有良好的流动性，因此，当坯壳产生热收缩时，液渣在结晶器振动作用下可实时填充坯壳/保护渣界面内的收缩间隙；假设（2）不仅保证了存液渣层的厚度随凝固坯壳的收缩而增厚，同时也可以模拟当结晶器上部保护渣凝固时，界面内下部的保护渣厚度由于得不到液渣的补充而保持定值，进而形成气隙；假设（3）通过引入与保护渣厚度相关的保护渣/结晶器界面热阻，可较好地描述该界面热阻随保护渣膜厚度增加而增大的影响。

因此，由上述假设，根据坯壳表面温度与保护渣凝固温度间的关系可确立坯壳/结晶器间的界面总热阻在结晶器高度方向上的构成为：传热模式Ⅰ（液渣层、固渣层、结晶器/固渣界面热阻构成）和传热模式Ⅱ（气隙、固渣层热阻、结晶器/固渣界面热阻构成），如图 2-29（b）所示（图中的符号见本书下文各公式）。因此，界面热流计算式可表示为：

$$q = \frac{T_s - T_m}{R_{liq} + R_{sol} + R_{air} + R_{int}} \tag{2-57}$$

式中　q——坯壳-结晶器界面热流，W/m^2；

T_s——坯壳表面温度，K；

T_m——结晶器铜板热面温度，K；

R_{liq}——液渣层热阻，$m^2 \cdot K/W$；

R_{sol}——固渣层热阻，$m^2 \cdot K/W$；

R_{air}——气隙热阻，$m^2 \cdot K/W$；

R_{int}——结晶器-固渣界面热阻，$m^2 \cdot K/W$。

其中，由于热量在液渣层、固渣层和气隙中的传输途径除传导传热外，还伴有占较大比例的辐射传热[39,40]，因而坯壳/结晶器界面内的传热需综合考虑传导传热（用上标 c 表示）和辐射传热（用上标 rad 表示），对应的热阻计算式分别见式（2-58）~式（2-61）[41]。

（1）液渣层热阻：

$$\begin{cases} R_{liq}^c = \dfrac{d_{liq}}{k_{liq}} \\[3mm] R_{liq}^{rad} = \dfrac{0.75E_{liq} \cdot d_{liq} + \left(\dfrac{1}{\varepsilon_s} + \dfrac{1}{\varepsilon_f} \right) - 1}{\sigma \cdot n_{liq}^2 \cdot (T_{sol}^2 + T_s^2)(T_{sol} + T_s)} \\[3mm] \dfrac{1}{R_{liq}} = \dfrac{1}{R_{liq}^c} + \dfrac{1}{R_{liq}^{rad}} \end{cases} \tag{2-58}$$

（2）固渣层热阻：

$$\begin{cases} R_{sol}^{c} = \dfrac{d_{sol}}{k_{sol}} \\[2mm] R_{sol}^{rad} = \dfrac{0.75E_{sol} \cdot d_{sol} + \left(\dfrac{1}{\varepsilon_{f}} + \dfrac{1}{\varepsilon_{m}}\right) - 1}{\sigma \cdot n_{sol}^{2} \cdot (T_{sol}^{2} + T_{a}^{2})(T_{sol} + T_{a})} \quad (T_{s} > T_{sol}) \\[2mm] \dfrac{1}{R_{sol}} = \dfrac{1}{R_{sol}^{c}} + \dfrac{1}{R_{sol}^{rad}} \end{cases} \quad (2\text{-}59)$$

或

$$\begin{cases} R_{sol}^{c} = \dfrac{d_{sol}}{k_{sol}} \\[2mm] R_{sol}^{rad} = \dfrac{0.75E_{sol} \cdot d_{sol} + \left(\dfrac{1}{\varepsilon_{f}} + \dfrac{1}{\varepsilon_{m}}\right) - 1}{\sigma \cdot n_{sol}^{2} \cdot (T_{x}^{2} + T_{a}^{2})(T_{x} + T_{a})} \quad (T_{s} \leqslant T_{sol}) \\[2mm] \dfrac{1}{R_{sol}} = \dfrac{1}{R_{sol}^{c}} + \dfrac{1}{R_{sol}^{rad}} \end{cases} \quad (2\text{-}60)$$

（3）热量在气隙中的传输：

$$\begin{cases} R_{air}^{c} = \dfrac{d_{air}}{k_{air}} \\[2mm] R_{air}^{rad} = 0.5\sigma \cdot (\varepsilon_{s} + \varepsilon_{f})(T_{x}^{2} + T_{s}^{2})(T_{x} + T_{s}) \\[2mm] R_{air} = \dfrac{1}{R_{air}^{c}} + \dfrac{1}{R_{air}^{rad}} \end{cases} \quad (2\text{-}61)$$

式中　k_{liq}——液渣导热系数，W/(m·K)；

　　　k_{sol}——固渣导热系数，W/(m·K)；

　　　k_{air}——气隙导热系数，W/(m·K)；

　　　T_{sol}——保护渣凝固温度，K；

　　　T_{a}——结晶器-固渣界面处温度，K；

　　　T_{s}——铸坯壳表面温度，K；

　　　T_{x}——保护渣-气隙界面处温度，K；

　　　ε_{s}——坯壳发射率；

　　　ε_{f}——保护渣发射率；

　　　ε_{m}——结晶器铜板发射率；

　　　n_{liq}——液渣折射率；

　　　n_{sol}——固渣折射率；

　　　E_{liq}——液渣消光系数，m^{-1}；

　　　E_{sol}——固渣消光系数，m^{-1}；

d_{liq}——液渣层，m；

d_{sol}——固渣层，m；

d_{air}——气隙厚度，m；

σ——玻尔兹曼常数，取值为 $5.67\times10^{-8}\mathrm{W}/(\mathrm{m}^2\cdot\mathrm{K}^4)$。

保护渣、铜和钢的部分相关热物性参数见表2-5。其中，d_{liq}、d_{sol} 和 d_{air} 三者之和为坯壳/结晶器界面间隙 d_{gap}，即：

$$d_{sol} + d_{liq} + d_{air} = d_{gap} \tag{2-62}$$

表 2-5　保护渣、铜板及坯壳热物性参数[40~42]

对象	项 目	取值范围	默认值
坯壳	发射率 ε_s	0.8	0.8
	导热系数 $k_{liq}/\mathrm{W}\cdot(\mathrm{m}\cdot\mathrm{K})^{-1}$	0.25~0.26	0.26
液渣层	吸光系数 α/m^{-1}	51~350	51
	折射率 n_{liq}	1.55~1.58	1.58
固渣层	导热系数 $k_{sol}/\mathrm{W}\cdot(\mathrm{m}\cdot\mathrm{K})^{-1}$	1.62~1.63	1.625
	消光系数 E_{sol}/m^{-1}	1356~2625	1356
	发射率 ε_{sol}	0.9	0.9
	折射率 n_{sol}	1.59	1.59
气隙	导热系数 $k_{air}/\mathrm{W}\cdot(\mathrm{m}\cdot\mathrm{K})^{-1}$	0.0472, 0.06, 0.1	0.1
结晶器	发射率 ε_{mold}	0.4	0.4

根据通过各传热介质层热流相等的原理，可联立各式得传热模式Ⅰ与传热模式Ⅱ计算式，分别见式（2-63）和式（2-64）：

$$\begin{cases} \dfrac{T_s - T_{sol}}{R_{liq}} = \dfrac{T_{sol} - T_a}{R_{sol}} \\[2mm] \dfrac{T_s - T_{sol}}{R_{liq}} = \dfrac{T_a - T_m}{R_{int}} \\[2mm] d_{sol} + d_{liq} = d_{gap} \end{cases} \tag{2-63}$$

$$\begin{cases} \dfrac{T_s - T_x}{R_{air}} = \dfrac{T_x - T_a}{R_{sol}} \\[2mm] \dfrac{T_s - T_x}{R_{air}} = \dfrac{T_a - T_m}{R_{int}} \\[2mm] d_{sol} + d_{air} = d_{gap} \end{cases} \tag{2-64}$$

而对于结晶器/固渣界面热阻 R_{int}，其影响因素较多，包括保护渣的种类及特性[43]、保护渣/结晶器界面冷却速率[43]、保护渣的厚度[31]等，且不同学者由于研究条件及方法不尽相同，所得结果也略有差异[27~31]。Cho 等[31,44]以工业保护渣为材料，利用实验检测和仿真计算相结合的方法研究获得二者间关系的拟合计算式。鉴于实际板坯连铸过程中，结晶器内保护渣的厚度在结晶器不同高度和周向上分布不一致的情况，模型中结晶器/固渣界面热阻 R_{int} 的取值采用 Cho 等[44]的计算式。

此外，上述计算式中的坯壳表面温度 T_s、铜板热面温度 T_m 以及坯壳/结晶器间的界面间隙 d_{gap} 等参数由 2.3.1.3 节铸坯-结晶器系统热/力耦合有限元在耦合计算过程给出。基于上述各参数，坯壳表面和结晶器热面各节点的热流通过蒙特卡洛法动态求解并施加至有限元模型中，从而实现有限元模型计算。

2.3.1.3　铸坯-结晶器系统热/力耦合有限元模型

在实际板坯连铸生产中，初凝坯壳首先形成于弯月面附近，并在带有倒锥度的结晶器内持续凝固并以一定的速度向下拉出。在该过程中，坯壳除源源不断向外传输热量外，还承受着复杂的力学载荷作用（如图 2-30 所示），且由此产生的热行为和力学行为相互影响、相互作用，是一个完全耦合的复杂过程。为了建立铸坯在该复杂凝固条件下的热/力耦合有限元计算模型，本书作了如下假设：

（1）忽略铸坯及结晶器铜板沿拉坯方向的传热，将计算模型简化为二维传热模型。

（2）忽略钢液流动对坯壳/钢液界面的对流传热影响，以钢液的有效导热系数处理。

（3）结晶器铜板的导热系数各向同性，密度和质量、热容视为常数，钢的物性参数仅与钢的自身成分和所处的温度有关。

（4）结晶器弯月面处的保护渣膜均匀分布。

（5）凝固坯壳的力学行为为平面应力应变，忽略结晶器变形，结晶器铜板与坯壳间的接触为刚-柔接触。

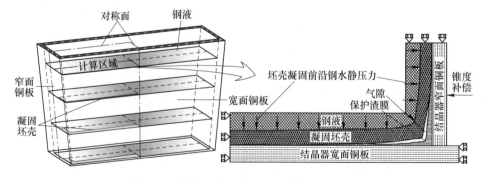

图 2-30　结晶器内坯壳力学边界条件示意图

（6）不考虑凝固坯壳与结晶器间的摩擦作用，视凝固坯壳与结晶器间的滑动接触为光滑接触。

（7）坯壳及结晶器的传热和力学行为具有对称性。

A 传热方程

根据上述对称性假设，取铸坯和结晶器的 1/4 截面作为计算域。由于连铸坯凝固和结晶器的传热是一个带内热源的非稳态传热过程，因此二者的传热微分方程分别选取式（2-65）和式（2-66）：

$$\frac{\partial H(T)}{\partial t} = \frac{\partial}{\partial x}\left(\lambda_s(T)\frac{\partial T}{\partial x}\right) + \frac{\partial}{\partial y}\left(\lambda_s(T)\frac{\partial T}{\partial y}\right) \tag{2-65}$$

$$\rho c \frac{\partial T}{\partial t} = \frac{\partial}{\partial x}\left(\lambda_m \frac{\partial T}{\partial x}\right) + \frac{\partial}{\partial y}\left(\lambda_m \frac{\partial T}{\partial y}\right) \tag{2-66}$$

式中　$H(T)$，$\lambda_s(T)$——随温度变化的钢的焓和导热系数；

ρ，c，λ_m——铜/镍的密度、热容和导热系数。

B 力学方程

在实际板坯连铸过程中，钢在结晶器内凝固过程除了发生热、弹、塑性变形外还伴随有蠕变现象。传统的广义弹塑性本构方程难以准确综合描述钢在结晶器内凝固过程的上述变形行为。为了充分考虑蠕变的影响，本模型选用了 Anand 和 Brown 提出 Anand 率相关本构方程[45,46]：

$$\dot{\overline{\varepsilon}}_{ie} = A\exp\left(-\frac{Q_A}{T}\right)\left[\sinh\left(\xi\frac{\overline{\sigma}}{s}\right)\right]^{\frac{1}{m}} \tag{2-67}$$

其中，s 的演变式为：

$$\dot{s} = \left(h_0 \left| 1 - \frac{s}{\tilde{s}\left[\frac{\dot{\overline{\varepsilon}}_{ie}}{A}\exp\left(\frac{Q_A}{T}\right)\right]^n}\right|^\alpha \text{sign}\left(1 - \frac{s}{\tilde{s}\left[\frac{\dot{\overline{\varepsilon}}_{ie}}{A}\exp\left(\frac{Q_A}{T}\right)\right]^n}\right)\right)\dot{\overline{\varepsilon}}_{ie} \tag{2-68}$$

式中各参数意义及对应的取值详见表 2-6。

表 2-6　Anand 本构方程参数说明及取值[47]

参数	意　义	单位	取值
$\dot{\overline{\varepsilon}}_{ie}$	等效塑性变率		
s_0	变形阻抗初始值	MPa	43
Q_A	黏塑性变形激活能/波尔兹曼常数	K	32514
A	指前因子	s^{-1}	1.0×10^{11}
ξ	应力乘子		1.15

续表 2-6

参数	意　　义	单位	取值
m	应变敏感指数		0.147
h_0	硬化/软化常数	MPa	1329
$\tilde{s}$	给定温度和应变率时 s 的饱和值	MPa	147.6
n	应变阻抗饱和值的应变率灵敏度		0.06869
α	与硬化/软化相关的应变率敏感指数		1
$\overline{\sigma}$	应力	MPa	
s	变形阻抗	MPa	

C　几何模型

基于上述模型的对称性假设，以国内某钢厂的结晶器实体结构为原型，并将钢液充满结晶器内腔，取铸坯和结晶器系统的 1/4 横截面建立有限元模型。实体模型如图 2-31 所示。

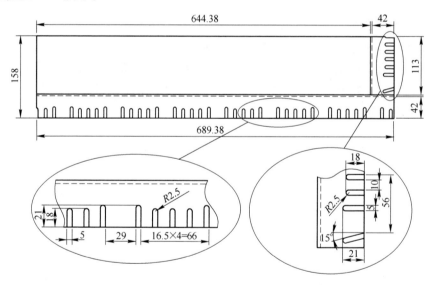

图 2-31　1/4 板坯结晶器横截面结构示意图

在该结晶器中，高度为 900mm、铜板冷面的冷却水槽以 5 条为一组等间距布置。为确保铜板均匀传热，其与背板固定用的螺栓的两侧水槽设计深度较深，冷却水在水槽内由结晶器底部通往顶部冷却。同时，在铜板的热面，为了缓解铜板的磨损，镀有一层厚度自上而下逐渐变化的镍层。

D　钢的高温物性参数

钢在凝固与相变过程，由于不同相组织所占的比例不同，所表现出的高温物性参数亦有所不同，是一个为以温度和各相组织所占比例为变量的函数。本书在模型建立过程所选用的具体成分微合金钢的高温物性参数，基于2.3.1.1节耦合相变行为的溶质微观偏析模型计算结果，以不同温度及其对应的各相分率为纽带计算确定。

a 导热系数

传统研究铸坯在结晶器内凝固热/力学行为时，一般将固态钢的导热系数假设为33.47W/(m·℃)的定值[48]。为了较准确考虑具体成分微合金钢伴随高温相变及温度变化等影响，采用了Harste[49~51]和Jimbo等[52]提出的高温导热系数计算式确定不同温度下具体成分微合金钢的导热系数，如式（2-69）所示：

$$\begin{cases} k = k_\Gamma f_\Gamma + k_\Delta f_\Delta + k_L f_L \\ k_\Gamma = 21.6 + 8.35 \times 10^{-3} T \\ k_\Delta = (20.14 - 9.313 \times 10^{-3} T)(1 - A_1 w_C^{A_2}) \\ k_L = 39.0 \\ A_1 = 0.425 - 4.385 \times 10^{-4} T \\ A_2 = 0.209 + 1.09 \times 10^{-3} T \end{cases} \tag{2-69}$$

式中　　k——导热系数，W/(m·℃)；

f_γ, f_δ, f_L——钢凝固过程 γ-奥氏体相、δ-铁素体相和液相所占的比例；

T——当前温度，℃；

w_C——C含量，%。

需要指出的是，结晶器熔池内钢液在浸入式水口流出的钢液注流动能或电磁搅拌能作用下，钢液作强制对流运动，加速了钢液过热度的消除。为了补偿该部分传热效果，Thomas等[53]和Han等[32]分别将熔池内流动钢液的导热系数扩大为静止钢液导热系数的6.5倍和6倍处理。本书亦借鉴该处理方法，结合常规和宽厚板坯结晶器内流动特点，对流动钢液的导热系数做了扩大6倍处理。

b 凝固潜热

处理不断移动且释放相变潜热的钢凝固前沿液/固界面是钢凝固传热数值计算的难点之一。目前，对凝固相变潜热数值模拟常用的处理方法主要有前沿跟踪法[54~57]和固定网格法[58~62]两种，并以后者更为常用。在工程计算中，通常将相变潜热的释放以热焓法、等效比热法和后迭代法等固定网格法处理实现。为了较准确考虑具体成分微合金钢凝固相变过程的潜热释放，本书同样以高温钢组织各相所占的分率与温度间的关系为纽带，采用式（2-70）所示[49~51]的关系式确定其高温潜热。

$$
\begin{cases}
H = H_\gamma f_\gamma + H_\delta f_\delta + H_L f_L \\
H_\gamma = 0.43T + 7.5 \times 10^{-5}T^2 + 93 + \alpha_\gamma \\
H_\delta = 0.441T + 8.87 \times 10^{-5}T^2 + 51 + \alpha_\delta \\
H_L = 0.825T - 105 \\
\alpha_\gamma = \dfrac{37w_C + 1.9 \times 10^3 w_C^2}{44w_C + 1200} \\
\alpha_\delta = \dfrac{18w_C + 2.0 \times 10^3 w_C^2}{44w_C + 1200}
\end{cases}
\tag{2-70}
$$

式中　　　H——钢的热焓，kJ/kg；

f_γ, f_δ, f_L——钢凝固过程 γ-奥氏体相、δ-铁素体相和液相所占的比例；

　　　　T——当前温度，K；

　　　w_C——C 的含量，%。

c　密度

钢凝固过程中的体积随相组成与温度等条件的变化而变化。本书在考虑具体成分微合金钢凝固过程因高温相变和温度变化而产生的密度变化时，同样采用了式（2-71）所示的以各相分率与温度为变量的函数计算式[49~51,63]。

$$
\begin{cases}
\rho = \rho_\gamma f_\gamma + \rho_\delta f_\delta + \rho_L f_L \\
\rho_\gamma = \dfrac{100(8106 - 0.51t)}{(100 - w_C)(1 + 0.008w_C^3)} \\
\rho_\delta = \dfrac{100(8111 - 0.47t)}{(100 - w_C)(1 + 0.013w_C^3)} \\
\rho_L = 7100 - 73w_C - (0.8 - 0.09w_C)(t - 1550)
\end{cases}
\tag{2-71}
$$

式中　　　ρ——钢的密度，kg/m³；

f_γ, f_δ, f_L——钢凝固过程 γ-奥氏体相、δ-铁素体相和液相所占的比例；

　　　　t——当前温度，℃；

　　　w_C——C 含量，%。

d　线膨胀系数

当材料基体温度由基准参考温度 T_{ref} 变化至当前温度 T 时，长度的相对变化量可表示为：

$$
\text{TLE} = \frac{\Delta L(T)}{L(T_{ref})} = \frac{L(T) - L(T_{ref})}{L(T_{ref})} = \frac{L(T)}{L(T_{ref})} - 1
\tag{2-72}
$$

由于密度与长度的三次方存在如下关系：

$$
\frac{\rho(T)}{\rho(T_{ref})} = \left[\frac{L(T_{ref})}{L(T)} \right]^3
\tag{2-73}
$$

因而，可得材料的线膨胀系数定义式：

$$TLE = \sqrt[3]{\frac{\rho(T_{ref})}{\rho(T)}} - 1 \tag{2-74}$$

然而，在实际有限元计算过程中，往往需要将线膨胀系数处理为瞬时线膨胀系数，因而需对式（2-74）进一步做对温度的求导处理，即：

$$\alpha = \frac{dTLE(T)}{dT} \tag{2-75}$$

需要指出的是，选择了不同的基准参考温度 T_{ref}，将得到不同的瞬时线膨胀系数，并且对钢在结晶器内的凝固收缩行为产生影响。本书鉴于凝固前沿温度高于黏滞性温度 LIT（Liquid Impenetrable Temperature）的钢具有了一定的流动性，并处于自由状态，而低于该温度时，由于铸坯凝固前沿紧凑的树枝晶阻碍了液相的填充，铸坯进一步冷却凝固将产生显著的体积收缩，因而选取 T_{ref} 为 LIT 温度。

关于对 LIT 温度具体数值的界定，Clyne 等[64]，Davies 和 Shin[65]，Kim 等[66] 通过将两相区划分为填充区和裂纹区，将该温度界限定为固相分数 $f_s = 0.9$ 时所对应的温度。而 Matsumiya 等[67] 则将该温度界定为固相分数 $f_s = 0.85$ 所对应的温度。本书综合考虑在结晶器高冷却速率条件下溶质微观偏析对连铸坯凝固的影响及微观偏析模型的网格划分，选取固相分率 $f_s = 0.884$ 所对应的温度为 LIT 温度。

e　弹性模量与泊松比

弹性模量和泊松比是描述材料力学行为的两个重要参数，均随温度变化而变化。其中，弹性模量随钢的温度提高而降低，并对应变率十分敏感。不同研究者的测量值之间由于测量方法与测量条件等不尽相同，因而存在着较大差异。Mizukami 等[68] 采用"松弛法"对弹性模量测量过程中考虑了钢的高温蠕变效应，测得的数据与弹塑性、蠕变和塑性本构方程均较为匹配。本书为了较好模拟钢在连铸条件下伴随有蠕变等现象的高温力学行为，选取了 Mizukami 等给出的弹性模量实验数据回归式，并将泊松比定为 Uehara 等[69] 的实验数据回归式，分别见式（2-76）和式（2-77）。

$$E = 968 - 2.33t + 1.9 \times 10^{-3}t^2 - 5.18 \times 10^{-7}t^3 \tag{2-76}$$

$$\nu = 0.278 + 8.23 \times 10 - 5t \tag{2-77}$$

式中　E——弹性模量，GPa；

　　　ν——泊松比；

　　　t——钢的当前温度，℃。

根据上述各计算式，确定表 2-2 所示成分的某微合金钢凝固过程随温度变化的导热系数、焓、密度和瞬时线膨胀系数等参数如图 2-32 所示。

E　铜板及冷却水热物性参数

根据本书有限元模型假设，忽略结晶器铜板的变形行为，因而计算模型中只考虑铜板的传热行为。结晶器及冷却水的热物性参数见表 2-7。

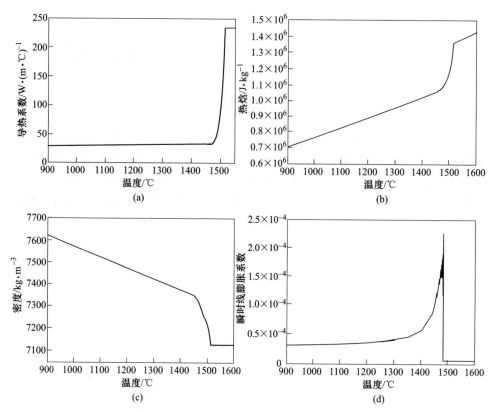

图 2-32　某微合金钢的高温物性参数与温度之间的关系

（a）导热系数；（b）热焓；（c）密度；（d）瞬时线膨胀系数

表 2-7　铜板和冷却水热物性参数

材料	导热系数/W·(m·K)$^{-1}$	质量热容/J·(kg·K)$^{-1}$	密度/kg·m^{-3}
铜	335（298K）	410	8940
	315（393K）		
镍	82.9	460.6	8910
水	0.597	4187	998

F　模型初始和边界条件

a　传热初始条件

计算模型的传热初始条件主要包括铸坯的温度初始条件、保护渣厚度初始条件和结晶器铜板的温度初始条件。针对铸坯，设定其初始温度为浇铸温度，即：

$$T = T_{ic} \quad (\tau = 0) \tag{2-78}$$

式中 T_{ic}——浇铸温度，K；

$\qquad \tau$——时间。

而对于结晶器保护渣膜初始条件，依据对结晶器保护渣膜在弯月面处均匀分布的假设，结晶器弯月面处保护渣膜的初始厚度根据平均渣耗量和铸坯断面尺寸计算而得。

结晶器铜板的初始温度受坯壳/结晶器界面传热条件控制，反过来铜板热面温度的变化又反作用于界面传热，是一个相互迭代并趋近稳定的过程。因而，本书在初始化结晶器铜板温度时，采用了如图 2-33 所示的预处理程序，对结晶器铜板温度初始化，计算的收敛限为铜板热面节点两次迭代温度差小于 1K。

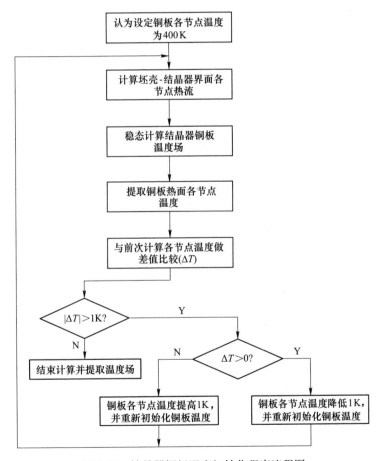

图 2-33　结晶器铜板温度初始化程序流程图

在力学初始与边界条件中，由于钢在弯月面处处于自由状态，因而设定坯壳的初始应力为 0。

b　传热边界条件

铸坯和结晶器的传热边界条件主要包括对流传热、传导传热、辐射传热以及绝热边界条件（对称面）等，如图2-34所示。

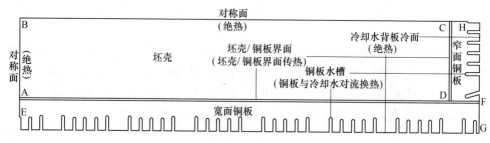

图 2-34　坯壳与铜板传热边界条件示意图

其中，铸坯及结晶器铜板的对称面传热边界为：

宽面：
$$q = -\lambda \frac{\partial T}{\partial x} = 0 \tag{2-79}$$

窄面：
$$q = -\lambda \frac{\partial T}{\partial y} = 0 \tag{2-80}$$

铸坯表面与结晶器铜板热面间的传热由 2.3.1.2 节建立的坯壳/结晶器界面热流模型逐节点动态确定。

结晶器铜板与冷却水间采用对流换热边界，由下式确定：
$$q = h_w(T - T_w) \tag{2-81}$$

式中　T, T_w——结晶器水槽表面温度与冷却水温度，K；

h_w——水槽与冷却水间的对流换热系数，$W/(m^2 \cdot K)$。

h_w 由下式确定[70]：
$$\frac{h_w d_w}{\lambda_w} = 0.023 \left(\frac{\rho_w u_w d_w}{\mu_w}\right)^{0.8} \left(\frac{c_w \mu_w}{\lambda_w}\right)^{0.4} \tag{2-82}$$

式中　λ_w——冷却水导热系数，$W/(m \cdot K)$；

d_w——水槽当量直径，m；

ρ_w——冷却水密度，kg/m^3；

u_w——冷却水流速，m/s；

μ_w——冷却水黏度，$Pa \cdot s$；

c_w——冷却水比热，$J/(kg \cdot K)$。

在实际连铸过程，结晶器冷却水入口端与出口端的水温差一般不超过10℃，且由结晶器下口至上口逐渐升高。为了简化计算模型，本书将结晶器冷却水槽内的冷却水温度沿其高度方向处理为线性变化，即：
$$T_w = T_{in} + \frac{T_{out} - T_{in}}{h_{op}} h_{curr} \tag{2-83}$$

式中　　T_{in}，T_{out}——结晶器进水口端和出水口端的水温，K；

　　　　h_{op}，h_{curr}——结晶器实际工作高度和凝固坯壳当前所处的结晶器高度，m。

对于结晶器铜板冷面的传热边界，一方面由于其与不锈钢背板间存在着接触间隙，铜板向不锈钢背板传热的热阻较大，另一方面铜板冷面的温度相对较低，辐射传热强度较小，因而将该边界处理为绝热，热流表达式如下：

宽面：
$$q = -\lambda \frac{\partial T}{\partial y} = 0 \tag{2-84}$$

窄面：
$$q = -\lambda \frac{\partial T}{\partial x} = 0 \tag{2-85}$$

c　力学边界条件

在实际板坯连铸过程，坯壳和结晶器都承受着复杂的力学行为。根据本书上文假设，凝固坯壳与结晶器的力学边界条件主要有位移边界条件和受力边界条件。其中，根据铸坯在结晶器内凝固对称性假设，设置铸坯的对称面位移约束为0，即：

宽面：
$$\delta_y = 0 \tag{2-86}$$
窄面：
$$\delta_x = 0 \tag{2-87}$$

而对于结晶器的位移约束，由于忽略了钢水静压力及热应变作用引起的结晶器铜板变形，因而将结晶器宽面铜板的位移约束设置为0。对于结晶器窄面铜板，为了模拟其倒锥度作用，将其锥度总偏移量按结晶器的高度均分，随凝固坯壳下行而向宽面中心方向逐渐移动窄面铜板。而与其垂直方向的位移约束设置为0。数学表达式如式（2-88）和式（2-89）所示：

宽面：
$$\delta_x = \delta_y = 0 \tag{2-88}$$
窄面：
$$\delta_x = \frac{l_{tap}}{N}, \delta_y = 0 \tag{2-89}$$

式中　　l_{tap}——窄面锥度总偏移量，m；

　　　　N——切片数。

对于凝固坯壳前沿的钢水静压力边界条件的设定，由于钢水静压力对凝固坯壳的作用随着坯壳凝固进程的推进而时刻发生变化，如何准确界定铸坯凝固前沿并施加钢水静压力是模拟钢在结晶器内凝固受力行为的难点之一。动态剔除铸坯凝固前沿微凝固的液芯并对前沿已凝固铸坯单元施加钢水静压力载荷是最直接、也是最有效的方法，物理意义最鲜明。鉴于此，在本书模型建立过程采用了动态剔除液相法为坯壳凝固前沿动态施加钢水静压力，大小为：

$$P = \rho_{molten} g v_c \tau \tag{2-90}$$

式中　　ρ_{molten}——钢液密度，kg/m³；

　　　　v_c——拉速，m/s；

τ——时间，s。

需要说明的是，结晶器内坯壳凝固前沿位置的界定将直接影响钢水静压力的施加效果，进而影响初凝坯壳力学行为描述的准确性。根据本书上文对钢凝固两相区黏滞性温度 LIT 的定义，LIT 是区分两相区内钢液是否具有自由流动能力的分界。当铸坯单元的温度低于 LIT 时，由于紧凑的树枝晶阻碍了钢液对晶界的填充，钢水静压力将无法直接作用于晶界。而当铸坯单元的温度高于 LIT 时，铸坯单元为液态，具有流动性。仅当铸坯单元的温度处于 LIT 时，钢水静压力恰好处于液相和已凝固铸坯的交界处，即钢水静压力直接作用于铸坯凝固前沿。因此，本书借鉴 LIT 定义方法，将连铸坯凝固前沿定义为 LIT 所对应的温度，即固相分率 $f_s = 0.884$ 所对应的温度，并规定模型进行力学分析时，随着连铸坯凝固进程的推进，高于该温度的单元为液态铸坯单元，模型自动对其进行动态剔除处理，并对凝固前沿单元施加钢水静压力载荷。

而对于铸坯表面与结晶器铜板热面的力学约束，由于结晶器内的高温凝固坯壳强度相对低，在钢水静压力作用下，坯壳将向结晶器铜板侧产生鼓涨趋势。若不对坯壳表面和结晶器铜板热面间的接触面做相应的约束处理，将产生"坯壳表面节点穿透结晶器铜板"的现象，需对铸坯表面和结晶器铜板热面做接触力学分析处理。由于在模型建立假设中，对结晶器铜板作了不变形的假设，而坯壳在结晶器内存在高温塑性与蠕变等形行为，相对结晶器铜板"较软"，故将结晶器铜板热面和坯壳表面做刚-柔接触分析。

G　计算流程

根据上述铸坯与铜板传热与力学控制方程及其边界条件、具体成分微合金钢高温热物性参数等，建立以 1/4 铸坯和结晶器系统的热/力耦合有限元计算模型，计算流程如图 2-35 所示。其中，模型计算所需的坯壳表面和铜板热面热流由坯壳/结晶器界面热流模型迭代求得，而该界面热流模型所需的参数 T_s、T_m 和 d_{gap} 则由有限元模型上一步计算结果得出，迭代求解获得典型成分微合金板坯连铸过程结晶器内坯壳的详尽热/力学行为规律。

2.3.1.4　模型验证

钢连铸过程的结晶器是一个高温且相对封闭的"黑箱"，检测结晶器内坯壳凝固过程热行为多依靠安装在结晶器宽面和窄面铜板内的热电偶，对铸坯生产过程的铜板温度实时监测以间接反映其内坯壳的凝固传热行为。因此，结晶器热电偶检测温度也成为了国内外学者验证结晶器及其内坯壳凝固传热模型有效性的主要手段。此外，结晶器漏钢坯壳的厚度变化、结晶器保护渣膜的厚度等也是验证模型有效性的重要途径。

图 2-36 为某钢厂连铸生产某碳钢宽厚板坯过程结晶器铜板热电偶温度的实

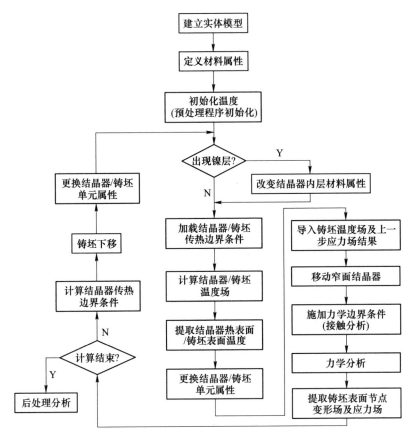

图 2-35 铸坯-结晶器系统热/力耦合有限元模型模拟流程图

测值和由上述模型计算其连铸生产条件下的热电偶处的铜板温度分布。从图2-36（a）可以看出，受水槽分布影响，结晶器宽面热电偶安装位置处的铜板温度沿其周向呈周期性变化，螺栓安装处的铜板温度相比水槽分布处的温度高出约10℃。由图2-36（b）可见，在结晶器窄面中心附近，由于水槽均匀分布且其深度一致，结晶器铜板的温度分布整体也较均匀，铜板内热电偶安装深度处的温度分布无明显波动。但在距离结晶器窄面角部43mm的偏离角区域，由于螺栓的存在，使得该区域的铜板温度因水槽间距的增加而出现一定幅度上升，而后又因水槽的出现，温度再次下降。从热电偶实测温度可以看出，现场连铸某碳钢过程的结晶器宽面和窄面铜板上、下排热电偶实测温度基本围绕118℃与107℃和116℃与102℃上下波动，模型的计算结果与实测值比较吻合。

图2-37（a）为由上述热/力耦合有限元模型计算所得的某碳钢宽厚板坯宽面和窄面中心坯壳厚度沿结晶器高度方向的变化与现场坯壳实测厚度的对比。其中，坯壳的实测值取自于对应模拟条件下的漏钢坯壳，如图2-37（b）所示。可

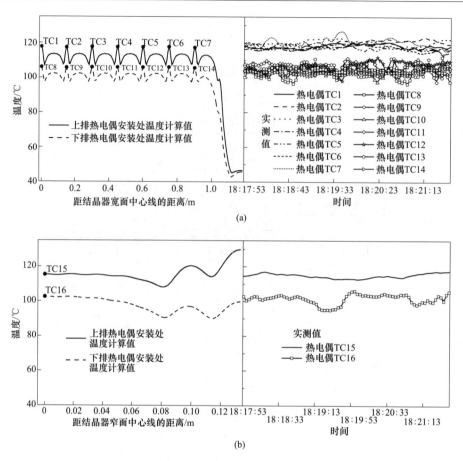

图 2-36　宽厚板坯结晶器铜板温度计算值与实测值对比

（a）宽面；（b）窄面

（扫书前二维码看精细图）

以看出，在结晶器弯月面下 0~400mm 高度，有限元模型的坯壳厚度计算值相比实测值偏小，而随着坯壳高度下移，其厚度逐渐增加，计算值逐步与实测值吻合。造成弯月面下 0~400mm 高度范围出现坯壳计算值偏小现象的主要原因是由于某碳钢在结晶器内实际凝固过程中，弯月面附近区域的钢液在其未凝固成坯前持续通过结晶器铜板释放过热和凝固潜热，直至初凝成坯，而后随着已凝固的坯壳以一定速度下行。而在本书计算模型中，计算的初始条件为带有 25℃ 过热度的均匀温度钢液，靠近结晶器侧的钢液缺少了在弯月面附近区域进行过热和凝固潜热充分释放的过程。模拟结果与 Hanao 等[71] 的结果吻合较好。此外，从整体上看，模型计算的坯壳厚度值与实测值的吻合性整体仍较好。

　　图 2-38 为该碳钢连铸生产过程坯壳/结晶器界面内保护渣膜厚度的计算值与实测值对比。其中，图 2-38（b）的保护渣膜取自于对应结晶器漏钢条件的铜板

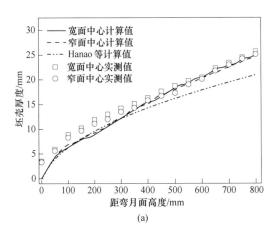

(a)　　　　　　　　　　　　　　(b)

图 2-37　坯壳厚度计算值与实测值对比

（a）数据对比；（b）漏钢坯壳

宽面角部附近区域。可以看出，不论是保护渣膜的分布趋势还是厚度，本书模型的计算值与实测值均较为吻合。因此，本书所开发的坯壳在结晶器内凝固热/力耦合有限元模型可以较准确地定量化预测具体成分钢的板坯在连铸过程结晶器内的传热和力学行为规律，为探明微合金钢连铸过程铸坯角部的高温传热行为，并开发角部高效传热结晶器奠定了理论基础。

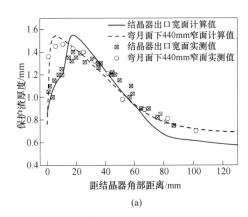
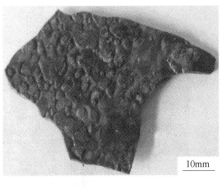

(a)　　　　　　　　　　　　　　(b)

图 2-38　保护渣厚度计算值与实测值对比

（a）保护渣数据对比；（b）保护渣膜形貌

2.3.2　凝固坯壳动态收缩与变形行为

图 2-39 为采用上述有限元模型计算某钢厂连铸生产微合金钢常规板坯（结晶器结构图如图 2-34 所示）过程，结晶器内不同高度处的坯壳收缩与变形放大 5

倍后的形貌。从图中可以看出，在坯壳凝固初期，由于初凝坯壳的温度整体较高，热收缩变形不显著。坯壳宽面与窄面均与对应面的铜板接触良好，如图2-39（a）所示。然而，随着凝固坯壳下行，凝固坯壳温度快速降低，其热收缩作用开始逐渐显著。此时，由于结晶器窄面铜板锥度补偿不充分，窄面坯壳得不到铜板的支撑作用，坯壳宽/窄面偏离角及角部区域开始逐渐变形而脱离结晶器铜板，形成了较明显的坯壳/结晶器界面间隙，如图2-39（b）与（c）所示。而当坯壳下行至距结晶器下口约110mm时，由于铸坯沿宽面中心方向的凝固收缩逐渐减缓和受窄面铜板锥度的持续补偿作用，铸坯窄面偏离角及角部区域逐渐与铜板贴合而消除间隙，如图2-39（d）和图2-40（a）所示。而对于铸坯宽面，由于其铸坯沿厚度方向的补偿量较小，受坯壳沿窄面中心方向持续热收缩的作用，坯壳宽面偏离角和角部区域的收缩与变形量持续增加，致使铸坯宽面偏离角和角部区域产生较大的界面间隙。

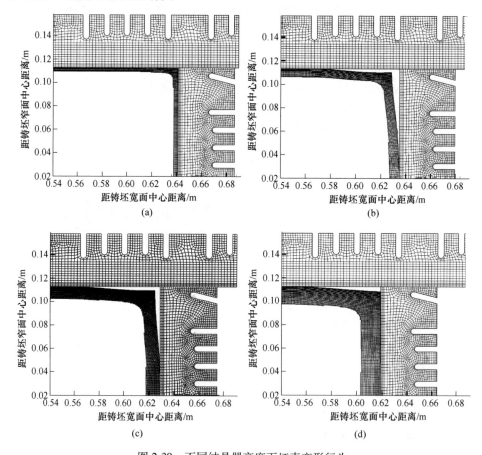

图 2-39　不同结晶器高度下坯壳变形行为

（a）弯月面下100mm；（b）弯月面下300mm；（c）弯月面下500mm；（d）结晶器出口

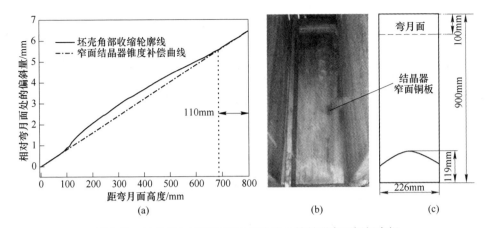

图 2-40　结晶器内铸坯角部收缩曲线及结晶器窄面铜板磨损

（a）铸坯窄面角部收缩补偿曲线；（b）结晶器窄面铜板磨损形貌；（c）结晶器窄面铜板磨损轮廓线

　　此外，从图 2-40 亦可以看出，在实际连铸生产过程，为了补偿铸坯窄面向宽面中心方向的收缩，采用窄面线性单锥度的传统平板型结晶器时，往往需使用较大的锥度，这样一方面将造成结晶器窄面铜板下口出现严重的磨损，如图 2-40（b）所示；另一方面也将增大凝固坯壳与结晶器铜板间的摩擦力，从而加剧铸坯的窄面及角部产生撕裂的风险。

　　受坯壳在结晶器内动态收缩与变形行为影响，结晶器角部及其附近区域较大的界面间隙，一方面将引发厚保护渣膜和气隙在坯壳宽面与窄面的偏离角及角部区域集中分布，从而显著降低坯壳偏离角及角部区域的传热速度，致使凝固坯壳表层形成粗大的奥氏体组织并使微合金碳氮化物沿晶界集中析出，从而大幅降低铸坯偏离角与角部区域组织的塑性，不利于裂纹控制；另一方面由于初凝坯壳缺乏宽面和窄面铜板的有效支撑而出现过大变形量，造成了坯壳凝固前沿产生明显的拉应力而显著增加铸坯角部及偏离角区域的皮下裂纹敏感性。铸坯角部附近区域的坯壳凝固前沿裂纹敏感性分布与实际连铸生产过程频发的铸坯角部附近区域皮下裂纹如图 2-41 所示[72]。

2.3.3　坯壳/结晶器界面传热行为

　　结晶器内坯壳/铜板间的界面热行为是影响坯壳向结晶器传热效率与均匀性的关键环节。由上述坯壳在结晶器内的动态收缩与变形行为可知，凝固坯壳角部附近区域受不合理锥度补偿作用，坯壳在凝固过程产生了较明显的界面间隙，将引发气隙与保护渣膜在该界面内动态集中分布，进而影响坯壳角部与偏离角等区域的传热。为此，本节将针对坯壳角部及偏离角附近区域的气隙、保护渣状态与厚度、热阻构成等影响界面热流的关键因素的分布规律进行较深入分析。

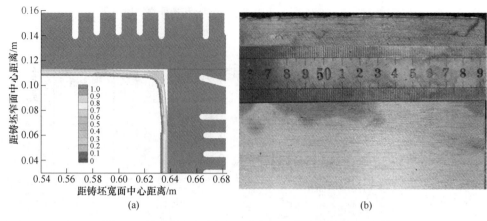

(a)   (b)

图 2-41   结晶器弯月面下 300mm 处坯壳凝固前沿裂纹敏感
系数分布及铸坯宽面角部区域的皮下裂纹形貌

（a）坯壳裂纹敏感系数分布；（b）铸坯宽面角部区域皮下裂纹形貌

（扫描书前二维码看彩图）

2.3.3.1   凝固坯壳角部保护渣膜分布

图 2-42 为上述结晶器内凝固坯壳动态收缩与变形条件下，分别距凝固坯壳宽面角部和窄面角部 0~120mm 与 0~100mm 范围区域的保护渣膜沿结晶器高度方向的分布。可以看出，传统板坯连铸过程中，受铸坯角部与偏离角区域脱离铜

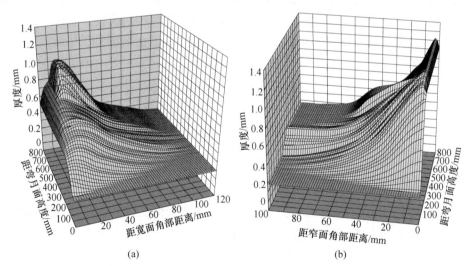

(a)   (b)

图 2-42   铸坯角部区域保护渣厚度分布

（a）宽面；（b）窄面

（扫描书前二维码看彩图）

板作用，结晶器内的保护渣膜主要于距离铸坯宽面角部和窄面角部0~60mm范围的区域内集中分布。

具体而言，在结晶器高度方向上，结晶器上部由于凝固坯壳的温度较高，热收缩不显著，保护渣膜沿结晶器宽面和窄面方向的厚度分布基本保持稳定。而随着坯壳继续下行，受凝固坯壳收缩量显著增加的作用，具有良好流动性的液态保护渣在结晶器振动作用下不断填充界面间隙，并在弯月面下180mm高度的铸坯角部点最先达到最大值。此时，由于铸坯宽面和窄面偏离角区域的铸坯温度仍高于保护渣的凝固温度，液态保护渣继续填充对应区域的界面间隙而使铸坯宽面和窄面偏离角区的保护渣膜厚度显著高于其他区域。使得结晶器角部附近区域的保护渣膜从铸坯角部向宽面和窄面中心方向呈先增厚而后减薄状分布。同时，在该保护渣膜动态分布过程，由于铸坯在结晶器中部凝固过程向宽面中心方向的收缩未得到结晶器窄面铜板锥度的有效补偿，铸坯窄面角部及偏离角区域的保护渣膜厚度整体大于铸坯宽面角部附近区域的保护渣膜厚度。

图2-43分别为从铸坯角部向宽面和窄面中心方向距离铸坯角部0mm、10mm、30mm和50mm位置沿结晶器高度方向的液态和固态保护渣膜厚度分布（对应铸坯宽面和窄面分别简称a、b、c、d位置和a′、b′、c′、d′位置）。从图中可以看出，受结晶器铜板强冷作用，保护渣在坯壳/结晶器界面内的填充形式以固渣膜为主，且窄面角部附近的固渣和液渣厚度整体较宽面厚。

针对铸坯宽面角部及偏离角区域，除角部点a受二维传热快速降温致保护渣最早完全凝固而厚度不再变化外，b、c和d处的固渣层厚度随着铸坯的下行均先以一定的速度增长，而后再趋于平缓，最后达到稳定。而对于铸坯窄面角部及偏离角区域，当凝固坯壳下行至弯月面以下60~200mm时，受坯壳沿宽面中心方向加速凝固收缩作用，该高度范围的固渣膜厚度也快速增加，而后因坯壳凝固

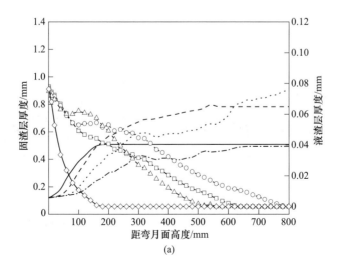

(a)

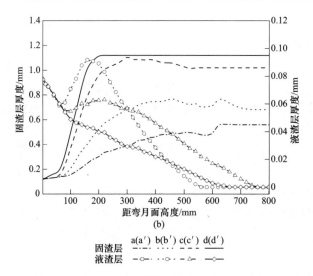

图 2-43　铸坯宽面与窄面角部附近区域的液态和固态保护渣膜分布

（a）宽面；（b）窄面

收缩减缓和结晶器窄面锥度持续补偿综合作用而变化趋缓，最后在靠近结晶器出口附近完全凝固而达到稳定。从图 2-43 中还可以发现，距离角部 30mm 的偏离角区 c′处的液渣厚度在上述因素影响下，在弯月面下 60~200mm 也同步出现了较大幅度的增加。

图 2-44 为宽面 a、b、c 和 d 位置与窄面 a′、b′、c′和 d′位置的液渣膜和固渣膜热阻占坯壳/结晶器界面总热阻比重的分布。可以看出，在弯月面附近液渣热阻占总热阻的比重高于固渣所占比重。当液渣存在时，凝固坯壳表面由于无明显

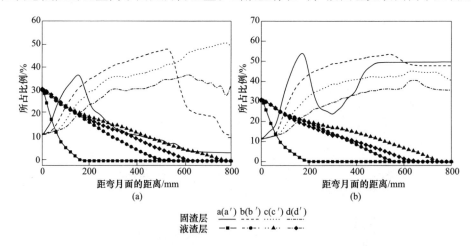

图 2-44　铸坯角部附近区域液/固保护渣膜热阻占界面总热阻的比重

（a）宽面；（b）窄面

气隙生成，坯壳/结晶器界面的总热阻变化不明显，液渣层热阻占总热阻比重下降较平滑。而当液渣完全凝固后，气隙开始先从铸坯角部生成，然后分别向其宽面和窄面中心方向扩展，使得对应区域的界面总热阻随气隙厚度的变化而急剧增加或减少，固渣层热阻占总热阻比重也呈现出了较大的波动。厚保护渣膜在凝固坯壳角部及其附近区域的该集中分布现象，显著阻碍了坯壳角部的传热，不利于铸坯角部高效传热。

2.3.3.2 凝固坯壳角部气隙分布

图 2-45 为上述结晶器内凝固坯壳变形条件下，铸坯宽面与窄面角部附近区

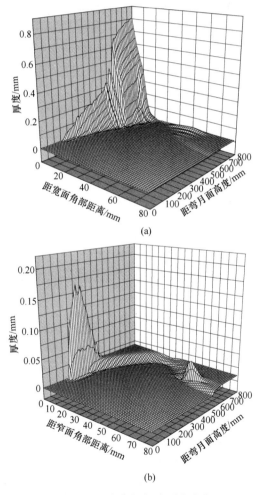

图 2-45　坯壳角部气隙厚度分布

（a）宽面；（b）窄面

（扫描书前二维码看彩图）

域气隙沿结晶器高度方向的二维分布。可以看出，气隙初始生成于弯月面下 180mm 处的凝固坯壳角部，且主要集中于距坯壳角部 0～20mm 范围的宽面与窄面区域内。对于铸坯宽面角部而言，由于铜板倒锥度对凝固坯壳收缩补偿不足和保护渣过早凝固共同作用，坯壳宽面角部持续收缩的间隙缺乏保护渣进一步填充，使得其气隙分布相比坯壳窄面角部区域的气隙分布，表现为持续且快速生长特点。当铸坯下行至结晶器出口时，铸坯宽面角部的气隙厚度最大值达到了约 0.8mm。

与此同时，从图 2-45 中可看出，随着凝固坯壳的下行，铸坯宽面角部的气隙呈现出由角部不断向宽面中心方向扩展的趋势。在扩展过程中，因受铸坯偏离角区域的保护渣凝固相对角部滞后，保护渣膜持续填充收缩间隙作用影响，气隙沿扩展方向呈现出了快速减小状分布的现象。

值得注意的是，从图 2-45 中可以看出，在距结晶器弯月面下 600mm 高度处，凝固坯壳宽面角部的气隙厚度出现了加速生长的现象。造成该现象的主要原因是：在该高度下，由于窄面坯壳沿宽面中心方向的收缩减缓，在结晶器窄面铜板锥度持续补偿下，窄面坯壳与铜板间的挤压作用逐渐明显，使得坯壳窄面角部被迫转向其中心方向，从而造成坯壳宽面角部附近区域的坯壳/结晶器界面间隙增大。同样由于在该高度下，铸坯宽面角部的温度已降至保护渣凝固温度以下，快速增加的界面间隙因得不到液态保护渣的继续填充而使得保护渣膜的总厚度相对稳定，所增加的界面间隙厚度全部转变为气隙，从而加速气隙生长，不利于结晶器下部的铸坯角部高效传热。

对于凝固坯壳窄面角部区域，其气隙虽同样集中形成于距铸坯角部 0～20mm 的区域内，但生长特点与宽面角部有着较大的不同。主要表现在，其在结晶器高度上主要集中分布于弯月面下 180～670mm 高度范围。同时，在气隙形成初期，虽然凝固坯壳沿宽面中心的收缩强度大于窄面铜板的锥度补偿量，但由于大量的保护渣对间隙进行了有效填充，使得铸坯角部区域的气隙生长速度虽出现了一定程度的快速增加，并在弯月面下 370mm 高度达到了最大值，但其厚度相比铸坯宽面角部明显减小。而后随着铸坯的继续下行，由于凝固坯壳的收缩幅度减小和铜板的持续锥度补偿作用，气隙逐渐减小并趋于稳定分布。

2.3.3.3　坯壳/结晶器界面热流分布

受铸坯角部及其附近区域的保护渣膜与气隙的集中与动态性分布影响，坯壳/结晶器界面热流亦发生显著的变化。图 2-46 为坯壳/结晶器界面内保护渣膜与气隙动态分布条件下，分别距铸坯宽面和窄面角部 0～120mm 和 0～100mm 区域内的界面热流沿结晶器高度方向的分布。可以看出，在距离凝固坯壳角部 0～20mm 的宽面和窄面区域内，界面热流显著降低。其原因主要为该区域的凝固坯壳温度整体较低，且坯壳收缩间隙内的保护渣膜与气隙厚度较大，界面热阻显著增加，阻碍了铸坯角部的高效传热。

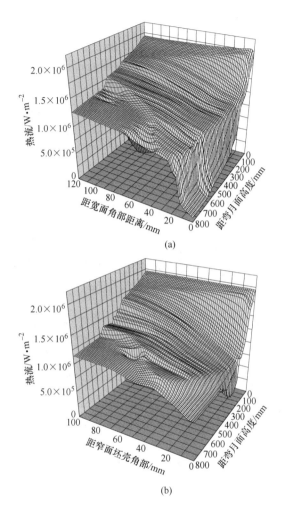

图 2-46 结晶器-铸坯界面热流分布
（a）宽面；（b）窄面
（扫描书前二维码看彩图）

值得注意的是，由于凝固坯壳宽面角部附近生成的气隙厚度比窄面角部附近区域的整体大（见图 2-45），坯壳宽面角部附近区域的热流下降幅度比窄面角部区域更显著。坯壳窄面角部附近区域的界面热流仅在弯月面下 180~550mm 高度范围受气隙动态分布的影响较大，随后因气隙厚度显著减小而趋于稳定。该现象的出现，反映出了传统窄面直线型结晶器的锥度设计制度并不是最适合微合金钢连铸，同时也说明板坯连铸结晶器宽面角部附近区域也需有效锥度的补偿或须要防止铸坯角部在结晶器中下部凝固过程发生扭转而加剧宽面角部区域的界面间隙。

2.3.4　凝固坯壳温度场分析

图 2-47 为上述坯壳/结晶器界面传热条件下，弯月面下 100mm、300mm、500mm 和出口处坯壳与结晶器铜板横截面的温度分布。可以看出，在钢液初始凝固阶段（弯月面下 0~100mm），凝固坯壳温度较高，且由于坯壳/结晶器界面内的保护渣膜分布较均匀，因此凝固坯壳沿其周向的温度分布也较均匀，仅角部因受二维传热作用温度快速下降，如图 2-47（a）所示。而后随着坯壳继续下行，由于铸坯角部开始出现气隙，保护渣填充量也逐渐增加，铸坯角部区域的传热速度逐渐降低，并在弯月面下 300mm 处，坯壳宽面和窄面偏离角区域均逐渐出现"热点"，并随坯壳下行呈扩大化趋势分布。

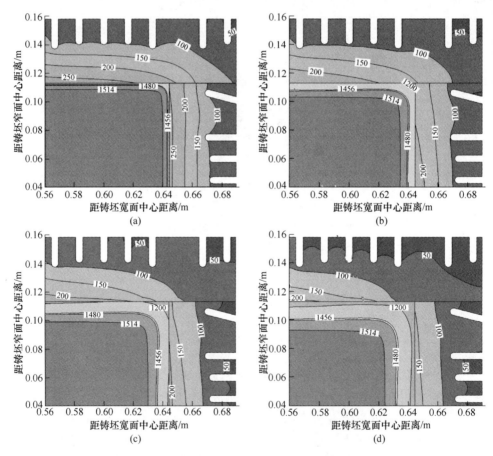

图 2-47　结晶器内不同高度处的坯壳与铜板温度场分布

（a）弯月面下 100mm；（b）弯月面下 300mm；（c）弯月面下 500mm；（d）结晶出口

（扫描书前二维码看彩图）

图 2-48 为结晶器内凝固坯壳宽面与窄面角部附近区域的表面温度沿高度方向的分布。在结晶器上部，靠近角部的凝固坯壳（距坯壳角部 0~10mm 区域）受二维传热作用，表面温度下降较快，直至铸坯下行至弯月面下 200mm 高度时，因一定厚度的气隙生成和厚保护渣在结晶器角部集中分布而使下降速度逐渐减缓。对于距离铸坯角部 10~20mm 的偏离角区域内，由于其在结晶器上部的界面热流分布较均匀，所以表面温度变化相对平滑。而随着凝固坯壳继续下行，其表面温度下降速度有所减缓，且减缓趋势逐步向铸坯宽面和窄面中心方向扩展。待铸坯下行至结晶器出口位置时，坯壳偏离角区域的表面温度分别比对应宽面和窄面中心的温度高出了 120℃ 和 61℃，范围也由起初的 10~20mm 宽分别扩大至距离角部 10~75mm 和 10~60mm 范围，成为了凝固坯壳在结晶器内的"热点"，极易造成铸坯产生如图 2-49 所示的铸坯偏离角区域皮下裂纹缺陷。

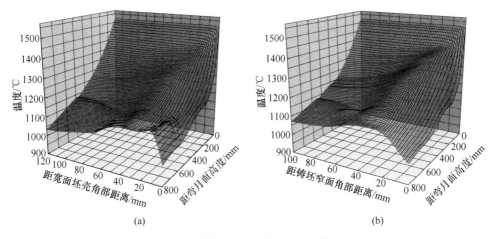

(a) (b)

图 2-48 铸坯角部区域表面温度分布

（a）宽面；（b）窄面

（扫描书前二维码看彩图）

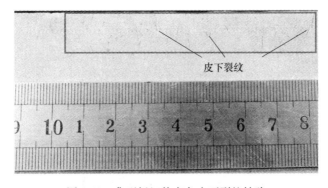

图 2-49 典型板坯偏离角皮下裂纹缺陷

受上述结晶器非均匀传热影响，坯壳沿周向的生长呈现出了明显的非均匀性。根据本书上文对黏滞性温度 LIT 的定义，当坯壳温度降至该温度时，其所对应的固相分率的枝晶间无流动的液相，因而可认定该温度所对应的固相率为铸坯凝固前沿。为此，本书以固相分率 $f_s = 0.884$ 为坯壳凝固前沿计算结晶器出口处的坯壳厚度沿结晶器周向的分布，如图 2-50 所示。可以看出，受铸坯宽面与窄面偏离角区域缓慢传热的影响，结晶器出口处的铸坯宽面与窄面偏离角区域的坯壳厚度较对应面的中心小 2.17mm 和 1.13mm，大幅降低了连铸坯在结晶器内凝固的均匀性。

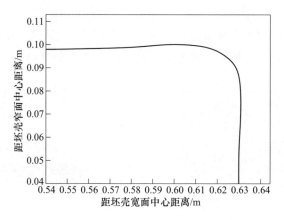

图 2-50　结晶器出口处凝固坯壳形貌

图 2-51 为上述结晶器传热条件下的凝固坯壳角部温度与冷却速度演变曲线。可以看出，当铸坯下行至结晶器弯月面下 150mm 时，坯壳角部温度降至约 1150℃。根据 2.2.1 节含 Nb、B、Al 等微合金碳氮化物析出热力学行为可知，该

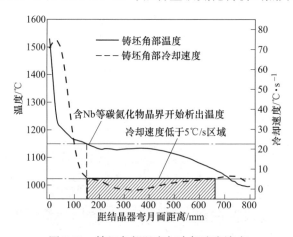

图 2-51　铸坯角部温度与冷却速度演变

温度下的铸坯角部组织晶界已开始逐渐析出微合金碳氮化物。而在该高度及其以下的结晶器中下部区域，凝固坯壳角部的冷却速度低于5℃/s（平均仅约为3.5℃/s）。根据2.2.2.3节不同冷却速度下的微合金碳氮化物析出检测结果可知，其无法满足微合金碳氮化物弥散化析出不小于5℃/s的冷却速度条件。由此造成了微合金钢板坯角部凝固过程碳氮化物沿晶界集中析出并脆化晶界的现状。为此，应根据上述坯壳在结晶器内的传热与收缩变形规律，研制可高效补偿结晶器内坯壳凝固过程动态收缩特点的曲面内腔结构结晶器，进而促使凝固坯壳角部及其附近区域的保护渣膜和气隙薄且均匀分布，以整体加速结晶器中下部凝固坯壳角部的冷却速度至大于等于5℃/s，从源头上"根治"致使微合金钢板坯角部横裂纹频发的微合金碳氮化物沿奥氏体晶界呈链状集中析出脆化晶界和凝固生成粗大奥氏体晶粒的成因，并促进结晶器内凝固坯壳均匀生长。

2.4 铸坯二冷凝固热/力学行为

二次冷却（简称二冷）是板坯连铸的另一关键冷却环节，约占整个铸坯连铸过程95%的热量将在二冷区内传出，直接影响铸坯的表面和内部质量。具体针对铸坯角部，在当前主流常规与宽厚板坯连铸机的二冷控冷结构与连铸工艺条件下，其温度多从约900~1000℃缓慢降至700~820℃。在该过程中，一方面，铸坯角部的组织结构发生了显著改变，从单一的奥氏体组织逐渐过渡到了奥氏体+晶界铁素体的低塑性两相结构；另一方面，针对含Nb、B、Al等元素的微合金钢板坯，由2.2节可知，这些微合金元素的碳氮化物低温端析出主要在二冷高温区内完成，含V元素的微合金碳氮化物的析出将在整个二冷区内完成。铸坯角部缓慢传热的特点将致使微合金碳氮化物在奥氏体晶界集中析出，从而脆化组织晶界。受上述两方面因素影响，铸坯角部组织的塑性将显著降低。与此同时，常规与宽厚板坯在连铸二冷区内凝固过程，铸坯角部（特别是在高温区内）的温度波动较剧烈，且需经历弯曲和矫直等变形过程，承受复杂的力学作用。低塑性的铸坯角部在过大的应力或应变作用下极易引发其组织产生沿晶开裂而形成铸坯角部横裂纹缺陷。为此，本节将以常规板坯连铸过程为重点研究对象，分析铸坯二冷凝固过程的热/力学行为演变规律，为铸坯角部组织结构控制及其工艺与装备技术开发奠定理论基础。

2.4.1 数学模型建立

在实际板坯连铸过程中，铸坯在二冷区内的冷却凝固，沿拉坯方向和垂直于拉坯方向上均进行热量传输与散失。为了较准确描述铸坯在二冷各区内的凝固热/力学行为，本书以国内某钢厂实际连铸生产某含铌高强钢常规板坯为研究对象，建立其全铸流铸坯凝固三维热/力耦合有限元计算模型。

2.4.1.1 模型假设与实体模型建立

板坯连铸机的二冷为扇形段结构，铸坯在其内的凝固过程，除热应力外，亦承受着铸辊夹持、弯曲以及矫直等复杂应力作用，影响因素众多。为了有效建立铸坯在二冷铸流内凝固过程的复杂热/力学计算模型，本书对模型的建立过程作了如下假设：

（1）忽略钢液流动对铸坯凝固传热的影响，采用钢液的有效导热系数处理。

（2）铸坯凝固过程的材料各向同性，其高温物性参数仅随温度及其相组成变化而变化。

（3）铸坯凝固过程的传热与受力均具有对称性，且二冷同一冷却区内的冷却水均匀分布。铸坯与铸辊间的传热、铸坯辐射换热等均计入综合换热系数。

（4）忽略扇形段铸辊变形，铸辊与坯壳间的接触处理为刚-柔接触。

根据上述假设，对某钢厂的板坯连铸机铸流辊列及铸坯以宽面中心线为对称面建立1/2三维实体模型并离散化，如图 2-52 所示。在实际常规与宽厚板坯连铸过程，由于铸坯的矫直与压下多由两个扇形段完成。为了综合考虑铸坯在矫直与压下过程前后扇形段压下行为对铸坯受力及其演变的影响，建模时铸坯的长度沿拉速方向取 4500mm 长。此外，由于铸坯沿铸流方向的变形量相对较小，将铸坯两端横截面的位移等力学边界条件处理为对称面，如图 2-52（b）所示（铸坯的上、下端横截面均为对称面）。铸流的辊列布置按照现场实际辊列及连铸钢种所采用的辊缝工艺设置。

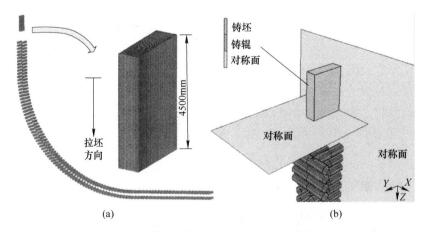

（a）   （b）

图 2-52 铸坯凝固过程三维有限元实体模型

（a）铸坯与铸流辊列；（b）模型对称面设置示意图

2.4.1.2　铸坯传热与力学模型

A　传热与力学控制方程

根据上节假设，确立铸坯三维凝固传热控制方程如式（2-91）所示：

$$\rho C \frac{\partial T}{\partial t} = -\rho v C \frac{\partial T}{\partial z} + \frac{\partial}{\partial x}\left(k_{eff}\frac{\partial T}{\partial x}\right) + \frac{\partial}{\partial y}\left(k_{eff}\frac{\partial T}{\partial y}\right) + S_o \qquad (2\text{-}91)$$

式中　ρ——密度，kg/m^3，确定方法见 2.3.1 节；

　　　C——热容，$J/(kg \cdot ℃)$，实际建模过程将其转换成热焓值，取值方法见 2.3.1 节；

　　　T——温度，℃；

　　　k_{eff}——导热系数，$W/(m \cdot ℃)$，确定方法见 2.3.1 节；

　　　S_o——内热源项，W/m^3。

在力学控制方程方面，由于板坯在二冷铸流内的凝固与变形过程除了发生弹性变形还伴随有塑性变形与蠕变等行为，为了充分考虑铸坯的弹塑性及蠕变等力学特点，本书同样选用了 Anand 和 Brown 等提出的 Anand 率相关本构方程，详见式（2-67）和式（2-68）。

B　初始条件

铸坯的初始温度为钢液的浇铸温度，且应力与应变均为 0。

C　传热边界条件

a　结晶器

铸坯在结晶器内的传热边界条件详见 2.3.1 节。

b　二冷区

铸坯在二冷区内的传热途径较多，包括铸坯全程辐射换热、冷却水浸渍带走的热、冷却水蒸发带走的热以及铸坯与扇形段铸辊接触传热等，如图 2-53 所示。根据前人研究结果，各传热途径所带走的热量占铸坯二冷总传出热量的比例一般认为辐射换热占约 25%、冷却水浸渍带走的热占 25%、冷却水滴蒸发热占约 33%、铸辊与铸坯接触传热约占 17%。然而，在实际连铸生产过程，不同铸机的喷嘴类型、喷嘴布置、水流密度、冷却水温及铸坯表面状态等均有所区别，因而上述各传热途径所占的传热比例差距并不是一成不变，较难定量化确定每个传热途径的传热系数。为此，国内外冶金工作者多将铸坯在二冷区内的传热系数通过综合换热系数来确定，并通过大量的测定和研究，获得了如式（2-92）~式（2-98）所示的铸坯二冷综合换热计算式。

Ishiguro 等

$$h = 0.581 W^{0.541}(1 - 0.0075 T_w) \qquad (2\text{-}92)$$

Shimada 等

$$h = 1.57W^{0.55}(1 - 0.0075T_{w}) \tag{2-93}$$

Nozaki 等

$$h = 1.57W^{0.55}(1 - 0.0075T_{w})/\alpha \tag{2-94}$$

Buist 等

$$h = 0.61W^{0.395}$$
$$4.5L/(m^{2} \cdot s)$$
$$\leqslant W < 20L/(m^{2} \cdot s) \tag{2-95}$$

Nozaki 等

$$h = 0.3925W^{0.55} \times (1 - 0.0075T_{w}) \tag{2-96}$$

气水喷嘴等

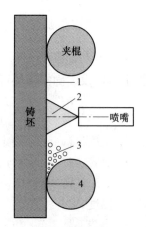

图 2-53   二冷区铸坯表面传热方式
1—辐射传热；2—冷却水浸渍带走热；
3—冷却水蒸发带走热；4—铸坯与铸辊接触传热

$$h = 0.35W + 0.13 \tag{2-97}$$

Bolle 等

$$h = \begin{cases} 0.423W^{0.556} & 1L/(m^{2} \cdot s) < W < 7L/(m^{2} \cdot s)，627℃ < T_{s} < 927℃ \\ 0.36W^{0.556} & 0.8L/(m^{2} \cdot s) < W < 2.5L/(m^{2} \cdot s)，727℃ < T_{s} < 1027℃ \end{cases}$$
$$\tag{2-98}$$

式中　　h——传热系数，单位除部分注明外，其余均为 $kW/(m^{2} \cdot ℃)$；

　　　　T_{s}——铸坯表面温度，℃；

　　　　T_{w}——二冷水的水温，取 30℃；

　　　　W——水流密度，$L/(m^{2} \cdot s)$；

　　　　α——与夹辊冷却有关的修正系数。

　　同样，上述各铸坯表面传热系数计算式均是基于其特定的研究条件获得的，不同计算式所确定的换热系数差距较大，因而无法直接使用。为此，本书在二冷各区铸坯表面综合换热系数确定过程中，采用了基于铸坯表面实测温度的二分法反算模型，即对连铸机各扇形段出口处的铸坯表面进行红外测温，而后通过模型反算以获得铸坯在不同冷却区内的综合换热系数，计算流程图如图 2-54 所示。

　　表 2-8 为某钢厂板坯连铸机二冷各区的长度及其生产含铌高强钢过程不同拉速下各冷却区的冷却水量。实际测得其在 1.5m/min 拉速下，扇形段 3~8 段出口处的温度分别为 999℃、982℃、975℃、962℃、948℃ 和 932℃，对其进行冷却区插值计算，结果如表 2-9 所示。

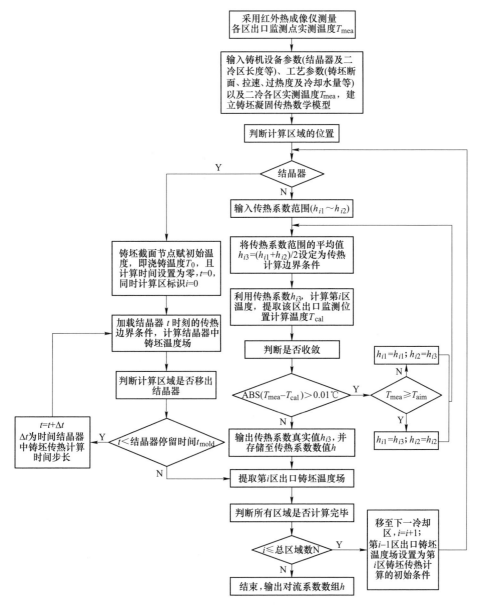

图 2-54 连铸二冷换热系数二分法反算流程图

表 2-8 某钢厂板坯连铸机二冷各区划分及其水量

冷却区	二冷区长度/m	不同拉速对应水量/L·min⁻¹		
		1.0m/min	1.2m/min	1.5m/min
1 NL/NR	0.8~1.50	107	128	160
1 I/O	0.8~1.04	169	203	254

冷却区	二冷区长度 /m	不同拉速对应水量/L·min⁻¹		
		1.0m/min	1.2m/min	1.5m/min
2 I/O	1.04~1.60	249	299	374
3 I/O	1.60~2.71	275	330	413
4 I/O	2.71~4.45	244	293	366
5 I/O	4.45~6.37	171	206	257
6 I	6.37~8.29	62	74	93
6O	6.37~8.29	74	89	112
7 I	8.29~12.13	89	106	133
7O	8.29~12.13	124	149	186
8 I	12.13~16.02	64	77	96
8O	12.13~16.02	96	116	145
9 I	16.02~20.78	60	72	90
9O	16.02~20.78	102	122	152
10 I	20.78~27.92	79	83	101
10O	20.78~27.92	157	166	203
11 I	27.92~35.06	79	79	81
11O	27.92~35.06	157	157	161

表 2-9　二冷各区实测与插值温度

钢种	各区出口实测与插值温度（常规）/℃										
	1 区	2 区	3 区	4 区	5 区	6 区	7 区	8 区	9 区	10 区	11 区
高强钢	1125	1095	1070	1045	1025	1005	990	975	960	930	900

　　基于表 2-9 所示的板坯二冷各区出口实测及插值温度，采用图 2-55 所示的计算流程图，迭代求解不同拉速条件下的铸坯表面传热系数。其中，在确定铸坯表面初始传热系数（$h_{i1} \sim h_{i2}$）时，考虑到实际板坯连铸过程中，二冷各区的对流传热系数通常在 $50 \sim 1000\mathrm{W/(m^2 \cdot ℃)}$ 范围内，本书确定 h_{i1} 和 h_{i2} 初始值为 $1\mathrm{W/(m^2 \cdot ℃)}$ 和 $1500\mathrm{W/(m^2 \cdot ℃)}$。收敛准则确定为：当连铸凝固传热模型求解得到二冷区温度与目标温度之差的绝对值小于或等于 0.01℃ 时，即 $|T_{cal} - T_{aim}| \leqslant 0.01℃$，迭代停止。

　　图 2-55 为根据上述基于铸坯表面实测温度的二分法反算模型所确定某钢厂含铌高强板坯连铸过程宽面各区的换热系数。从图中可以看出，从二冷 1 区至 11 区，铸坯宽面的传热系数由 $831.0\mathrm{W/(m^2 \cdot ℃)}$ 降至 $214.7\mathrm{W/(m^2 \cdot ℃)}$，且在前期下降较快，后期下降趋势变得缓慢。基于该铸坯表面传热系数计算结果，模型计算过程将动态施加对应二冷各区的铸坯表面换热系数。

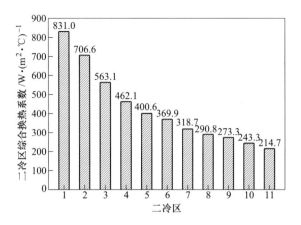

图 2-55 某钢厂含铌高强钢板坯二冷各区换热系数

铸坯各对称面的传热边界条件为：

$$q = -\lambda \frac{\partial \tau}{\partial x} = 0 \tag{2-99}$$

铸坯在铸流内的力学边界条件如下：

（1）宽面对称面位移约束：

$$\delta_y = 0 \tag{2-100}$$

（2）两端横截面对称面位移约束：

$$\delta_z = 0 \tag{2-101}$$

（3）铸坯表面与结晶器铜板热面间的力学边界见 2.3.1.3 节。铸坯表面与扇形段铸辊间的接触面采用刚-柔接触分析算法计算，接触体定义如图 2-52（b）所示。连铸坯凝固末端轻压下工艺实施段为扇形段 8 段和 9 段，压下量共计 6mm，均匀分配于 2 个扇形段。

2.4.2 铸坯二冷凝固传热行为

图 2-56 为采用上述铸坯二冷凝固热/力耦合有限元模型计算某钢厂连铸生产某含铌高强钢过程所得的铸坯在二冷各区内的三维温度场分布。从图 2-56（a）中可以看出，由于铸坯在结晶器内的传热速度较快，其沿拉坯方向的温度梯度较大。同时，由于铸坯角部为二维传热，其温度下降最快，铸坯出结晶器后的角部温度约为 970℃。当铸坯下移至二冷二区时，由于在该冷却过程中，铸坯宽面与窄面均受到足辊区较强喷淋冷却作用，铸坯表面快速降温，如图 2-56（b）所示。而当铸坯下移至出二冷三区时，由于铸坯窄面缺少喷淋水冷却作用，其表面快速回温。而对于宽面，由于其二冷水量仍保持较大，铸坯内外弧表面的温度继续保持下降，但逐渐呈均匀化分布，直至

铸坯出二冷四区，如图 2-56（c）和（d）所示。当铸坯下行至二冷五区出口后，虽然二冷水量大幅减少，但由于铸坯角部凝固厚度已较厚，由液芯传至角部的热量无法补偿由铸坯宽面喷淋及辊接触、窄面辐射传热带走的热量，铸坯角部仍持续降温，直至铸坯出连铸机，如图 2-56（e）~（j）所示。铸坯凝固终点位置约为弯月面下 21.6m 处。

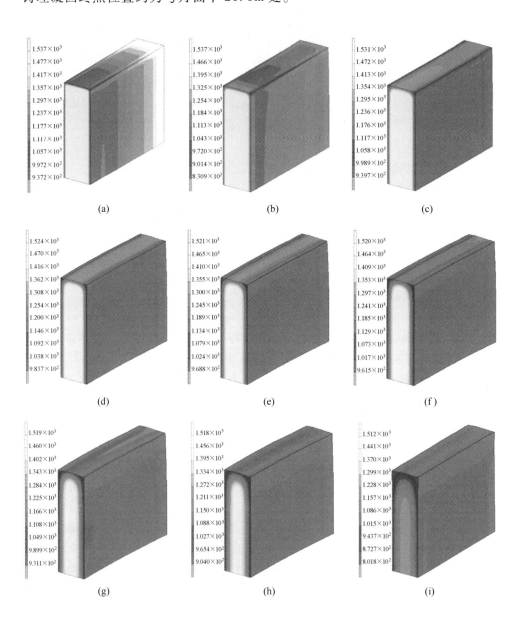

(a)　　　　　　　　　　(b)　　　　　　　　　　(c)

(d)　　　　　　　　　　(e)　　　　　　　　　　(f)

(g)　　　　　　　　　　(h)　　　　　　　　　　(i)

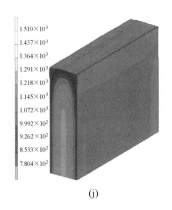

(j)

图 2-56 铸坯在二冷各区凝固过程三维温度场

（a）出结晶器；（b）出二冷 2 区；（c）出二冷 3 区；（d）出二冷 4 区；（e）出二冷 5 区；
（f）出二冷 6 区；（g）出二冷 7 区；（h）出二冷 8 区；（i）出二冷 9 区；（j）出二冷 10 区

（扫描书前二维码看彩图）

图 2-57 给出了上述计算条件下，铸坯角部、宽面与窄面中心以及铸坯中心处的温度场演变。可以看出，相对于铸坯角部，宽面与窄面中心的表面温度整体较高，仅在结晶器与足辊区内较快速下降，而后由于铸坯窄面缺乏冷却水喷淋和宽面各冷却区冷却水量减少作用，铸坯宽面和窄面中心的表面温度快速回升。当铸坯进入弯曲区时，铸坯宽面和窄面中心的温度分别达 1120℃ 和 1250℃，此时的铸坯表层组织尚未析出微合金碳氮化物，且组织以奥氏体单相形式存在，铸坯表层组织的塑性较高。对铸坯进行弯曲过程，其外弧虽受拉伸力作用，但若辊缝精度满足要求，铸坯外弧宽面一般不会产生表面横裂纹缺陷。

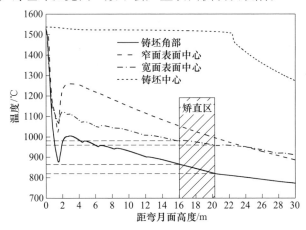

图 2-57 铸坯表面特征位置处的温度场演变

　　而当铸坯进入矫直区时，其宽面和窄面中心的温度分别降至了约 990~960℃和 1050~995℃。由 2.2.1.2 节典型铌含量下的微合金碳氮化物析出热力学行为可知，该温度下的铸坯表层组织晶界的 Nb(C,N) 析出量已超过 60%，并即将进入其碳氮化物析出的"鼻子点"温度。即意味着铸坯表层组织晶界的 Nb(C,N) 以一定程度析出。然而，该温度下的铸坯表层组织仍以单一的奥氏体组织形式存在，其组织的热塑性未显著降低，如图 2-58 某高强钢断面收缩率随温度的变化所示。因此，一般而言，国内外钢铁企业在连铸生产含 Nb、Al、B 等元素的微合金钢板坯过程，当铸流辊缝精度满足要求时，铸坯宽面和窄面矫直过程一般不会产生横裂纹缺陷。

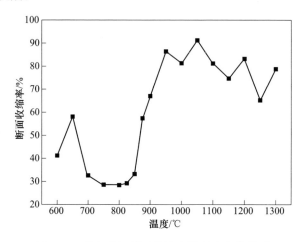

图 2-58　某高强钢断面收缩率随温度变化关系

　　对于铸坯角部，其在结晶器与二冷高温区（足辊与二冷二区）内的温度整体快速下降。当铸坯出结晶器窄面足辊区时，其角部温度降至了最低值，约为 870℃，而后由于铸坯窄面缺乏冷却水喷淋冷却和宽面冷却水量降低综合作用而出现较明显回温，并在后续的各冷却区内震荡降温至矫直区的 860~820℃，如图 2-57 所示。由图 2-59 中铸坯角部在结晶器及二冷高温区内的冷却速度演变可以看出，铸坯出结晶器后，其角部的冷却速度平均仅约 1.92℃/s。结合 2.2 节典型微合金碳氮化物的析出动力学可知，在该缓慢冷却速度条件下，铸坯角部组织晶界的 Nb(C,N) 将在结晶器中下部析出的基础上，进一步在二冷高温区内大量析出，并生长成呈链状形式的大尺寸 Nb(C,N)，致使进入矫直区的铸坯角部组织塑性显著降低。

　　与此同时，从图 2-57 可以看出，进入矫直区的铸坯角部温度仅为 860~820℃。该温度下的铸坯组织结构已从单一的奥氏体转变成奥氏体+晶界铁素体的低塑性两相结构，进一步降低了铸坯角部组织的塑性。铸坯在矫直过程，极易因

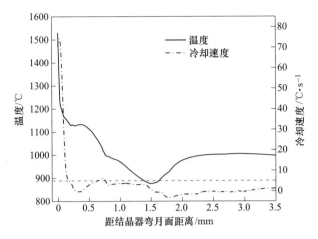

图 2-59 结晶器及二冷高温区铸坯角部温度与冷却速度演变

塑性不足而产生沿晶开裂,并扩展形成铸坯角部横裂纹缺陷。

2.4.3 铸坯二冷凝固过程力学行为

实际板坯连铸生产中,当连铸机的对弧与辊缝等设备精度满足要求时,铸坯凝固过程所受的最大力出现在连铸机的弯曲区、矫直区以及铸坯凝固末端压下等区域。其中,在连铸机弯曲区内,由于铸坯的冷却强度较大,铸坯弯曲过程除了受到较大的扇形段铸辊夹持与弯曲力作用,还承受着较大的热应力作用。而在矫直与凝固末端压下过程,铸坯冷却强度虽较小,其热应力相对不显著,但在该过程,由于凝固坯壳较厚且表面温度较低(特别是铸坯角部),铸坯承受了巨大的矫直与压下等机械应力作用。此外,在该 3 个关键位置的铸坯均发生较大的塑性变形,因此本书对铸坯在二冷铸流内的受力行为主要考察弯曲区、矫直区以及凝固末端压下区 3 个关键位置的铸坯应变与应力演变。

2.4.3.1 铸坯在弯曲区内的力学行为

图 2-60 为上述传热及铸流辊缝条件下某含铌高强钢连铸过程,铸坯在弯曲段内的热应变、塑性应变以及等效应力分布。从图 2-60(a)中可以看出,铸坯在弯曲区内,由于其角部在结晶器、足辊区,以及二冷二区内受宽面与窄面强二维强冷却作用,温度较低,由此引发铸坯的热应变主要集于角部区域。进入弯曲区后,由于铸坯窄面缺乏冷却水喷淋冷却,坯壳温度明显回升。而宽面坯壳受较强冷却水持续喷淋冷却作用,温度相较于窄面低,铸坯宽面的热应变值相对于窄面亦较大。

图 2-60(b)为铸坯弯曲过程的塑性应变分布图。由于铸坯角部温度较低,

抗变形能力较强，因而塑性变形并非集中在铸坯角部，而是主要集中在铸坯靠近窄面的凝固前沿和铸辊夹持下的铸坯宽面。该现象说明，若连铸机弯曲段的弯曲过渡区设计不合理或辊缝精度无法满足生产要求，铸坯极易产生内角裂纹、皮下裂纹等缺陷。等效塑性应变值较低的区域主要集中在未受扇形段铸辊夹持作用的铸坯宽面、距铸坯宽面角部 30mm 处的偏离角区域和铸坯窄面等处。

受上述热应变和塑性应变等综合作用，铸坯在弯曲等过程的等效应力如图 2-60（c）所示。铸坯弯曲过程的应力主要集中在铸坯角部，且外弧角部所受的应力最大。然而，根据上述铸坯角部温度演变，铸坯在弯曲区的角部温度已逐渐由 870℃回温至 950℃以上，铸坯角部组织的塑性较高（如图 2-58 所示）。因此，在正常生产条件下，铸坯外弧角部在连铸机弯曲段内产生角部横裂纹缺陷的风险较低。

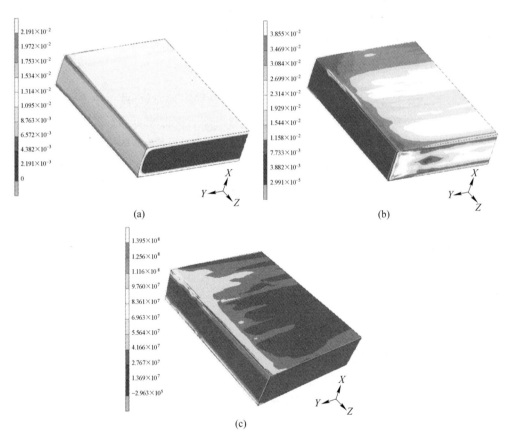

(a)

(b)

(c)

图 2-60　铸坯在弯曲段内的应力与应变场（单位：Pa）
（a）热应变；（b）塑性应变；（c）等效应力
（扫描书前二维码看彩图）

2.4.3.2 铸坯在矫直区内的力学行为

图 2-61 为上述传热与连续矫直条件下，某含铌高强钢铸坯矫直过程的三维塑性应变与等效应力场分布。在铸坯该矫直过程，其塑性应变主要发生在凝固前沿和角部区域。其中，受扇形段铸辊夹持和矫直力综合作用，铸坯内弧角部的等效塑性应变最大，如图 2-61（a）所示。受该变形等作用，铸坯的应力主要集中于内外弧的角部及其附近区域，并以内弧的应力分布最为集中。但应力的峰值出现在铸坯外弧角部，达到了约 175MPa。我们知道，铸坯在矫直过程内弧所受的力为拉应力。受上述微合金碳氮化物析出与组织结构转变影响，低塑性的铸坯角部组织在该矫直过程极易因大且集中的应力拉伸作用而沿晶开裂，并扩展成为角部横裂纹缺陷。而对于铸坯外弧，由于其所受到的力主要为压应力，即使应力峰值出现在外弧，其产生角部横裂纹的风险仍较低。

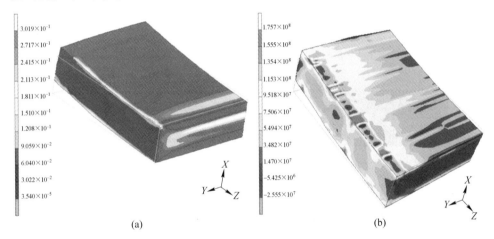

图 2-61　铸坯矫直过程的应力与应变演变（单位：Pa）

(a) 塑性应变；(b) 等效应力

（扫描书前二维码看彩图）

图 2-62 为上述矫直条件下，某含铌高强钢板坯矫直过程宽面中心线、宽向 1/4 处以及铸坯窄面沿拉坯方向的应变与应力云图。铸坯的塑性变形主要集中在凝固前沿和铸坯角部，而应力却主要集中在铸坯的内弧和外弧角部，并以铸辊夹持受力条件下的铸坯表面应力最大，如图 2-62（f）所示。

图 2-63 为铸坯在矫直区入口、矫直过程铸辊夹持与非夹持状态下、矫直区出口处的横截面等效应力分布。矫直入口处的铸坯外弧角部应力大于内弧角部，最大值达 164MPa。而矫直过程中，由于铸坯受铸辊夹持与矫直力作用下的接触反力综合作用，铸坯内弧角部的应力显著增加，但峰值仍出现在外弧角部，最大等效应力值约为 157MPa。而当铸坯脱离铸辊后，铸坯内弧和外弧角部的应力都

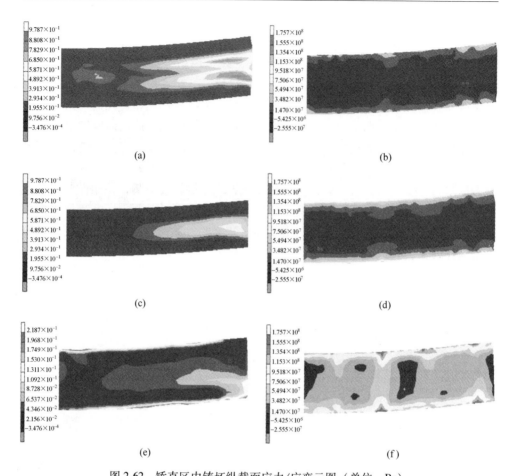

图 2-62　矫直区内铸坯纵截面应力/应变云图（单位：Pa）
（a）铸坯宽面中心线截面应变；（b）铸坯宽面中心线截面应力；（c）铸坯宽面横向 1/4 处截面应变；
（d）铸坯宽面横向 1/4 处截面应力；（e）铸坯窄面应变；（f）铸坯窄面应力
（扫描书前二维码看彩图）

得到一定程度的释放，但外弧角部的应力峰值仍达约 100MPa。当铸坯出矫直区后，由于铸坯内弧与外弧不再受矫直力作用（但仍受铸辊夹持作用），铸坯角部的应力进一步降低。从上述铸坯矫直过程的应力演变说明，微合金钢连铸板坯角部与铸辊接触矫直的瞬间产生组织沿晶开裂并扩展成为裂纹的风险最大，是造成铸坯角部裂纹的主要外部原因。

2.4.3.3　铸坯在压下过程的力学行为

某钢厂连铸生产某含铌高强钢板坯过程的压下位置为扇形段第 8 段和第 9 段，对应铸流为距结晶器弯月面 18.0~22.0m，总压下量为 6mm，平均分配于 2

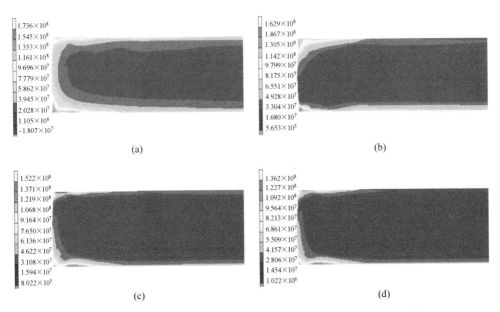

图 2-63 矫直区入口、矫直过程及矫直区出口铸坯横截面应力云图（单位：Pa）
(a) 矫直区入口横截面应力；(b) 矫直过程铸辊夹持下横截面应力；
(c) 矫直过程无铸辊夹持下横截面应力；(d) 矫直区出口横截面应力
（扫描书前二维码看彩图）

个压下扇形段。图 2-64 为实施该铸坯凝固末端轻压下过程铸坯内弧宽面中心、横向 1/4 以及铸坯角部沿厚度方向的位移变化。受到扇形段铸辊周期性压下作用，铸坯内弧表面沿厚度方向整体逐步下压。在该过程中，铸坯角部由于温度较低，其在铸流内沿厚度方向的收缩量相比宽面中部大。在相同的铸辊压下量作用下，铸坯角部相对宽面中心及 1/4 处的下压量均较小。而铸坯宽向 1/4 与宽面中心处受到铸辊压下作用，其沿厚度方向下压量变化较为同步。

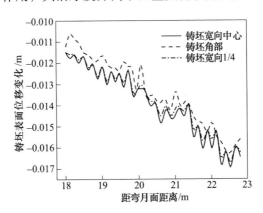

图 2-64 铸坯压下过程宽面节点沿厚度方向的位移变化

图 2-65 为实施上述凝固末端轻压下作用下的铸坯内弧表面典型位置应力变化。在铸坯压下过程中，其内弧宽面中心和宽向 1/4 位置的表面应力变化趋势相同，且应力大小相近，总体表现为伴随铸辊压下接触与分离而呈周期性波动。而对于铸坯角部，由于其在压下过程的温度较低，变形抗力显著增加，最大值达到了约 180MPa，而当铸坯脱离铸辊时应力释放，整体呈现波峰与波谷周期性大幅波动。

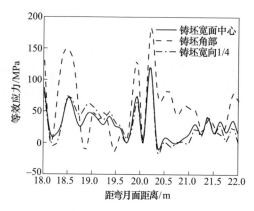

图 2-65　压下过程铸坯内弧表面应力变化

图 2-66 为扇形 8 段第 6 根辊压下与辊脱离时铸坯横断面应力及塑性应变分布。在扇形段铸辊压下过程，铸坯内弧侧凝固前沿的塑性应变最大，同时由于铸坯在该过程产生横向延展变形，铸坯凝固前沿受到横向拉伸力作用，因此易产生内部裂纹缺陷。而当铸坯脱离辊压下作用时，铸坯表面虽然已脱离压下辊，但受其前后两铸辊压下作用，仍对铸坯内弧侧凝固前沿产生继续压下作用，因此铸坯内弧侧凝固前沿仍保持塑性变形，但塑性变形量明显低于压下辊作用时的塑性应变量，如图 2-66（b）所示。

由于铸坯角部温度较低，其在压下过程变形抗力较大的缘故，铸坯在压下过程的应力分布显著区别于塑性变形行为。铸坯在辊压下与辊脱离过程，应力主要集中在铸坯角部及其附近区域，且内弧角部的应力总体大于外弧角部。同时，由于实施铸坯压下过程，辊/坯接触并传递压下量时，对铸坯角部不仅产生沿拉坯方向的拉伸应力作用，而且铸坯亦沿拉坯方向发生一定程度的延展变形，同样对铸坯角部产生的是拉应力作用。由图 2-57 可知，在该压下过程中，铸坯角部温度约为 810～845℃，含铌碳氮化物已基本析出完成，且奥氏体晶界已充分生成先共析铁素体膜，铸坯角部组织处于低塑性区。此时进行铸坯凝固末端较大压下，特别是压下区间与矫直区出现重叠时，则极易产生铸坯内弧角部横裂纹缺陷。

图 2-67 为某钢厂在扇形段 8 段（矫直段）与 9 段实施 8 段集中压下、9 段持续保压以减轻铸坯内部偏析的压下工艺时，微合金钢板坯的角部裂纹发生率均在

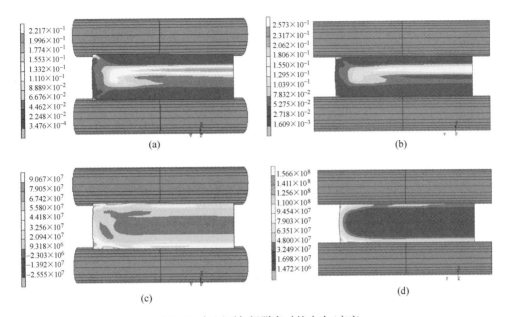

图 2-66 辊压下与辊脱离时的应力/应变

（a）辊压下时等效塑性应变；（b）辊脱离时等效塑性应变；

（c）辊压下时等效应力；（d）辊脱离时等效应力

（扫描书前二维码看彩图）

3.2%以上。而通过均分末端压下量至 2 个扇形段并适当提高拉速以避开矫直区实施压下，微合金钢连铸坯的角部裂纹率平均下降至 2.0%以下。因此，对于微合金钢连铸生产而言，铸坯实施凝固末端压下工艺应尽可能均匀分配压下量，且避免压下区间与矫直区重叠，以降低铸坯内弧角部裂纹发生率。

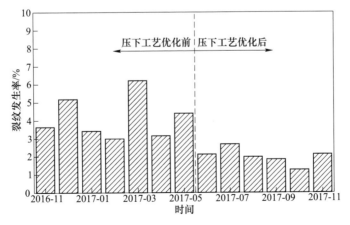

图 2-67 某钢厂铸坯凝固末端压下工艺优化前后微合金钢铸坯角部裂纹发生率变化

2.5　角部高效传热曲面结晶器结构及其应用

根据微合金钢连铸坯角横裂纹产生机理,细化铸坯角部凝固过程的奥氏体晶粒尺寸,并弥散化其微合金碳氮化物析出,以整体提高铸坯角部组织的高温塑性,是根治铸坯角部横裂纹产生的关键。其中,铸坯角部奥氏体组织的晶粒尺寸受限于钢种的凝固特性及其在结晶器内的凝固传热状态。对于含 Ti、Nb、B、Al 等具有较高析出温度的碳氮化物而言,根据 2.2 节典型微合金碳氮化物析出热力学与动力学行为和 2.3 节传统常规板坯结晶器内的铸坯角部温度演变可知,铸坯角部组织碳氮化物的高温端析出区位于结晶器的中下部。加速结晶器中下部铸坯角部的冷却速度,使其全程冷却速率达 5℃/s 以上,是弥散化高温端碳氮化物析出并细化原奥氏体晶粒的关键。

然而,由 2.3 节传统常规板坯结晶器内坯壳凝固热/力学行为计算结果可知,结晶器中下部的角部及其附近区域因铜板无法高效补偿坯壳凝固收缩,致使凝固坯壳角部及其附近区域集中分布厚气隙和保护渣膜,是严重阻碍铸坯角部高效传热的关键。因而,开发可高效补偿坯壳凝固收缩的结晶器内腔结构,确保铸坯在凝固全程与铜板贴合,均匀并显著减小凝固坯壳角部及其附近区域的气隙与保护渣膜分布,是加速结晶器角部传热速度的根本。为此,根据该铸坯凝固控制思想,本书提出了一种角部高效传热新型曲面结晶器。

2.5.1　角部高效曲面结晶器设计

由 2.3 节传统板坯结晶器内坯壳凝固热/力学行为计算结果可知,铸坯在结晶器内凝固过程沿宽面方向的收缩量大,且沿结晶器从上而下并非均匀变化,整体表现为在结晶器中上部的凝固收缩快,中下部收缩缓慢的特点。受此影响,传统窄面直线型结晶器铜板无法补偿凝固坯壳的实时收缩与变形,造成了铸坯窄面角部及其附近区域产生较大尺寸的间隙。与此同时,窄面缺乏铜板支撑的坯壳在钢水静压力作用下,窄面坯壳逐渐形成“鼓肚”状。当铸坯继续下行时,由于凝固收缩减缓,铸坯窄面与铜板产生挤压作用,引发整体较硬的凝固坯壳角部向铸坯窄面中心方向扭转,加剧了结晶器中下部铸坯宽面角部及其附近区域的间隙形成。为此,本书根据凝固坯壳在结晶器内收缩与变形特点,研制形成了上部快补偿、中下部缓补偿、高效迎合坯壳收缩与变形的窄面铜板曲面内腔补偿结构结晶器,如图 2-68 所示。由于该结晶器可有效提升铸坯角部区域的传热水平,我们称之为角部高效传热曲面结晶器。

根据铸坯窄面不同部位的坯壳在结晶器内不同高度下沿宽面中心方向的收缩(坯壳窄面角部与中部区域在结晶器中上部的收缩量大,下部的收缩量小,且角部的收缩量整体比中部区域大)和现场实际板坯连铸生产过程结晶器窄面铜板

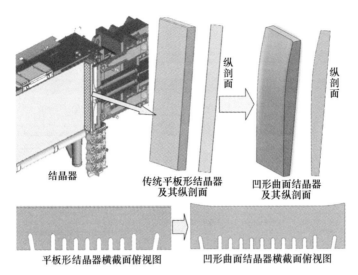

图 2-68 本书曲面结晶器与传统平板形窄面结晶器整体、纵剖以及俯视示意图
（扫描书前二维码看彩图）

下口的磨损特点（现场实际连铸生产时，结晶器下口处的窄面铜板边部磨损均较严重，如图 2-69 所示），将结晶器的窄面铜板沿其横向划分为了由中部和 2 个边部构成的 3 个分区，且中部和边部区域沿结晶器高度方向均设计为迎合坯壳凝固收特点的上部快补偿、中下部缓补偿的曲面结构，分别对应补偿铸坯窄面中部区域和角部区域向其宽面中心方向的凝固收缩。

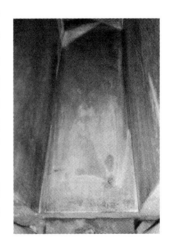

图 2-69 某钢厂板坯结晶器
窄面铜板下口磨损形貌

其中，铜板横向中部区域自上而下的补偿曲线由 2.3.2 节凝固铸坯动态收缩值给出，见图 2-40。而铜板边部区域（即对应补偿坯壳窄面角部区域）自上而下按照先多补偿后少补偿设计原则设置其补偿曲线。铜板边部区域至中部区域采用沿边部最大补偿量逐渐递减至中部区域补偿量的方式过渡，使铜板的内表面横向整体呈微凹型结构，如图 2-68 俯视图示意所示。根据所生产铸坯断面厚度，通常设计铜板中部和边部区域的分界线为距离窄面铜板边部 30~45mm 处。

具体以国内某钢厂为例，角部高效传热结晶器窄面铜板的主体结构如图 2-70 所示。在该铜板内表面的横向上，以距离边部 35mm 为界，将铜板划分成中部和边部区域 3 部分。在沿结晶器高度方向上，将铜板从上口至下口方向划分成 45

份，每份高度为 20mm，并为每个高度的铜板边部和中部区域赋予曲面补偿值。铜板加工制造过程根据不同高度处的边部与中部区域铜板补偿值，自上至下和自边部到中部区域采用数控机床加工制作为曲面结构。

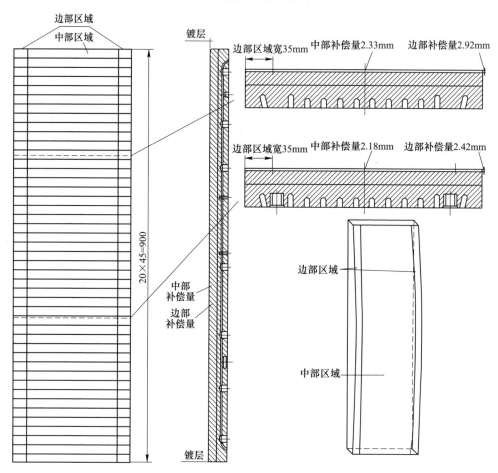

图 2-70 曲面结晶器铜板内表面加工划分及其不同高度下的铜板横截面结构

2.5.2 曲面结晶器内凝固坯壳热/力学行为分析

2.5.2.1 坯壳角部变形行为

图 2-71 为 2.3 节所示成分的某高强钢在新曲面结晶器内凝固过程弯月面下不同高度处的凝固坯壳变形形貌。与原传统窄面平板型连铸结晶器相比，新曲面结晶器在铸坯凝固全程均对铸坯窄面侧的补偿较充分。特别是在结晶器的中上部，窄面铜板与坯壳紧贴。仅当铸坯凝固至结晶器下口时，铸坯窄面角部和偏离角区出现轻微间隙，从而防止结晶器窄面铜板下口过度磨损。

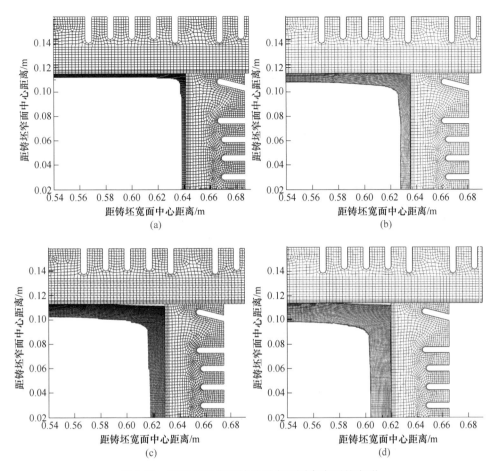

图 2-71 铸坯在新曲面结晶器内不同高度下的变形

(a) 弯月面下 100mm；(b) 弯月面下 300mm；(c) 弯月面下 500mm；(d) 结晶器出口

与此同时，由于铸坯在凝固过程的窄面均得到了铜板较好的收缩补偿作用，限制了铸坯角部向其窄面中心方向扭转，铸坯宽面角部的凝固收缩间隙较传统窄面直线型结晶器显著减小。铸坯凝固过程宽面与窄面角部沿结晶器高度方向的收缩间隙演变如图 2-72 所示。可以看出，铸坯宽面和窄面角部与对应面铜板间的间隙均较小，从而有效抑制了保护渣膜与气隙在结晶器角部及其附近区域集中分布，实现铸坯角部高效传热。

2.5.2.2 凝固坯壳角部气隙分布

图 2-73 为新型曲面结晶器下微合金钢板坯生产过程结晶器内宽、窄面角部气隙分布。可以看出，在新型曲面结构结晶器下，坯壳宽面角部的气隙显著减小，厚度最大值较传统直线型窄面铜板情况下降 65%，且气隙的分布趋势也发生

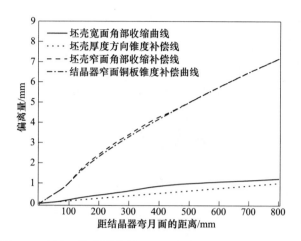

图 2-72　新曲面结晶器下铸坯宽面与窄面角部凝固收缩分布

了较大改变，沿结晶器弯月面至其出口方向的气隙整体呈先增加后减少趋势分布，最大值出现在弯月面下 450mm。同时可以看出，坯壳窄面角部的气隙基本消除，因而坯壳角部的传热效率将大幅提高。

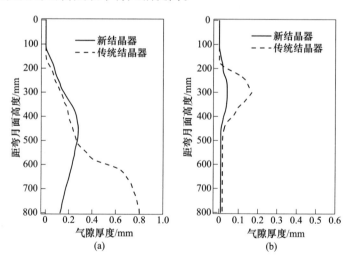

图 2-73　不同结晶器下凝固坯壳角部附近区域气隙厚度分布
（a）宽面；（b）窄面

2.5.2.3　凝固坯壳角部保护渣膜分布

图 2-74 为新型曲面结晶器条件下不同高度处的保护渣厚度分布。可以看出，使用该新型曲面结晶器连铸生产某高强钢，坯壳宽面与窄面角部保护渣厚度均大幅度减小，对应的保护渣厚度最大值也分别降为传统直线型窄面结晶器下保护渣

膜厚度最大值的46.5%和24.4%。此外，保护渣膜沿结晶器周向的分布也较为均匀，角部附近集中分布的区域大幅缩小，进一步改善了坯壳角部的传热条件，为铸坯角部快速传热提供了条件。

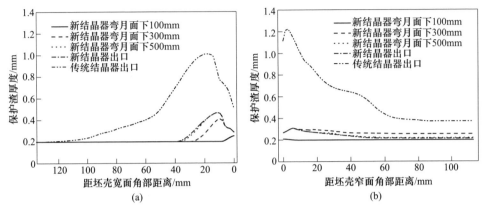

图2-74 不同结晶器下凝固坯壳角部附近区域保护渣分布

（a）宽面；（b）窄面

2.5.2.4 坯壳/结晶器界面热流分布

图2-75为采用上述新型曲面结晶器连铸某高强钢过程，铸坯宽面与窄面的中心及偏离角、铸坯角部位置的坯壳/结晶器界面热流分布。新曲面结晶器内的坯壳/结晶器界面热流密度沿结晶器高度方向的分布整体与传统结晶器相类似，由弯月面到结晶器出口均呈逐渐减小趋势分布。然而，与传统窄面直线型结晶器

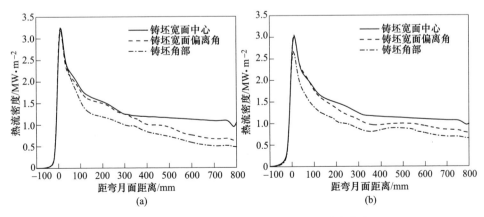

图2-75 新曲面结晶器内铸坯/铜板界面热流分布

（a）宽面；（b）窄面

相比，新结晶器下的坯壳窄面侧的界面热流分布更加均匀，且结晶器中下部的铸坯窄面中心与偏离角处的界面热流均较明显上升。特别是铸坯角部，其在结晶器中下部的热流提升约 1 倍，因而大幅加速了铸坯角部传热，并且有效抑制了传统结晶器连铸板坯过程出现角部返温的难题，可防止铸坯角部奥氏体组织粗化长大和抑制高温区大尺寸碳氮化物沿奥氏体晶界析出。

2.5.2.5　凝固坯壳表面温度分布

图 2-76 为新型曲面结晶器条件下连铸生产某高强钢板坯过程，凝固坯壳在结晶器不同高度下表面温度横向分布。可以看出，新曲面结晶器条件下，由于凝固坯壳角部的传热速度显著加快，铸坯出结晶器时的角部表面温度降至近800℃，实现了铸坯角部快速冷却。此外，从图中亦可看出，采用新结晶器后，由于消除了气隙和保护渣膜在铸坯宽面及窄面偏离角区域的集中分布现象，铸坯宽面及窄面偏离角区域的"热点"现象亦消失，其有利于连铸坯偏离角区域坯壳表层组织的高塑化凝固，以及防止厚板坯偏离角区纵向凹陷缺陷产生。

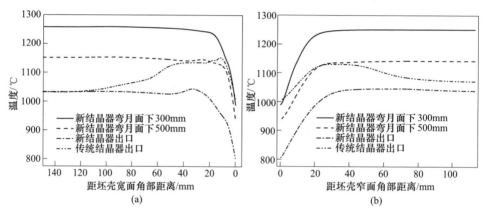

图 2-76　新曲面结晶器下凝固坯壳角部附近区域的表面温度分布
（a）宽面；（b）窄面

图 2-77 为传统结晶器与新型曲面结晶器下铸坯角部温度与冷却速度沿结晶器高度方向的演变。可以看出，新曲面结晶器冷却条件下，凝固坯壳角部在 TiN 与 Nb(C,N) 或 BN 等碳氮化物开始析出温度之间的温度区内，冷却速度可超过60℃/s，Nb(C,N) 或 BN 等碳氮化物开始析出温度位置（弯月面下 150mm）至结晶器出口区间内的铸坯角部冷却速度全程达到了 10℃/s 以上，远超过微合金钢铸坯组织碳氮化物弥散化析出的最低冷却速度 5℃/s 要求，因而理论上可很好地实现铸坯角部组织晶内与晶界微合金碳氮化物弥散析出和铸坯角部凝固生成的原奥氏体晶粒细化。

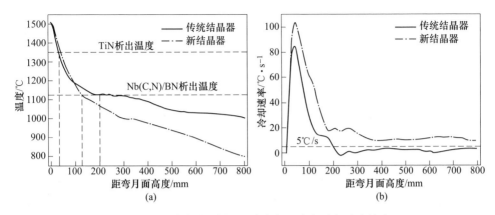

图 2-77 不同结晶器凝固坯壳角部温度与冷却速度演变

（a）坯壳角部温度；（b）坯壳角部冷却速度

2.5.3 曲面结晶器应用及其效果分析

结晶器角部冷却速度提高，其直观效果为微合金碳氮化物析出分布和晶粒尺寸变化。图 2-78 为采用传统窄面直线型结晶器和上述新型曲面结晶器连铸生产上述高强钢（含 Nb、Ti 合金元素）过程中铸坯角部皮下 5mm 处的析出物形貌。采用传统窄面直线型结晶器连铸生产过程，由于结晶器角部及其附近区域易形成厚气隙与厚保护渣膜集中分布的现象，严重阻碍了铸坯角部高效传热，致使碳氮化物在奥氏体晶界呈链状、大尺寸集中析出。析出物的平均尺寸达到了 87.6nm，如图 2-76（a）所示。而采用新型曲面结晶器，其窄面在铸坯凝固全程与坯壳贴合高效传热，显著提升铸坯角部的冷却速度至大于 5℃/s，从而显著细化微合金

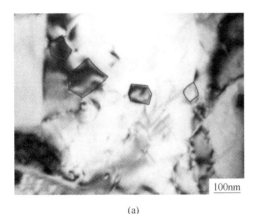
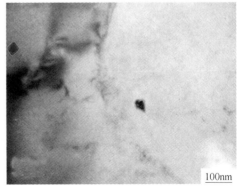

图 2-78 微合金碳氮化物析出形貌

（a）传统窄面直线型结晶器；（b）新曲面结晶器

碳氮化物的析出尺寸，铸坯角部皮下 5mm 处的析出物尺寸仅约为 38.7nm，且分布较分散，如图 2-77（b）所示，将显著提升铸坯角部组织的塑性。

从组织晶粒细化角度看，图 2-79 和图 2-80 分别为采用传统窄面直线型结晶器和新型曲面结晶器连铸生产上述某高强钢过程（对比试样的生产条件只有结晶器发生改变，其他连铸工艺均相同），铸坯角部组织皮下 3mm 和 5mm 处的室温铸态组织金相。其中，右图为左图金相组织的晶界勾勒图。采用传统窄面直线型结晶器连铸该高强钢，由于铸坯角部在结晶器中下部出现动态返温或缓慢传热，由奥氏体转变成的铁素体晶粒也相对较大，铸坯角部皮下 3mm 处的平均铁素体晶粒尺寸为 73.7μm。而采用新型曲面结晶器连铸生产该高强钢，在其他生产工艺相同条件下，铸坯角部相同位置处的铁素体晶粒平均尺寸仅为 35.5μm，晶粒的平均尺寸减少了 51.9%，细化程度达 1 倍以上。同样，对于铸坯角部皮下 5mm处的铁素体晶粒，其尺寸亦由传统窄面直线型结晶器下的 75.1μm 细化至新型曲面结晶器下的 37.0μm，细化程度亦达 50.7%，细化程度同样达 1 倍以上。

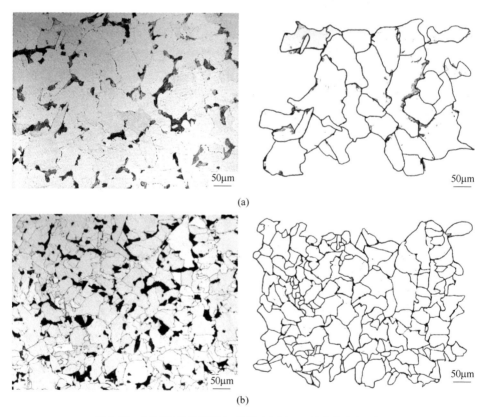

图 2-79　不同结晶器下铸坯角部皮下 3mm 处金相组织对比
（a）传统平板结晶器；（b）角部高效传热曲面结晶器

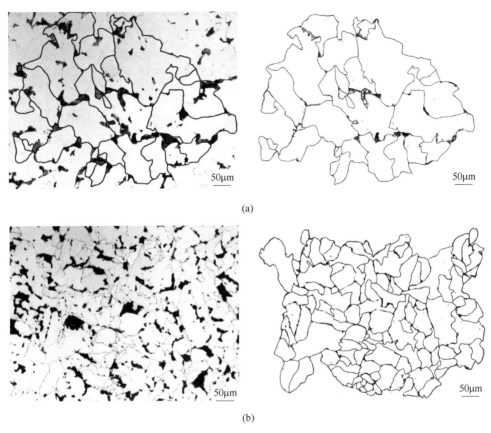

图 2-80 不同结晶器下铸坯角部皮下 5mm 处金相组织对比
(a) 传统平板结晶器；(b) 角部高效传热曲面结晶器

2.6 铸坯角部组织晶粒超细化控冷技术及其应用

本书上文提到，铸坯表层奥氏体晶粒尺寸大小是决定其产生裂纹与否的关键指标之一。若微合金钢铸坯角部凝固过程能够生成细小的奥氏体晶粒，一方面细小的凝固组织将显著增加钢的高温热塑性；另一方面，细小奥氏体晶粒的晶界原子排列可加剧其位错等结构的复杂性，当裂纹穿过晶界到达另一个晶粒时，细小的晶粒结构可以很好地阻碍裂纹的扩展，从而显著降低连铸坯角部裂纹的敏感性。与此同时，若要细化铸坯角部组织晶粒，在其高温凝固过程需伴有组织强冷却行为，亦可弥散化微合金碳氮化物在组织晶内与晶界的析出，进一步强化铸坯角部组织晶界，从而生成高抗裂纹能力的铸坯角部组织。为此，研究与开发铸坯角部组织晶粒细化控制工艺与装备技术是控制微合金钢连铸坯角部裂纹产生的另一关键措施。

然而，当前常规与宽厚板坯连铸工艺条件下，受限于其实际连铸过程铸坯缺乏大变形压下过程的动态再结晶行为,铸坯表层组织晶粒细化目前主要依靠晶粒初凝细化(或防止后续高温粗化)和相变晶粒重组细化手段实现。目前,在钢组织初凝晶粒细化研究中,主要集中于初凝冷却速度及添加微合金成分等方面。其中,快冷凝固过冷细化钢初凝组织晶粒机制等研究已较为系统[73~75]。实践也已证明大幅提高钢的凝固过冷度可较有效实现铸坯表层初凝奥氏体组织晶粒细化。然而,受限于铸坯角部在结晶器内复杂动态热/力学行为,铸坯角部即使在上述新型曲面结晶器角部高效传热条件下,铸坯角部组织的晶粒细化幅度亦相对有限,特别是组织晶粒细化的深度仅集中在距铸坯角部表面约 0~8mm。

而在针对添加微合金元素对钢组织晶粒细化(或防止后续高温粗化)的研究方面,主要集中于钢组织完全凝固后二相粒子析出行为对防止铸态组织高温粗化行为[76,77]、轧制及热处理过程组织调控等环节[78,79]。在相变晶粒细化研究方面,Grange 等[80]于 1966 年率先利用循环快速加热—冷却相变法在实验室条件下首次实现了铸态钢组织晶粒细化;Sagaradze[81]基于该控制思路,试验制备了超细化晶粒钢组织;Lee 等[82]同样利用该思想在亚共析钢热处理过程对加热至奥氏体化的钢组织进行上述相变温度控制,实现了其表层组织细化。国内学者亦对该循环相变晶粒细化行为进行了深入研究。然而,此前除了日本鹿岛钢铁等企业报道过相关技术应用,国内尚未形成稳定应用的工艺与装备技术。

本节将通过检测分析典型微合金钢铸坯的高温铸态组织相变行为,研究微合金钢铸态组织晶粒超细化控冷的温度及冷却速度等条件。在此基础上,结合常规与宽厚板坯高温凝固过程的角部温度场演变规律,开发并实施基于铸坯二冷高温区晶粒超细化控冷新工艺与装备技术。

2.6.1　钢组织循环相变关键控冷参数确定

组织晶粒尺寸大小和高温断面收缩率变化均是衡量钢高温热塑性的重要指标。在实际应用中,以断面收缩率变化曲线检测最为常用。在实际检测过程中,钢组织的高温断面收缩率随控冷工艺的变化而改变。具体针对当前典型成分微合金钢组织高温 $\gamma \rightarrow \alpha \rightarrow \gamma$ 循环相变晶粒超细化控冷,检测表明,冷却速度和回温速度越高,钢组织晶粒细化效果越佳。然而,在实际连铸生产过程,铸坯在高温区的冷却与回温速度无法做到理想最大化。同时,过大的冷却速度与回温速度亦加剧铸坯因过大热应力而产生裂纹的风险。因此,在实际实施基于钢组织高温循环相变的晶粒细化控冷技术时,应在满足组织晶粒细化效果并显著提升其高温塑性的基础上,结合连铸生产实际,尽可能采用较低的冷却速度和回温速度控冷参数。

为此,我们在本书中称该冷却与回温速度控冷参数为晶粒超细化临界控冷工艺。为了确定该临界控冷工艺,采用 Gleeble 热模拟与断口扫描相结合的手段,分别检测了冷却速度为 3.0℃/s、5.0℃/s、7.5℃/s、10.0℃/s、12.5℃/s、

15.0℃/s、20.0℃/s，回温速度为 1.0℃/s、2.0℃/s、3.0℃/s、4.0℃/s、5.0℃/s、6.0℃/s、7.0℃/s、10.0℃/s 组合条件下的高温拉伸检测，控温曲线图如图 2-81（a）所示。从而确定了上述典型含铌高强钢成分下的晶粒超细化临界控冷工艺为以冷却速度 7.5℃/s 降温至 620℃ 和以回温速度 5.0℃/s 由 620℃ 回温至 900℃ 以上的组合。

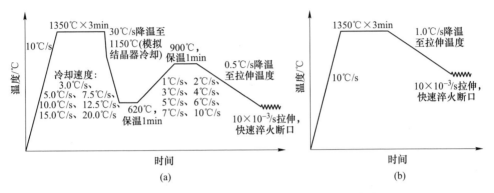

图 2-81　循环相变控冷和常规工艺高温热模拟曲线

（a）循环相变控冷工艺；（b）传统常规控冷工艺

　　图 2-82 为循环相变临界控冷工艺与传统冷却工艺下的高温断面收缩率随温度的变化曲线。采用传统控冷工艺时，在 770~830℃ 范围内，出现一个断面收缩率低于 40% 的脆性区（一般将 4% 断面收缩率认定为产生裂纹产生与否的临界）。而采用循环相变临界控冷工艺时，在 775~850℃ 温度区间内，除了仅在 825℃ 前后该值出现略微下降外，钢组织的高温断面收缩大幅提高，最低值亦达到 72.4%，显著提高了铸坯过矫直等抗裂纹产生的能力。不同拉伸工艺下 775~900℃ 温度区的试样拉伸断口形貌如图 2-83 所示。

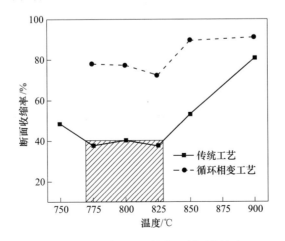

图 2-82　不同工艺下的高温断面收缩率

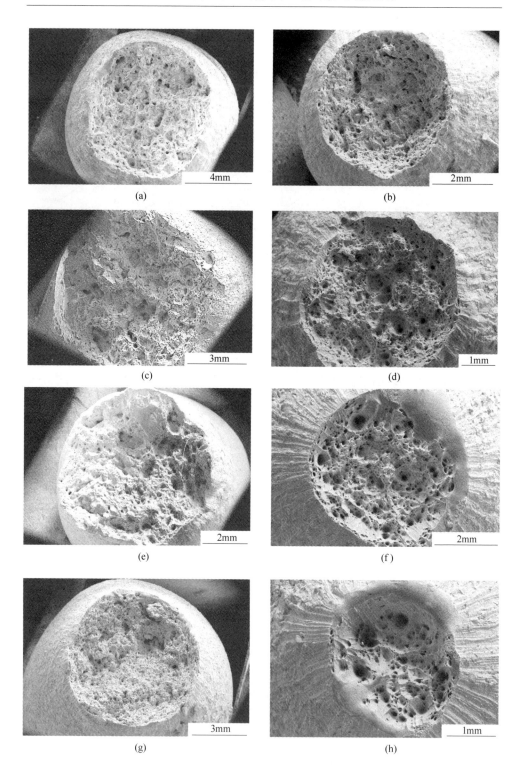

(a)

(b)

(c)

(d)

(e)

(f)

(g)

(h)

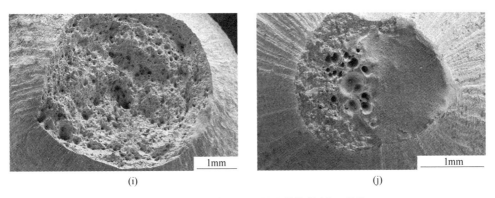

(i)   (j)

图 2-83 不同控冷工艺下的试样拉伸断口形貌

（a）传统工艺 775℃；（b）循环相变工艺 775℃；（c）传统工艺 800℃；（d）循环相变工艺 800℃；

（e）传统工艺 825℃；（f）循环相变工艺 825℃；（g）传统工艺 850℃；（h）循环相变工艺 850℃；

（i）传统工艺 900℃；（j）循环相变工艺 900℃

图 2-84 为上述热模拟过程高温钢组织的结构演变示意图与实物图。可以看出，若能使高温微合金钢组织以不小于 7.5℃/s 的冷却速度降温至完全铁素体化温度，而后再以不小于 5.0℃/s 的回温速度使钢组织回温至完全奥氏体化温度，可使得高温铸态奥氏体晶粒尺寸细化约至原奥氏体晶粒的 1/8 水平。根据上述钢的高温热塑性曲线和金相检测结果，确定典型含铌高强钢的循环相变临界控冷条件为：以 7.5℃/s 的冷却速度快冷至 620℃，而后以 5.0℃/s 的快回温速度至 900℃以上，从而实现钢组织晶粒超细化控制。此外，通过多个含 Al、V 等微合金成分的钢种，其循环相变临界控冷条件均集中在：以 7.0~8.0℃/s 的冷却速

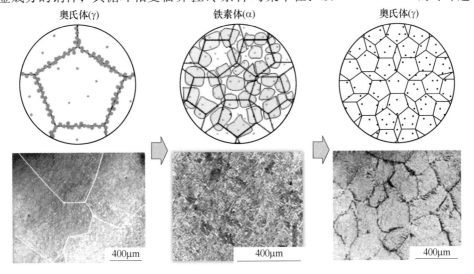

图 2-84 高温循环相变过程钢组织演变示意图及实物图

度快冷至 600~620℃，而后以 3.5~5.0℃/s 的回温速度至 900℃ 以上。为此，在实际连铸生产过程实施铸坯二冷高温区角部组织循环相变晶粒超细化控冷工艺过程，均统一设置铸坯角部的冷却条件为以 8.0℃/s 以上的冷却速度快冷至 600℃，而后以 5℃/s 以上的冷却速度回温至 900℃ 以上。

2.6.2 连铸机窄面足辊超强控冷结构开发

由上述检测结果可知，要实现铸坯角部组织晶粒在连铸机二冷高温区内快速循环相变而超细化控制，需确保铸坯角部组织在连铸机的高温区内快速冷却完成铁素体化转变，随后再利用液相穴内传出的热量使铸坯角部快速回温至 900℃ 以上，使组织再次奥氏体化，从而完成循环相变而使铸坯角部组织晶粒历经两次相变重新形核与重组而实现大幅细化。根据 2.4 节铸坯角部在连铸机二冷铸流内的演变，实践表明，铸坯角部以 5.0℃/s 以上速度回温仅在连铸机足辊与立弯段内坯壳较薄的条件下才能实现。然而，该区域内的铸坯温度较高。在传统常规与宽厚板坯连铸机二冷控冷结构下，通过整体大幅增强宽面与窄面的足辊区、宽面二冷二区和三区的喷淋强度，以快速降低铸坯角部温度，一方面由于该冷却区较短且所增加的冷却水量对铸坯角部的作用相对有限，较难实现铸坯角部快速且大幅降温；另一方面，采用铸坯表面整体超强控冷工艺，宝钢与攀钢等实践表明，该工艺实施过程易产生铸坯表面纵裂纹缺陷。为此，实际实施铸坯二冷高温区角部组织循环相变控冷工艺，铸坯角部超强冷控是限制性环节。

为了保证铸坯角部在结晶器足辊与立弯段内快速冷却并充分回温，同时最大程度降低该高温区超强控冷对连铸坯后续二冷温度场、铸流辊缝收缩以及铸坯凝固末端压下工艺的影响，本书开发了如图 2-85 所示的基于结晶器窄面足辊横向 3

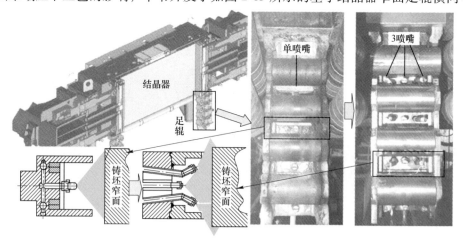

图 2-85　铸坯角部高温区强冷却喷淋结构

（扫描书前二维码看彩图）

喷嘴的铸坯高温区角部超强冷喷淋结构，并配备边部喷嘴独立供水回路。通过该铸坯角部超强喷淋结构，并协同铸坯在宽面足辊区、二冷二区和三区的冷却工艺设计，可便捷实现铸坯角部在出弯曲段前完成 γ→α→γ 循环相变，同时保证铸坯进入弧形段时的铸坯温度场、坯壳凝固生长与传统连铸工艺相当。

2.6.3 铸坯角部循环相变控冷的温度场控制

基于上述结晶器窄面足辊区铸坯角部强喷淋结构，利用 2.4 节所建立的铸坯二冷凝固传热有限元模型，模拟计算了铸坯在足辊与立弯段内 γ→α→γ 循环相变控冷条件下的二冷温度场。铸坯宽面与窄面中心、铸坯角部等温度场演变如图 2-86 所示。出结晶器后的铸坯角部在窄面足辊区内受到针对铸坯角部的新增喷嘴强制喷淋冷却作用下，其温度继续快速下降。当铸坯出结晶器窄面足辊区时，角部温度降至了约 600℃，平均冷却速度超过了 8.0℃/s，实现了铸坯角部组织快速铁素体化转变。而后，铸坯进入二冷三区，由于铸坯窄面及其角部缺乏喷淋冷却作用，且三区冷却强度相对传统二冷控冷工艺的配水强度亦有所降低，铸坯角部快速回温。当铸坯进入四区时，其角部回温至了最高点约 950℃，回温速度达到了平均约 8.5℃/s，组织再次奥氏体化，从而完成了 γ→α→γ 循环相变，实现铸坯角部组织晶粒的重组超细化控制。

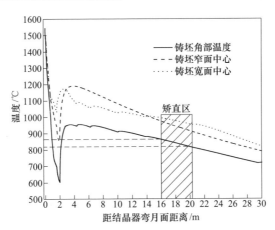

图 2-86　γ→α→γ 循环相变控冷条件下铸坯表面温度场演变

而在上述控冷条件下的铸坯宽面和窄面，铸坯出结晶器后，由于其宽面和窄面均受到相对传统二冷控冷工艺较强的喷淋冷却，铸坯宽面和窄面在足辊与二冷二区结束后的温度显著降低。具体而言，铸坯宽面出二冷二区后，温度降至了约1030℃，相比传统二冷控冷工艺下降了30℃以上。而对于铸坯窄面，受结晶器窄面足辊原中间列喷嘴强喷淋和针对铸坯窄面角部区域超强喷淋的共同作用，铸坯窄面中心的温度快速下降。当铸坯出窄面足辊区时，其温度降至约860℃，相比传统二冷控冷工艺下降了160℃。该铸坯窄面大幅冷却降温，将显著增加铸坯窄面的强度及坯壳生长，有助于防止常规与宽厚板坯窄面鼓肚产生。

同时，当铸坯出强冷区后，受二冷三区铸坯宽面相对缓冷却和窄面缺乏喷淋冷却作用，铸坯宽面的表面温度快速回温至约1175℃，相比传统二冷控冷工艺，铸坯宽面中心的表面温度升高约50℃。然而，当铸坯下行至弧形区入口时，上述铸坯角部组织循环相变控冷工艺下的铸坯宽面中心的表面温度仅比传统二冷控冷工艺高出约20℃，因而不会对弧形段的铸流辊缝收缩制度和铸坯凝固末端压下区间位置产生影响。而对于铸坯窄面，由于其受窄面足辊区强冷却作用，铸坯窄面回温最高点仅为1190℃，即相比传统二冷工艺下降了约70℃。当铸坯进入矫直区时，对铸坯受力行为影响较大的铸坯宽面与角部温度与传统二冷配水工艺下的对应温度基本相当，因而亦不会对铸坯矫直产生明显影响。

2.6.4 铸坯角部晶粒超细化控冷工艺实施与效果

将上述铸坯角部循环相变晶粒细化控冷工艺实施于现场实际连铸生产，并取样对应用前后的铸坯角部皮下不同位置处的铸态金相组织进行腐蚀和金相检测。新工艺与原工艺下的铸坯角部不同位置处的组织形貌对比分别如图2-87与图2-88所示。

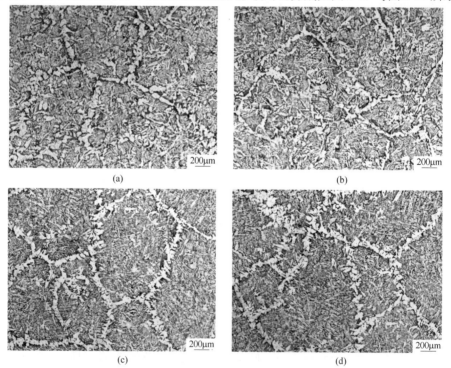

(a)   (b)

(c)   (d)

图 2-87　传统二冷工艺下某含铌钢铸坯角部组织晶粒形貌
（a）皮下 5mm；（b）皮下 10mm；（c）皮下 15mm；（d）皮下 20mm

其中，图 2-87 所示为采用传统二冷弱冷工艺连铸生产某含铌钢铸坯角部皮下 5mm、10mm、15mm 和 20mm 深度下的金相组织形貌。可以看出，采用传统二冷弱冷工艺连铸生产某含铌钢，其矫直区内铸坯角部皮下 0~20mm 内的组织主要呈原奥氏体晶界布有铁素体膜的结构，且随着距离铸坯表层厚度增加，原奥氏体晶粒尺寸逐渐增大，且铁素体膜宽度逐渐增加。根据微合金钢连铸坯角部裂纹产生机理，该"奥氏体+先共析铁素体膜"的组织结构，由于铁素体膜组织较软，铸坯弯曲和矫直应力极易在晶界铁素体膜上集中，致使铸坯角部组织产生沿晶开裂。与此同时，由于铸坯角部的原奥氏体组织晶粒异常粗大，其对防止晶界裂纹的扩展也十分不利。

图 2-88 所示为采用上述连铸机足辊与立弯段高温区内循环相变二冷控冷工艺生产某含铌高强钢铸坯角部皮下 0~20mm 范围内的金相组织形貌。由于铸坯角部组织在高温区受到快强冷却控制，其角部温度由近 1000℃ 快速下降至 600℃ 以下，较大的冷却速度一方面促使 Nb(C,N) 等二相粒子快速在原奥氏体晶界及晶

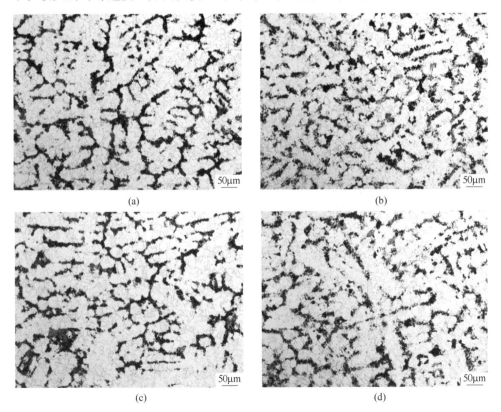

图 2-88 循环相变控冷工艺下某含铌钢铸坯角部组织晶粒形貌
(a) 皮下 5mm；(b) 皮下 10mm；(c) 皮下 15mm；(d) 皮下 20mm

内弥散析出，为组织铁素体化及回温阶段奥氏体化过程均提供了更为充足的形核条件；另一方面由于在该降温阶段，强冷却控制促使奥氏体晶内产生较高的 γ/α 转化率，在铸坯角部回温阶段，以上述过程形成的铁素体及 Nb(C,N) 为新形核的新奥氏体生成及生长提供了条件。受此作用，新生及原奥氏体中残余奥氏体在铸坯回温过程组织竞争生长，从而打破原奥氏体结构而实现晶粒重组与细化以及碳等元素的二次分配，呈现出如图 2-87 所示的"铁素体+珠光体"金相组织结构。与此同时，由于在强冷却控制阶段原奥氏体组织内产生较为弥散化的二相粒子，其为新奥氏体结构在后续降温铁素体化过程进一步提供形核条件，促成了最终铸态组织的超细化控制。

此外，从图 2-88 中可以看出，铸坯角部皮下 0~20mm 范围内的铁素体等组织晶粒均细小而均匀分布，且越靠近铸坯表层，由于相变速度及转变程度越高，铁素体等组织晶粒越细小，因此其组织塑性显著增加，满足矫直等过程变形塑性要求。同时，该细小均匀分布的晶粒结构也十分有利于防止晶间裂纹扩展，可有效防止连铸坯角部裂纹产生与扩展。

图 2-89 为上述某含铌高强钢铸坯角部皮下 3mm 和 7mm 处的微合金碳氮化物析出形貌。可以看出，析出物的尺寸十分细小，且分布较分散，达到了弥散化分布效果。其原因根据 2.2 节含铌微合金碳氮化物析出热力学与动力学可知，铸坯出结晶器后，角部（特别是远离角部的组织）仍处于析出温度区内，其组织在超强冷铁素体化过程，由于平均冷却强度达到了 8.0℃/s 以上，铸坯角部（特别是远离铸坯角部一定深度范围的组织）在上述角部高效传热曲面结晶器的基础上继续受到强冷却作用，使得铸坯角部在更大位置范围内的组织实现了碳氮化物全析出温度区高冷却速度控制，因而微合金碳氮化物析出尺寸更为细小、分布更为弥散，进一步提高了铸坯角部组织的高温塑性。

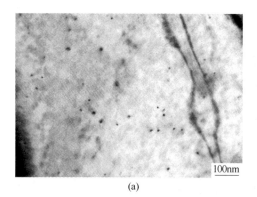 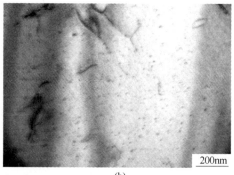

100nm

200nm

(a)　　　　　　　　　　　　　　　　(b)

图 2-89　循环相变控冷工艺下某含铌钢铸坯角部组织析出形貌

(a) 皮下 3mm；(b) 皮下 7mm

图 2-90 为某含铝钢（Q235B 加铝钢）铸坯角部皮下 3mm 和 7mm 深度处的金相组织形貌。传统连铸工艺下，铸坯角部组织存在明显的裂纹缺陷。铸坯角部组织主要以较为粗大的铁素体（平均 95μm 以上）与珠光体构成，但可明显看出其高温态下呈"奥氏体+铁素体膜"结构分布形式，且奥氏体的晶粒尺寸较粗大，最大可达 2mm 以上。受此影响，铸坯在高温态条件下的组织塑性较低，铸坯在矫直过程产生了如图中所示沿晶界扩展的裂纹缺陷。

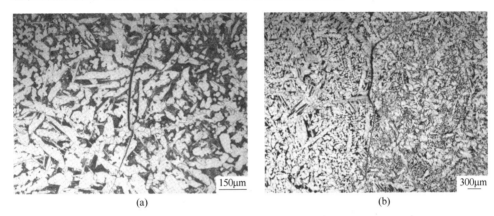

图 2-90 传统二冷工艺下铸坯角部皮下不同位置处的金相组织形貌
（a）角部皮下 3mm；（b）角部皮下 7mm

图 2-91 为采用循环相变晶粒超细化控冷工艺后，铸坯角部皮下 3mm、5mm、10mm、15mm 以及 20mm 处的铸态组织形貌。可以看出，由于铸坯角部组织发生了 2 次相变形核重组，其皮下 0~20mm 范围内的组织均发生显著细化，铁素体晶粒尺寸均处于 15~20μm 范围，消除了传统二冷控冷工艺下明显的魏氏体脆性组织结构特征，所有的晶粒均呈近圆形状均匀分布，将极大提高铸坯角部组织的塑性和抗裂纹能力。实际连铸生产过程，采用该技术生产含铝类钢种，铸坯角部可实现无缺陷生产，全部生产的铸坯角部满足免清理送装轧制的要求。

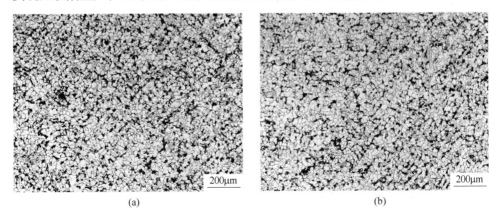

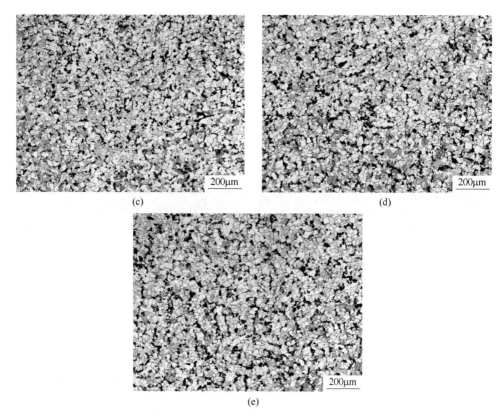

图 2-91   循环相变控冷条件下铸坯角部皮下不同位置处的组织形貌
(a) 皮下 3mm；(b) 皮下 5mm；(c) 皮下 10mm；(d) 皮下 15mm；(e) 皮下 20mm

2.7   本章小结

通过检测分析微合金钢常规与宽厚板坯角部组织结构及其析出形貌、计算微合金钢凝固过程碳氮化物析出热力学与动力学行为、板坯结晶器内凝固坯壳热/力学演变、热模拟分析钢组织高温相转变行为等规律，明确了微合金钢常规与宽厚板坯角部横裂纹产生机理。在此基础上，提出了基于微合金碳氮化物弥散化与组织晶粒超细化的板坯角部裂纹控制技术，并基此研发了新型曲面结晶器与铸坯二冷高温区角部晶粒超细化控冷工艺与装备技术。得出如下主要结论：

（1）造成微合金钢常规与宽厚板坯角部横裂纹的主要原因是：铸坯高温凝固过程中，其边角部等表层奥氏体晶界集中析出呈链状分布的微合金碳氮化物。碳氮化物一方面钉扎脆化晶界，另一方面铸坯在后续凝固变形过程，晶界集中析出的碳氮化物周围组织形成微孔洞，致使铸坯角部组织塑性显著降低。同时，铸坯在后续凝固过程中形成了"奥氏体+晶界先共析铁素体膜"低塑性组织结构，综合形成了显著的第三脆性温度区。铸坯在矫直、控制不佳的辊缝等变形过程中因塑性不足而沿奥氏体晶界开裂，并扩展形成边角部裂纹。

（2）当前主流成分微合金钢板坯连铸过程中，其铸坯角部含 Nb、B、Al 等高温端析出的碳氮化物于结晶器中下部析出，并在二冷矫直区前整体完成析出。提升对应微合金碳氮化物析出温度区内的冷却速度至 5.0℃/s 以上，可显著弥散化其析出，提高钢组织的高温塑性。

（3）开发了考虑保护渣膜与气隙动态分布的结晶器内凝固坯壳三维热/力学计算模型，明确了传统窄面直线型结晶器因无法实时补偿坯壳凝固收缩，引发了厚气隙和保护渣膜在坯壳角部区域集中分布，进而造成结晶器中下部铸坯角部传热效率低下。这是致使铸坯角部含 Nb 等微合金碳氮化物沿晶界高温集中析出的关键原因。在此基础上，研制出了"上部快补偿、中下部缓补偿、角部多补偿"迎合坯壳凝固收缩的角部高效传热曲面结晶器，实现结晶器中下部角部的冷速大于 10℃/s，弥散化高温端微合金碳氮物析出，并显著细化凝固组织晶粒，从源头提升了铸坯角部组织的高温塑性。

（4）传统板坯连铸二冷条件下，铸坯角部生成"奥氏体+晶界先共析铁素体膜"低塑性凝固组织是固有特性。实施铸坯角部二冷高温区循环相变控冷，可超细化其晶粒。针对传统板常规与宽厚坯连铸过程铸坯出结晶器后角部无法快冷以满足 γ→α 转变的现状，研发出了铸坯角部超强冷却的连铸机窄面足辊强喷淋结构及其自动配水系统，实现了铸坯生产过程角部皮下 0~20mm 范围组织均匀超细化，并改变传统粗大的"原奥氏体+晶界铁素体膜"低塑性结构转变为尺寸不大于 20μm 的均匀"铁素体+珠光体"高塑化组织分布，提升铸坯角部组织高温塑性而控制横裂纹产生。

参 考 文 献

[1] Maehara Y, Ohmori Y. The precipitation of AlN and NbC and the hot ductility of low carbon steel [J]. Materials science and Engineering, 1984, 62 (1): 109~119.

[2] Dippenaar R, Moon S C, Szekeres E S. Strand surface cracks-The role of abnormally large prior-austenite grains [J]. AISE Steel Technology, 2007, 4 (7): 105~115.

[3] Seo S C, Son K S, Lee S K, et al. Variation of hot ductility behavior in as-cast and remelted steel slab [J]. Metals and Materials International, 2008, 14 (5): 559~563.

[4] Dippenaar R, Bernhard C, Schider S, et al. Austenite grain growth and the surface quality of continuously cast steel [J]. Metallurgical and Materials Transactions B, 2014, 45 (4): 409~418.

[5] Rappaz M. Modeling and characterization of grain structures and defects in solidification

[J]. Current Opinion in Solid State and Materials Science, 2016, 20: 37~45.

[6] 孔令鑫, 徐俊杰. 有色金属合金溶液热力学模型研究进展 [J]. 科技创新与应用, 2018 (12): 88~89.

[7] Xu K, Thomas B G, O'Malley R. Equilibrium model of precipitation in microalloyed steels [J]. Metallurgical and Materials Transactions A, 2011, 42 (2): 524~539.

[8] 孙晓林, 王飞, 陈希春, 等. 基于双亚点阵模型对 H13 钢中初生碳氮化物的研究 [J]. 工程科学学报, 2017, 39 (1): 61~67.

[9] Narita K. Physical chemistry of the groups Ⅳa(Ti, Zr), Ⅴa(V, Nb, Ta) and the rare earth elements in steel [J]. Transactions of the Iron and Steel Institute of Japan, 1975, 15: 142~152.

[10] Irvine K J, Pickering F B, Gladman T. Grain refined C-Mn steels [J]. The Journal of the Iron and Steel Institute, 1967, 205 (2): 161~182.

[11] 熊力. SS400 含硼钢边裂机理研究 [D]. 武汉: 武汉科技大学, 2015.

[12] Dutta B, Sellars C M. Effect of composition and process variables on Nb(C, N) precipitation in niobium microalloyed austenite [J]. Materials Science and Technology, 1987, 3 (3): 197~206.

[13] 雍岐龙. 钢铁材料中的第二相 [M]. 北京: 冶金工业出版社, 2006.

[14] Christian J W. The theory of transformation in metals and alloys in equilibrium and general kinetic theory [M]. Oxford: Pergamon Press, 1975.

[15] Savage J, Prichard W H. The problem of rupture of the billet in the continuous casting of steel [J]. Journal of the Iron and Steel Institute, 1954, 178: 269~277.

[16] Lait J, Brimacombe J K, Weinberg F. Mathematical modeling of heat flow in the continuous casting of steel [J]. Ironmaking and Steelmaking, 1974, 2 (1): 90~98.

[17] Sawai T, Ueshima Y, Mizoguchi S. Microsegregation and precipitation behavior during solidification in a nickel-base superalloy [J]. ISIJ International, 1990, 30 (7): 520~528.

[18] Won Y M, Kim K H, Yeo T J, et al. A new criterion for internal crack formation in continuously cast steels [J]. Metallurgical and Materials Transactions B, 2000, 31 (4): 779~794.

[19] Thomas B G, Li G, Moitra A, et al. Analysis of thermal and mechanical behavior of copper molds during continuous casting of steel slabs [C]//80th Steelmaking Conference Proceedings, 1997: 1~19.

[20] Dippenaar R J, Samarasekera I V, Brimacombe J K. Mould taper in continuous casting billet machines [C]//Electiec Fuinance Proceedings, 1985: 103~117.

[21] Savage J. A theory of heat transfer and air gap formation in continuous casting moulds [J]. Journal of Iron and Steel Institute, 1962, 197: 41~47.

[22] Hills A W D. Simplified theoretical treatment for the transfer of heat in continuous casting machine moulds [J]. Journal of Iron and Steel Institute, 1965, 203: 18~26.

[23] Wimmer F, Thone H, Lindorfer B. Thermaomechanically-coupled analysis of the steel solidification process as a basis for the development of a high speed billet casting mold [C]//Proceedings of the International Conference-MSMM'96, 1996: 366~371.

[24] Perkins A, Irving W R. Two-Dimensional heat transfer model for continuous casting of steel

[C] // Mathematical process models in iron and steel making, 1975: 187~199.

[25] Chen K, Xu B S. Mold dynamic heat flow and its influence on continuous wheelbelt casting [C] // Steelmaking Conference Proceedings, 1992: 867~872.

[26] Meng Y, Thomas B G. Heat transfer and solidification model of continuous slab casting: CON1D [J]. Metallurgical and Materials Transactions B, 2003, 34 (5): 685~704.

[27] Shibata H, Kondo K, Suzuki M, et al. Thermal resistance between solidifying steel shell and continuous casting mold with intervening flux film [J]. ISIJ International, 1996, 36: S179~S187.

[28] Watanabe K, Suzuki M, Murakami K, et al. The effect of crystallization of mold powder on the heat transfer in continuous casting mold [J]. Tetsu-to-Hagané, 1997, 83 (2): 115~126.

[29] Yamauchi A, Sorimachi K, Sakuraya T. Heat transfer between mold and slab through mold flux film in continuous casting of steel [J]. Tetsu-to-Hagané, 1993, 79 (2): 37~49.

[30] Cho J W, Shibata H, Emi T, et al. Heat transfer from shell across flux film to continuous casting mold [J]. CAMP-ISIJ, 1997, 10 (2): 180~189.

[31] Cho J W, Shibata H, Emi T, et al. Thermal resistance at the interface between mold flux film and mold for continuous casting of steels [J]. ISIJ International, 1998, 38 (5): 440~446.

[32] Han H N, Lee J E, Yeo T J, et al. A finite element model for 2-Dimensional Slice of cast strand [J]. ISIJ International, 1999, 39 (5): 445~454.

[33] 朱立光, 王硕明, 金山同. 连铸结晶器内保护渣渣膜状态的数学模拟 [J]. 北京科技大学学报, 1999, 21 (1): 13~16.

[34] Thomas B G. Application of mathematical models to the continuous slab casting mold [J]. Transactions of Iron and Steel Society, 1989, 16 (12): 53~66.

[35] Moitra A. Thermo-mechanical model of steel shell behavior in continuous slab casting [D]. Illinois: University of Illinois at Urbana-Champaign, 1993.

[36] Kim K, Han H N, Yeo T, et al. Analysis of surface and internal cracks in continuous cast beam blank [J]. Ironmaking and Steelmaking, 1997, 24 (3): 249~256.

[37] Ueshima Y, Mizoguchi S, Matsumiya T, et al. Analysis of solute distribution in dendrites of carbon steel with δ/γ transformation during solidification [J]. Metallurgical and Materials Transactions B, 1986, 17 (4): 945~859.

[38] Won Y M, Thomas B G. Simple model of microsegregation during solidification of steels [J]. Metallurgical and Materials Transactions A, 2001, 32 (7): 1755~1767.

[39] Flores F, Tania M, Castillejos E, et al. Study of shell-mold thermal resistance: Laboratory measurements, estimation from compact strip production plant data, and observation of simulated flux-mold interface [J]. Metallurgical and Materials Transactions B, 2016, 47 (4): 2509~2523.

[40] Nakada H, Susa M, Seko Y, et al. Mechanism of heat transfer reduction by crystallization of mold flux for continuous casting [J]. ISIJ International, 2008, 48 (4): 446~453.

[41] Saraswat R, Maijer D M, Lee P D, et al. The effect of mould flux properties on thermo-mechanical behaviour during billet continuous casting [J]. ISIJ International, 2007, 47 (1):

95~104.

[42] Yamauchi A, Emi T, Seetharaman S. A mathematical model for prediction of thickness of mould flux film in continuous casting mould [J]. ISIJ International, 2002, 42 (10): 1084~1093.

[43] Tsutsumi K, Nagasaka T, Hino M. Surface roughness of solidified mold flux in continuous casting process [J]. ISIJ International, 1999, 39 (11): 1150~1159.

[44] Cho J W, Emi T, Shibata H, et al. Heat transfer across mold flux film in mold during initial solidification in continuous casting of steel [J]. ISIJ International, 1998, 38 (8): 834~842.

[45] Anand L. Constitutive equations for the rate-dependent deformation of metals at elevated temperatures [J]. Transactions of the ASME, 1982, 104 (1): 12~17.

[46] Brown S B, Kim K H, Anand L. An internal variable constitutive model for hot working metals [J]. International Journal of Plasticity, 1989, 5: 95~130.

[47] Koric S, Thomas B G. Thermo-mechanical models of steel solidification based on two elastic visco-plastic constitutive laws [J]. Journal of Materials Processing Technology, 2008, 197 (1-3): 408~418.

[48] Koric S. Efficient thermo-mechanical model for solidification processes and its applications in steel continuous casting [D]. Illinois: University of Illinois at Urbana-Champaign, 2006.

[49] Harste K. Investigation of the shrinkage and the origin of mechanical tension during the solidification and successive cooling of cylindrical bars of Fe-C alloys [D]. German: Technical University of Clausthal, 1989.

[50] Harste K, Suzuki T, Schwerdtfeger K. Thermomechanical properties of steel: viscoplasticity of γ iron and γ Fe-C alloys [J]. Materials Science and Thechnology, 1992, 8 (1): 23~33.

[51] Harste K, Schwerdtfeger K. Themomechanical properties of iron: viscoplasticity of ferrite and austenite-ferrite mixtures [J]. Materials Science and Technology, 1996, 12 (5): 378~384.

[52] Jimbo I, Cramb A W. The density of liquid iron-carbon alloys [J]. Metallurgical and Materials Transactions B, 1993, 24 (1): 5~10.

[53] Thomas B G, Samarasekera I V, Brimacobe J K. Mathematical model of the thermal processing of steel ingots: Part II. Stress model [J]. Metallurgical and Materials Transactions B, 1987, 18 (3): 131~147.

[54] Yoo J, Rubinsky B. Numerical computation using finite element for the moving interface in heat transfer problems with phase transformation [J]. Numerical Heat Transfer, Part A Applications, 1983, 6 (2): 209~222.

[55] Voller R V, Cross M A. Accurate solution of moving boundary problems using the enthalpy methods [J]. International Journal of Heat Mass Transfer, 1981, 24 (3): 545~556.

[56] Voller R V, Cross M A. Explicit numerical method to track a moving phase change front [J]. International Journal of Heat Mass Transfer, 1983, 26 (1): 147~150.

[57] Voller R V, Swaminathan C R, Thomas B G. Fixed grid techniques for phase change problems: a review [J]. International Journal for Numerical Methods in Engineering, 1990, 30 (4): 875~898.

[58] Roltf W D, Bathe K. An efficient algorithm for analysis of nonlinear heat transfer with phase

change [J]. International Journal for Numerical Methods in Engineering, 1982, 18 (1): 119~134.

[59] Tacke K. Discretization of explicit enthalpy method for planar phase change [J]. International Journal for Numerical Methods in Engineering, 1985, 21 (3): 543~554.

[60] Carnes-Pintaux A M, Nguyen-Lamba M. Finite element enthalpy method for discrete phase change [J]. Numerical Heat Transfer, Part A Applications, 1986, 9 (3): 403~417.

[61] Runnels S R, Carey G F. Finite element simulation of phase change using capacitance methods [J]. Numerical Heat Transfer, Part B Fundamentals, 1991, 19 (1): 13~30.

[62] Tamma K K, Namburu R R. Recent advaces, trends and new perspectives via enthalpy-based finite element formulations for applications to solidification problems [J]. International Journal for Numerical Methods in Engineering, 1990, 30 (4): 803~820.

[63] Li C S, Thomas B G. Themomechanical finite-elemet model of shell behavior in continuous casting of steel [J]. Metallurgical and Materials Transactions B, 2004, 35 (12): 1151~1172.

[64] Clyne T W, Wolf M, Kurz W. The effect of melt composition on solidification cracking of steel with particular reference to continuous casting [J]. Metallurgical and Materials Transactions B, 1982, 13 (2): 259~266.

[65] Davies G J, Shin Y K. Solidification technology in the foundry and cast house [M]. London: The Metal Society, 1979.

[66] Kim K, Yeo T, Oh K, et al. Effect of carbon and sulfur in continuously cast strand on longitudinal surface cracks [J]. ISIJ International, 1996, 36 (3): 284~289.

[67] Matsumiya T, Saeki T, Tanaka J, et al. Mathematical model analysis on the formation mechanism of longitudinal surface cracks in continuously cast slabs [J]. Tetsu-to-Hagané, 1982, 68 (13): 1782~1791.

[68] Mizukami H, Mizukami K, Miyashita Y. Mechanical properties of continuously cast steel at high temperatures [J]. Tetsu-to-Hagané, 1977, 63 (146): S652.

[69] Uehara M, Samarasekera I V, Brimacombe J K. Mathematical modeling of unbending of continuously cast steel slabs [J]. Ironmaking and Steelmaking, 1986, 13 (3): 138~153.

[70] Rajil S, Peter D, Kenneth C. The effect of mould flux properties on thermo-mechanical behaviour during billet continuous casting [J]. ISIJ International, 2008, 47 (1): 95~104.

[71] Hanao M, Kawamoto M, Yamanaka A. Growth of solidified shell just below the meniscus in continuous casting mold [J]. ISIJ International, 2009, 49 (3): 365~374.

[72] Zhu Miaoyong, Cai Zhaozhen. Thermo-mechanical Behavior and Cracking Susceptibility of Solidifying Shell in Continuous Casting Mold [C] // The 8th Pacific Rim International Congress on Advanced Materials and Processing, 2013: 3063~3072.

[73] Ramachandrarao P. Rapid solidification of steels [J]. Bulletin of Materials Science, 1992, 15 (6): 503~513.

[74] 关月, 宋波, 毛璟红, 等. 低碳钢纯净度、过冷度与晶粒度的关系 [J]. 金属学报, 2003, 39 (3): 283~286.

[75] Paykani A, Askari-Paykani M, Shahverdi H R, et al. Microstructural evolution and mechanical

properties of a novel FeCrNiBSi advanced high-strength steel: Slow, accelerated and fast casting cooling rates [J]. Materials Science and Engineering A, 2016, 668: 188~200.

[76] Rezaean A, Zarandi F, Yue S. Mechanism of hot ductility improvement of a peritectic steel containing vanadium using very-high-temperature compression [J]. Metallurgical and Materials Transactions A, 2008, 39 (11): 2635~2644.

[77] He T, Hu R, Zhang T B. Effect of Nb content on solidification characteristics and microsegregation in cast Ti-48Al-xNb alloys [J]. Acta Metallurgica Sinica (English Letters), 2016, 29 (8), 714~721.

[78] 付立铭, 单爱党, 王巍. 低碳 Nb 微合金钢中 Nb 溶质拖曳和析出相 NbC 钉扎对再结晶晶粒长大的影响 [J]. 金属学报, 2010, 46 (7): 832~837.

[79] 陈俊, 吕梦阳, 唐帅, 等. V-Ti 微合金钢的组织性能及相间析出行为 [J]. 金属学报, 2014, 50 (5): 524~530.

[80] Grange R A. Strengthening steel by austenite grain refinement [J]. ASM Transactions quarterly, 1966, 59 (1): 26~48.

[81] Sagaradze V V. An ultra-fine grain structure formed as a result of cyclic γ-α-γ transformations [J]. Nanostructured Materials, 1997, 9 (8): 201~204.

[82] Lee U H, Park T E, Son K S. Assessment of hot ductility with various thermal histories as an Alternative Method of in situ Solidification [J]. ISIJ International, 2010, 50 (4): 540~545.

3 微合金钢薄板坯边角裂纹及其控制

3.1 薄板坯连铸连轧技术发展概况与工艺特点

3.1.1 薄板坯连铸连轧技术发展概况

薄板坯连铸连轧工艺是 20 世纪 80 年代末、90 年代初成功开发并应用于工业化生产的短流程板带钢生产新工艺,具有大幅节能、高产品合格率、工艺简化、产线短、生产周期短等优点,受到了国内外各大钢铁企业的广泛关注[1]。自该技术诞生以来,以美国、韩国和我国为代表的主要钢铁工业生产国均投入了大量的人力、财力和物力对其进行系统研究和优化开发[2]。近年来,随着国内外钢企市场竞争压力不断加剧,薄板坯连铸连轧,特别是薄板坯无头轧制工艺的低成本与高效化生产优势得到了充分体现,加速了该技术已有产线的升级改造和新产线的建设。薄板坯连铸连轧工艺的主要工艺流程为:采用薄板坯连铸机—均热炉(或电磁感应)加热—紧凑式轧制的产线布局,将高温钢液经结晶器、连铸机二冷等环节,制备形成 20~100mm 的薄板坯,而后直接经均热炉等加热或直接进入热轧机组轧制成热轧板卷。该工艺的成功开发和规模化应用,改变了传统板带钢长流程生产工艺,是目前国内外钢铁板带钢绿色生产工艺的重要组成。

当前,薄板坯连铸连轧技术正得到迅猛发展与推广[3,4]。截至 2017 年,全球已建薄板坯连铸连轧生产线 67 条,共计 102 流,产能高达 11400 万吨/年。其中,已建成的薄板坯连铸连轧产线中,CSP 产线共计 35 条,占到了整个薄板坯连铸连轧产线的一半以上。我国是薄板坯连铸连轧产线建设并投产数量最多、产能最大的国家[5],拥有各类型薄板坯产线 19 条(31 流),产能近 4000 万吨,占至全球薄板坯连铸连轧产线总产能的 35%。同时,随着无头轧制技术在我国逐渐稳定化应用,日照钢铁、首钢、唐山东华等相继在建或拟建 5 条薄板坯无头轧制产线,新增产能将超过 1100 万吨,成为了我国钢铁板带材生产的重要组成。截至 2017 年全球已建成并投产的薄板坯连铸连轧生产线及产能的分布情况如表 3-1 所示。

目前,我国的薄板坯连铸连轧产线分布于武钢、邯钢、包钢、马钢、涟钢、酒钢等企业,这些企业主要为 CSP 产线。而唐钢、本钢、通钢等企业的薄板坯连铸连轧产线为 FTSR。鞍钢以中薄板坯(ASP)连铸连轧生产线形式存在[6]。而代表着最先进技术的无头轧制产线,主要分布于日照钢铁 ESP 产线[7]、首钢 MC-

CR 产线[8]等。截至 2017 年，我国薄板坯连铸连轧产线及产能的统计情况如表 3-2 所示。

表 3-1　2017 年底全球薄板坯连铸连轧生产线和年产能统计表

国家	生产线条数									年产能/万吨	铸机流数
	CSP	ISP	FTSR	QSP	CON ROLL	TSP	ESP	ASP	连铸机数量合计		
美国	9	0	0	2	1	2	0	0	14	2098	19
中国	7	0	3	0	0	0	3	6	19	3946	31
印度	5	0	0	0	0	0	0	0	5	800	7
韩国	1	1	1	0	0	0	1	0	4	830	7
意大利	1	1	0	0	0	0	1	0	3	310	3
其他	11	4	5	1	3	0	0	0	24	3300	33
总计	34	6	9	3	4	2	5	3	66	11284	100

表 3-2　我国薄板坯连铸连轧生产线统计表

序　号	公　司	工艺类型	铸机流数	产能/万吨	投产日期
1	珠钢	CSP	2	180	1999
2	邯钢	CSP	2	247	1999
3	包钢	CSP	2	200	2001
4	唐钢	FTSR	2	250	2002
5	马钢	CSP	2	200	2003
6	涟钢	CSP	2	220	2004
7	鞍钢	ASP	2	250	2000
8	鞍钢	ASP	4	500	2005
9	本钢	FTSR	2	280	2004
10	通钢	FTSR	2	250	2005
11	酒钢	CSP	2	200	2005
12	济钢	ASP	2	250	2006
13	武钢	CSP	2	253	2009
14	日钢	ESP	1	222	2014
15	日钢	ESP	1	222	2015
16	日钢	ESP	1	222	2015
合计			31	3946	

自 1989 年美国纽柯公司克劳夫兹维尔厂采用西马克公司 CSP 技术建成并投产世界上第一条工业化生产的薄板坯连铸连轧产线以来，在近 30 年的时间里，薄板坯连铸连轧工艺主要在美国、欧洲和我国广泛发展，其除了不断规模化成熟应用外，技术方面更是得到了长足发展，呈现出了如下主要发展特点：

（1）无头轧制技术已经逐步工业化稳定应用。2009 年意大利阿维迪（Arvedi）公司首次在克莱蒙纳厂 ISP 产线基础上，研制并工业化投产了世界上首条无头轧制带钢产线（ESP）。该技术的出现并稳定化工业应用，被称为钢铁工业的第三次技术革命[9]，代表着当今世界热轧板带钢生产的最高技术水平。同年 5 月，韩国浦项钢铁公司的"HIGH MILL"[10]产线经改造亦实现了无头轧制工业化生产。2014 和 2015 年，我国日照钢铁相继投产 3 条阿维迪引进的 ESP 产线，并顺利生产出了最小厚度达 0.8mm 的热轧板卷（目前已具备生产 0.6mm 厚度热轧卷的能力）。上述先进无头轧制产线的相继投产，标志着高效化、规模化、低成本化的超薄板带钢无头轧制技术成功实现了工业化应用。

（2）连铸拉速越来越高[11]。传统薄板坯连铸生产，其连铸拉速多为 3.5～4.3m/min。近年来，随着高效连铸技术的不断突破，连铸拉速不断提高。在已稳定投产的薄板坯连铸机中，CSP、FTSR 等产线纷纷突破了 5.0m/min 拉速，实现高效化生产。以阿维迪、日照钢铁等 ESP 为代表的产线，其拉速更高，普遍可达 5.5～6.0m/min，最大通钢量达到了 6.5t/min。更有部分产线（韩国浦项）实现了 8.0m/min 的超高拉速连铸生产，极大地提高了薄板坯连铸连轧产线的生产能力。

（3）产品种类覆盖面越来越广[12~14]。近年来，随着薄板坯连铸、轧制以及轧后冷却技术的不断进步，薄板坯连铸连轧产线所生产的钢类范围逐步扩大，已从最早的单一低碳钢生产，逐步实现包括中碳钢乃至碳含量达 0.7%～0.8% 的高碳钢全钢类高质量生产。特别是近年来随着微合金化等技术的快速发展，薄板坯连铸连轧产线所生产的钢品种也从较单一的普碳钢拓展至了含 Ti、Nb、V、B、Al 等类型微合金钢、高等级硅钢等，且品种钢的比例呈持续提高趋势发展（例如，邯钢等 CSP 产线的品种钢比例已达 30% 以上）。

（4）产线的竞争力越来越强[15]。随着各国对薄板坯连铸连轧技术研发不断深入，该类型产线的工艺与装备技术逐渐朝着薄规格、多品种、稳定化、无人化与智能化的方向发展。特别是近年来无头轧制技术的出现，近乎实现了无人浇铸的稳定化全连续生产，产品的力学等性能稳定性高，所生产的 0.6～0.8mm 薄规格产品，实现了"以热代冷"，大幅提升了产线产品的竞争力。统计表明，薄板坯连铸连轧产线相对于传统热轧板带钢产线，投资可减少约 42%、能耗降低约50%、生产成本减少约 12%、成材率提高约 1.8%、设备维护费减少约 61%[16]，极大提高了该类型产线的市场竞争力。

3.1.2　薄板坯连铸工艺特点

薄板坯连铸连轧产线的生产流程较为刚性，缺少节奏缓冲和缺陷铸坯清理环节。连铸的稳定性、拉速以及铸坯质量直接决定了整条产线的稳定性、生产效率以及产品的质量。因此，薄板坯连铸是薄板坯连铸连轧产线的核心环节。薄板坯连铸工艺主要具有如下特点[17~20]：

（1）铸坯厚度小。当前国内外薄板坯连铸机所生产的铸坯厚度一般为 20～100mm，最常见的典型厚度包括 50mm、70mm 和 90mm 3 种规格。正是因为薄板坯的厚度较小，该类型连铸机的弧形半径均较小、产线较短，有助于实现连铸坯的高温出坯要求。同时，小厚度铸坯的凝固速度快，也为薄板坯的高拉速连铸提供了基本条件。

（2）拉坯速度快。高拉速连铸是薄板坯连铸连轧工艺的基本要求和主要特点。目前，CSP、FTSR 等典型薄板坯连铸机的设计拉速均高于 5.0m/min，宝武、邯钢、涟钢等企业实际生产过程的连铸拉速一般在 3.5～5.0m/min 范围。近年来，随着无头轧制技术的诞生，薄板坯连铸拉速进一步提高，达到了 5.5～6.0m/min 高拉速稳定化连铸生产，韩国等先进企业的最高连铸拉速更是达到了8.0m/min 水平。而目前国内外的常规与宽厚板坯连铸拉速主要集中在 0.8～1.8m/min 范围，最高拉速也不超过 3.0m/min，显著低于薄板坯的连铸拉速。

（3）铸坯凝固速度快。由于薄板坯厚度较小、冷却强度大，铸坯的凝固速度快。对于坯厚为 50mm 的薄板坯，全凝固时间约为 1～2min，而厚度为 250mm的常规板坯全部凝固时间约需 23～25min。也正是由于薄板坯快速凝固的特点，所生产的连铸坯凝固组织晶粒较常规和宽厚板坯的凝固组织晶粒显著细化，球状晶区较大，中心偏析少，板坯的致密度高。

（4）铸坯出坯温度高。正是由于薄板坯连铸机高拉速的特点，所生产的铸坯温度整体较高，其全凝固点处的表面温度可达 1100～1150℃、边角部温度亦可达 950～970℃、平均温度更是可达 1300℃。薄板坯连铸的高温出坯特点为无头轧制的实现奠定了温度基础。

（5）冶金长度短。薄板坯的厚度小、凝固速度快，使得其冶金长度相对短。目前，国内外常规薄板坯产线的冶金长度一般约为 5～8m，无头轧制产线的冶金长度根据拉速、铸坯厚度的不同有所差异，但一般不超过 12.5m。而传统连铸板坯的液芯长度一般超过 20m。

（6）比表面积大。断面尺寸为 1500mm×50mm 的薄板坯比表面积达到了5.3m²/t，而宽度相同的 250mm 厚的常规板坯的比表面积仅为 1.2m²/t。比表面积大，使得铸坯在凝固过程的散热速度增加，从而加速了铸坯的凝固速度，但由此亦加剧了铸坯凝固热应力，从而增加铸坯表面与皮下等裂纹缺陷产生的概率。

3.1.3　薄板坯液芯压下工艺

为了实现薄板坯高拉速连铸，一般要求铸坯的厚度尺寸较小。然而，铸坯厚度的显著减小，将直接影响结晶器浸入式水口的插入和结晶器熔池的容量，制约厚壁浸入式水口的使用，并加剧连铸生产过程结晶器液面波动。为了解决该矛盾，薄板坯连铸产线引入了铸坯液芯压下（liquid core reduction）工艺[21,22]，即通过增加结晶器内的铸坯厚度，当铸坯出结晶器后对其实施沿厚度方向的压下，以减薄铸坯，从而加速铸坯凝固以实现高拉速连铸生产。

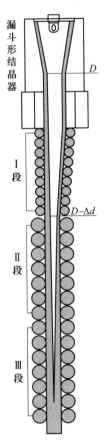

薄板坯连铸机液芯压下技术又称软压下技术，其示意图如图 3-1 所示，是指薄板坯出漏斗形结晶器后，在铸坯坯壳厚度薄、内部仍然存有大量的液芯的情况下，对铸坯实施压下，以达到减薄铸坯的厚度、提高连铸拉速、改善铸坯中心偏析、减少轧机数量或轧制道次等目的[23]。薄板坯连铸机的液芯压下通常在连铸机扇形段 I 段位置实施，通过对铸坯施加 5~20mm 的压下量，大幅减薄铸坯的厚度，而后再经过连铸二冷各段冷却，加速铸坯完全凝固。

对薄板坯连铸过程实施液芯压下工艺，具有如下多方面的优势[24,25]：

（1）减小铸坯厚度，提高连铸机拉速。限制薄板坯高拉速连铸的因素中，除了高拉速会造成铸坯表面裂纹高发生率、加剧铸坯凝固不均匀性外，拉速提升导致的结晶器液面波动加剧也是重要的因素之一。而结晶器熔池的容量大小直接决定了由水口流股冲击和铸流内坯壳动态变形共同作用所致的结晶器液面波动敏感度。实施铸坯液芯压下工艺，可不减小结晶器熔池容量的前提下，有效减小连铸坯的厚度，提升连铸机拉速。

（2）减轻铸坯中心偏析。实施薄板坯液芯压下技术的初衷是为了尽可能提高结晶器的钢液容纳量。但薄板坯实施液芯压下技术后，其有助于破碎铸坯凝固前沿"晶桥"并补偿铸坯冷却收缩、减轻铸坯中心偏析等。

图 3-1　薄板坯液芯压下示意图

（3）节约能耗。薄板坯完全凝固前，有 30%~40% 的热量被结晶器和二冷区的冷却作用所带走。实施薄板坯液芯压下技术，可以较明显提高铸坯连铸拉速，使铸坯具有更高的出坯温度，从而提升铸坯热量的利用率。同时，液芯压下处的铸坯凝固坯壳较薄且温度高，其压下过程的作用力远小于铸坯完全凝固后的固相轧制力，能够显著减小后续轧制产线的能耗。

（4）精简轧制设备、降低投资成本。液芯压下技术可以减轻薄板坯连轧过程的负担，减少精轧机组的数量，缓解轧制设备负担。设备的灵活性和轧辊使用的寿命均得以提高。此外，还可以缩短生产线长度，减小占地面积，降低投资成本。

薄板坯实施液芯压下工艺虽有多方面的好处，但其实际实施过程，由于铸坯的拉速较高、角部温度较低，铸坯在快速减薄过程将引发边角部应力集中。当铸坯边角部组织的高温塑性较低时，极易因此而产生铸坯边角部等表面裂纹缺陷。为此，在实际实施液芯压下工艺过程，除了限定液芯压下区内的铸辊压下量（一般不宜超过 1.5mm/辊）外，应尽可能提高铸坯边角部温度，提高钢材组织的高温塑性，或改进铸坯边角部的形貌以减小铸坯在液芯压下过程变形抗力。

3.2　微合金钢薄板坯边角裂纹成因分析

3.2.1　裂纹宏观形貌与特点

微合金钢薄板坯连铸过程频发铸坯边角裂纹缺陷是薄板坯连铸连轧工艺的共性技术难题[26~30]。微合金钢薄板坯边角部裂纹产生具有如下主要共性特点：

（1）裂纹主要产生于铸坯角部的振痕波谷处，且多为跨角裂纹。相比常规与宽厚板坯，薄板坯边角部横裂纹的分布相对连续且明显肉眼可见。薄板坯边角部裂纹产生的位置与铸坯表面振痕波谷有一定的对应性，但不同钢种差距较大，如图 3-2 所示。

 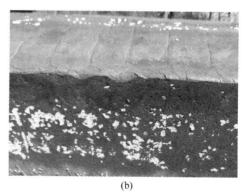

(a)　　　　　　　　　　　　　　　　　　(b)

图 3-2　某钢厂薄板坯边角部横裂纹形貌
（a）某含铌钢；（b）某含铝钢

（2）与常规和宽厚板坯连铸相同，薄板坯边角部裂纹亦主要产生于含 Nb、V、B、Al 等合金元素的品种钢，且随着合金及氮含量的增加，裂纹缺陷愈严重。铸坯裂纹的深度相对较深，严重时开口度可超过 2mm，深度可达 5~8mm。铸坯裂纹经轧制后,将扩展形成如图 3-3 所示的严重卷板边部裂纹缺陷。

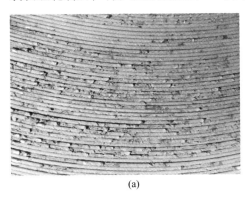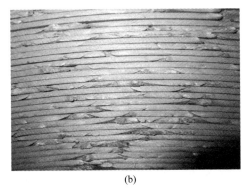

　　　　　　(a)　　　　　　　　　　　　　　　　(b)

图 3-3　某钢厂薄板坯角部横裂纹轧后卷板边部裂纹形貌

(a) 某含铌钢;(b) 某含铝钢

3.2.2　铸坯边角裂纹成因

　　薄板坯连铸生产过程,受其结晶器快速传热与铸流二冷各区强冷却作用,铸坯的表层凝固组织晶粒相比于常规与宽厚板坯的表层凝固组织晶粒显著细化。图 3-4 为某钢厂 Qste380TM 低碳含铌钛微合金钢薄板坯角部皮下 5mm 和 10mm 处的室温金相组织结构图。该室温下的铸坯角部组织晶粒以细小均匀的铁素体与珠光体结构构成,未见类似常规与宽厚板坯角部的明显粗大奥氏体晶、或粗大奥氏体+晶界膜状铁素体分布形式的低塑性组织结构。一般认为,该类型结构的铸坯高温铸态组织的塑性相对较高,连铸机正常辊缝精度条件下,铸坯一般不会产生明显的角部裂纹缺陷。

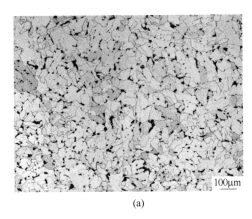

　　　　　　(a)　　　　　　　　　　　　　　　　(b)

图 3-4　Qste380TM 低碳含铌钛钢铸坯角部金相组织形貌

(a) 皮下 5mm 处;(b) 皮下 10mm 处

　　图 3-5 为上述 Qste380TM 低碳含铌钛微合金钢铸坯角部皮下 5mm 处的析出物形貌及组成。该铸坯角部组织的奥氏体晶界上分布有明显呈链状结构的碳氮化物，其尺寸约为 20nm。碳氮化物粒子的分布形式主要集中在晶界上析出，而晶内的析出物则较少。由图 3-5（b）能谱分析结果可知，该铸坯角部组织晶界析出的碳氮化物主要为铌钛复合二相粒子。

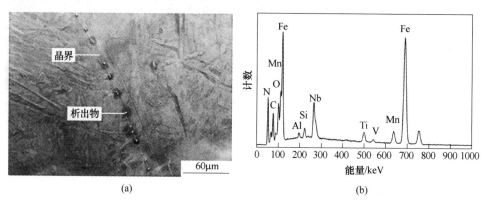

(a)　　　　　　　　　　　　　　　　(b)

图 3-5　某钢厂 Qste380TM 低碳含铌钛钢铸坯角部皮下 5mm 处析出物的形貌与组成
（a）析出物形貌；（b）析出物能谱分析图

　　微合金碳氮化物析出的主要作用之一是钉扎强化[31,32]。但在钢的铸态组织凝固过程中，受该析出物晶界集中析出影响，一方面，析出物的钉扎作用将限制铸坯在变形过程的晶界变形与滑移，进而降低铸坯边角部组织的高温塑性；另一方面，在连铸坯液芯压下、弯曲与矫直等变形过程，晶界大量析出的微合金碳氮化物将易引发晶界组织生成连续分布的微孔洞缺陷而使钢组织在进一步变形过程于晶界孔洞处应力集中，从而造成铸坯组织晶界开裂并扩展形成裂纹[33,35]。

　　图 3-6 为某钢厂 Qste380TM 低碳含铌钛钢薄板坯在不同变形速率条件下的断面收缩率随温度变化曲线，测试方案如图 3-7（a）所示。该钢在 900℃ 以上高温条件下，其断面收缩率超过了 60%，具有较好的塑性。而当温度位于 800~900℃ 温度区内，组织的塑性显著降低。特别是在较大变形速率条件下，试样的断面收缩率最低降至了 40% 以下（在 5.0×10^{-2}/s 变形速率下，试样的断面收缩率在 850℃ 时降至了最低约 35%），形成了明显的第三脆性温度区。而试样温度进一步降低至 800℃ 以下时，组织塑性再次回升。可以看出，该钢在薄板坯连铸生产条件下，虽然其组织晶粒尺寸较细小，但依然于 800~900℃ 温度区间形成了较明显的第三脆性温度区。

　　此外，在较大的变形速率条件下，Qste380TM 低碳含铌钛钢在 800~925℃ 温度区间内的断面收缩率整体稍低于相对较低变形速率下的断面收缩率。该现象表明，相同凝固组织结构的薄板坯，其连铸过程更易于在液芯压下、顶弯以及矫直

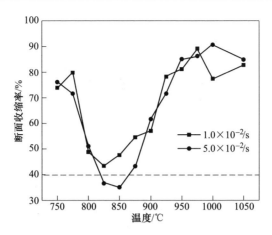

图 3-6　不同变形速率条件下 Qste380TM 低碳含铌钛钢断面收缩率随温度变化

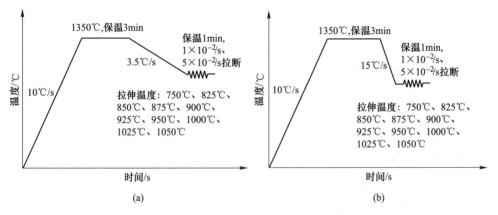

(a)　　　　　　　　　　　　　　　(b)

图 3-7　不同冷却条件下 Qste380TM 低碳含铌钛钢断面收缩率检测方案
（a）常规薄板坯二冷冷却条件；（b）快速冷却条件

等快速变形条件下产生铸坯裂纹缺陷。

　　为了进一步明确薄板坯连铸过程引发角部裂纹的原因，本书鉴于第 2 章微合金碳氮化物弥散析出控制思路，测试了 Qste380TM 低碳含铌钛钢在快速冷却条件下的断面收缩率变化，测试方案如图 3-7（b）所示，其断面收缩率随温度变化曲线如图 3-8 所示。从图中可以看出，以 15℃/s 快速冷却测试试样，温度在925℃以上的拉伸试样在不同变形速率下的断口收缩率与 3.5℃/s 冷却速度下对应的拉伸试样的断面收缩率差异较小。当拉伸温度低于 925℃时，15℃/s 快速冷却试样的断面收缩率显著高于 3.5℃/s 冷却速度下的试样断面收缩率。虽然该钢组织在 775~900℃温度区内仍一定程度存在脆性区，但其不同变形速率下的最低断面收缩率均高于 60%（相比 3.5℃/s 较低冷速时的最小断面收缩率提升约26%），满足铸坯组织在较大变形下的高温塑性要求。

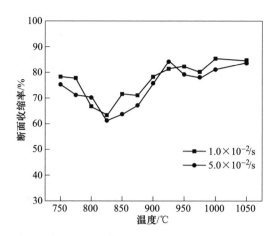

图 3-8　快速冷却条件下不同变形速率的 Qste380TM 低碳含铌钛钢断面收缩率随温度变化

图 3-9 为以 15℃/s 冷却速度降温至 850℃（未拉断）并保温 1min 后空冷至室温的试样金相组织与碳氮化物析出透射形貌。从图中可以看出，强冷却后空冷至室温的试样组织结构与实际连铸生产条件下的薄板坯组织相当，均为细小铁素体与珠光体结构。然而，其 Nb 与 Ti 的析出物呈弥散状分布。因此可以推断，造成薄板坯连铸生产过程 Qste380TM 低碳含铌钛钢在第三脆性温度区内塑性缺失的现象主要是由微合金碳氮化物沿晶界析出，钉扎脆化晶界所致。

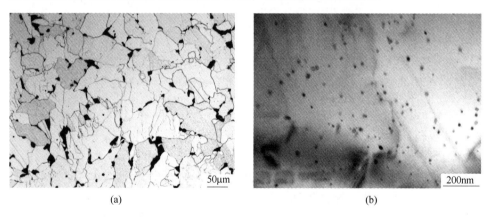

(a)　　　　　　　　　　　　　　　　(b)

图 3-9　强冷至 850℃时的试样室温金相与析出物透射形貌
(a) 金相组织形貌；(b) 析出物透射形貌

因此，根据上述 Gleeble 热模拟拉伸等测试结果可以推论，造成微合金钢薄板坯边角部裂纹缺陷的本质原因是薄板坯连铸过程，铸坯边角部组织晶界集中析出呈链状分布的微合金碳氮化物，引发其高温塑性显著下降。铸坯在高拉速液芯压下、过矫直的大幅快速变形过程中，塑性恶化的铸坯内弧等边角部组织受显著应力作用而沿晶界开裂，进而扩展形成薄板坯边角裂纹缺陷。

3.3 微合金钢薄板坯边角裂纹控制对策

由上述微合金钢薄板坯边角裂纹形成机理分析可知，根治微合金钢薄板坯边角裂纹产生的关键，是控制铸坯边角部凝固过程碳氮化物沿晶界的析出量与分布，需抑制碳氮化物于其组织晶界呈链状形式集中析出，并降低薄板坯在连铸生产过程边角部的受力。目前，国内外主流薄板坯连铸连轧产线所生产的微合金钢，其主要的微合金化元素种类及其含量与常规和宽厚板坯连铸产线所生产的微合金钢类似，主要仍为 Ti、Nb、Al、B、V 等强碳、氮结合的析出强化元素。因此，在微合金钢薄板坯连铸生产过程，钢铁企业若能适当减少钢中微合金的加入量，并最大程度减少钢中的氮含量、提高连铸坯边角部变形过程温度，可以一定程度减少薄板坯边角部裂纹的产生。

然而，在实际微合金钢生产过程，合金的加入量直接决定了钢的力学性能，实际生产中无法大幅减少钢中的合金含量。而钢水氮含量的控制一直是钢冶炼的难点，目前国内外经"转炉或电炉+LF 炉精炼"冶炼工艺所生产的钢水的氮含量普遍在 0.0035%～0.0070%，较难大幅减少钢中的氮含量。特别是当前大废钢比冶炼过程，钢水氮含量控制更是突出的难题。而基于提高连铸坯边角部温度控冷的裂纹控制方法，因薄板坯连铸的拉速高，二冷区冷却强度大，且诸如 CSP 等立弯式结构的薄板坯连铸机，其垂直区的二冷水将沿铸坯下流至矫直区，铸坯边角部难以实现超高温控制。因而当前国内外钢铁企业在生产微合金钢薄板坯过程，铸坯的边角部裂纹控制只能在窄成分控制钢中微合金与氮含量的前提下，通过改变铸坯凝固组织中的微合金碳氮化物析出形态、尺寸及分布，使微合金碳氮化物弥散分布于铸坯凝固组织的基体中，提高铸坯边角部凝固组织的塑性，同时降低铸坯在变形过程受力实现。

由本书第 2 章微合金碳氮化物析出热力学计算结果可知，含钛微合金钢凝固过程 TiN 的析出温度较高，在铸坯凝固过程率先析出，因而有助于起到固氮的作用。在实际含微量钛的微合金钢（一般钛含量小于 0.035%）薄板坯连铸过程，铸坯较少产生边角裂纹缺陷。而对于含 Nb、B、Al 等微合金元素的碳氮化物，其析出物的分布对钢的高温塑性影响较大，是造成薄板坯产生边角裂纹缺陷量最大的钢种（发生率普遍达 2.0%以上，部分含 Nb、B 量较高的微合金钢薄板坯边角部裂纹率甚至可达 30%以上），严重影响热轧卷板的质量。

基于本书第 2 章的微合金碳氮化物析出热力学模型，选取 Qste 系列、J55、SS400 等典型含 Nb、Al、V、B 元素微合金钢作为研究对象，计算其碳氮化物析出热力学，对应碳氮化物析出过程随温度的变化如图 3-10 所示。

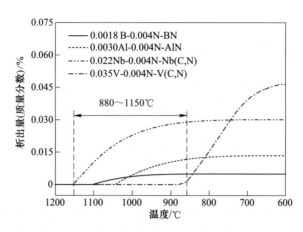

图 3-10   薄板坯典型成分微合金钢凝固过程碳氮化物析出量随温度的变化

可以看出，不同类型合金及其含量下的微合金钢连铸过程，对应的碳氮化物开始析出温度差距较大。其中，含 Nb、Al、B 合金元素的碳氮化物的开始析出温度较高，均在 1050℃ 以上，即在结晶器内即已开始析出，析出的结束温度均约为 800℃。结合薄板坯连铸过程铸坯边角部温度演变可知，含 Nb、Al、B 微合金钢连铸过程铸坯角部碳氮化物析出贯穿结晶器及整个二冷区。而对于含 V 合金的碳氮化物，其开始析出温度仅约为 880℃，析出结束温度降至了约 600℃。由于实际薄板坯连铸过程的角部温度较高，含 V 碳氮化物在铸坯矫直前的角部组织析出量有限。生产实际统计结果表明，含 V 微合金钢薄板坯连铸连轧的热轧板卷边裂比率较低。因而，薄板坯边角裂纹的主要控制对象应为含 Nb、Al、B 类微合金，且控制的主要环节同样应为结晶器与二冷环节。

同样根据本书第 2 章典型成分含量的微合金碳氮化在不同冷却速度下的析出物分布检测结果可知，需保障铸坯角部在对应碳氮化物析出温度区内的冷却速度高于 5℃/s。结合上述薄板坯边角裂纹成因，需强化铸坯在结晶器与进入液芯压下段之前区域内的角部冷却，弥散微合金碳氮化物于其组织晶内析出。

3.4   薄板坯结晶器内坯壳凝固热/力学行为

根据上文微合金钢薄板坯边角裂纹控制策略分析可知，保证结晶器内凝固坯壳角部的冷却速度高于 5℃/s 以实现铸坯角部组织碳氮化物高温段弥散析出，是控制含 Nb、Al、B 类微合金钢薄板坯边角裂纹的关键环节之一。为此，首先需探明薄板坯结晶器内坯壳的凝固传热行为规律。

薄板坯连铸生产过程，由于拉速较高，钢液在结晶器内的凝固短，因而要求结晶器的冷却效率要显著高于常规板坯与宽厚板坯结晶器。为此，薄板坯结晶器的冷却结构亦显著区别于常规板坯与宽厚板坯结晶器。主要表现为，薄板坯结晶器宽面铜板水槽采用 U 型结构，增加了水槽的宽度。同时，为了提高铜板传热的均匀性，在结晶器中上部与背板螺栓连接处的铜板处开设圆形水槽，如图 3-11 所示。在 U 型水槽设计过程，为了加快水流速度，结晶器的背板采用插入水槽结构设计，使得 U 型水槽内的冷却水厚度仅约为 4.0mm，大幅提高冷却水的流速的同时，可有效支撑铜板，减小铜板变形。窄面铜板的水槽则为圆形水槽结构。因而，模拟计算薄板坯结晶器内坯壳凝固热/力学行为时，需考虑结晶器水槽内高速流动冷却水对铜板传热的影响。

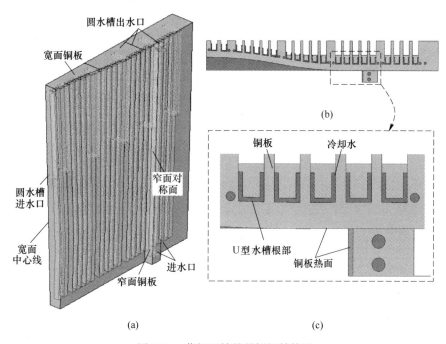

图 3-11 薄板坯结晶器铜板结构图

（a）铜板整体结构；（b）铜板俯视结构；（c）水槽局部放大图

此外，当前薄板坯连铸机所采用的结晶器多为漏斗型结构的结晶器。铸坯在结晶器内由弯月面初始凝固，而后随着拉坯速度下行至结晶器出口。在该过程中，漏斗区内的凝固坯壳需要经历较大的变形，进而影响坯壳的整体凝固传热。采用传统铸坯二维凝固热/力学计算模型，难以较真实反映铸坯随结晶器内腔结构变化的凝固过程。为此，模拟计算薄板坯在结晶器内的凝固热/力学行为，需构建三维数学模型以全面描述其坯壳凝固传热与应力演变。

3.4.1 数学模型构建与验证

基于国内某钢厂 CSP 漏斗结晶器结构（如图 3-12 所示），以结晶器内铸坯（钢液）与铜板组成的系统为有限元计算域。同时，为了充分考虑结晶器冷却水对"铸坯—结晶器"系统传热的影响，采用 MpCCI 流-固耦合接口软件，耦合计算结晶器铜板水槽内冷却水流动及传热行为、铸坯与铜板间传热、坯壳凝固与受力变形行为，实现结晶器内"铸坯—铜板—冷却水"系统的三维热/力学行为耦合分析，以较准确描述薄板坯结晶器内坯壳凝固过程的复杂热/力学行为规律。

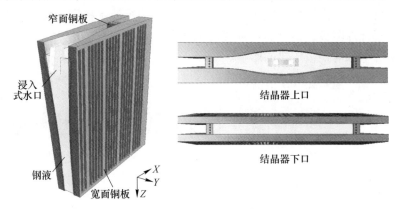

图 3-12　CSP 漏斗结晶器实体

3.4.1.1　模型假设

为了有效建立薄板坯结晶器及其内坯壳凝固过程的复杂传热与受力行为，本书对模型建立过程做了如下假设：

（1）忽略渣道内固渣层中玻璃相与结晶相组成，流入渣道的保护渣仅作固渣层和液渣层区分，且液渣具有良好的流动性。

（2）保护渣的液/固状态由铸坯表面和结晶器热面温度及保护渣自身的熔化特性决定，渣层厚度分布由坯壳-结晶器界面间隙和保护渣的状态共同决定。

（3）忽略保护渣膜凝固收缩，通过引入保护渣/铜板界面热阻来处理保护渣凝固收缩造成的热阻。

（4）结晶器铜板的导热系数各向同性，密度与热容均视为常数。

（5）忽略结晶器变形，结晶器铜板与坯壳间的接触设为刚-柔接触。

（6）不考虑铸坯与结晶器间的摩擦作用，视坯壳与结晶器间滑动接触为光滑接触。

（7）凝固坯壳与结晶器的传热与受力均具有对称性。

（8）忽略结晶器振动对铜板及坯壳凝固传热与受力的影响。

3.4.1.2　数学模型

A　坯壳与铜板传热控制方程

根据上述对称性假设，取薄板坯及其结晶器铜板的 1/4 截面作为计算域。由于铸坯在结晶器内的凝固传热是一个带内热源的非稳态传热过程，因此二者的传热微分方程分别按式（3-1）式（3-2）进行计算：

$$\frac{\partial H(T)}{\partial t} = \frac{\partial}{\partial x}\left(\lambda_s(T)\frac{\partial T}{\partial x}\right) + \frac{\partial}{\partial y}\left(\lambda_s(T)\frac{\partial T}{\partial y}\right) + \frac{\partial}{\partial z}\left(\lambda_s(T)\frac{\partial T}{\partial z}\right) \tag{3-1}$$

$$\rho c\frac{\partial T}{\partial t} = \frac{\partial}{\partial x}\left(\lambda_m\frac{\partial T}{\partial x}\right) + \frac{\partial}{\partial y}\left(\lambda_m\frac{\partial T}{\partial y}\right) + \frac{\partial}{\partial z}\left(\lambda_m\frac{\partial T}{\partial z}\right) \tag{3-2}$$

式中　$H(T)$，$\lambda_s(T)$——拟计算钢种随温度变化的焓和导热系数；

　　　ρ，c，λ_m——结晶器铜板的铜基体/镍合金镀层的密度、热容和导热系数。

B　结晶器水槽冷却水流动控制方程

本书上文提到，薄板坯结晶器的传热效率显著高于常规板坯与宽厚板坯结晶器，其除了铜板高效传热结构设计外，铜板水槽内冷却水的流动及传热状态也直接影响结晶器的传热水平。为了考虑结晶器铜板水槽内冷却水流动及其传热对凝固坯壳传热与受力的影响，本书建立了如下结晶器铜板水槽内冷却水流动与传热计算模型。

根据质量、动量和能量守恒定律，结晶器水槽内的冷却水流动与传热选用以下控制方程。

连续性方程：

$$\frac{\partial u_j}{\partial x_j} = 0 \tag{3-3}$$

式中　u_j——冷却水沿 j 方向的流速，m/s；

　　　x_j——j 方向上的坐标，m。

动量方程：

$$\frac{\partial}{\partial x_j}\rho_w u_i u_j = -\frac{\partial p}{\partial x_i} + \frac{\partial}{\partial x_j}\mu_{eff}\left(\frac{\partial u_j}{\partial x_i} + \frac{\partial u_i}{\partial x_j}\right) + \rho_w g \tag{3-4}$$

式中　ρ_w——水的密度，kg/m^3；

　　　u_i——沿 i 方向的水流速度，m/s；

　　　p——压力，Pa；

　　　g——重力加速度，m/s^2；

　　　μ_{eff}——有效黏度，kg/(m·s)，即为层流和湍流的综合黏度，$\mu_{eff} = \mu_l + \mu_t$，$\mu_l$ 为层流摩尔黏度，μ_t 为湍流黏度。

能量方程：

$$\frac{\partial}{\partial x_i}\left[u_i(p_w H + p)\right] = \frac{\partial}{\partial x_j}\left(\lambda_{eff}\frac{\partial T_w}{\partial x_j}\right) \tag{3-5}$$

$$\lambda_{eff} = \lambda_w + \frac{c_w \mu_t}{Pr_t}$$

式中　　　　H ——总能量，J；

　　　　　　λ_{eff} ——有效热导率，W/(m·K)；

λ_{w}，c_{w}，T_{w} ——水的热导率、热容和温度，对应单位分别为 W/(m·K)、J/(kg·K) 和 K；

　　　　　　Pr_{t} ——湍流的普朗特常数，本计算取值为 0.85。

鉴于结晶器冷却水槽中的水流速度较高，其雷诺数较大，需考虑冷却水湍流对冷却水/水槽界面传热的影响，故流动模型采用了标准 k-ε 模型。在该模型中，湍流动能 $k(\text{m}^2/\text{s}^2)$ 和耗散率 $\varepsilon(\text{m}^2/\text{s}^3)$ 通过式（3-6）~式（3-8）传输控制方程计算获得：

$$\frac{\partial}{\partial x_i}(\rho_{\text{w}} k u_i) = \frac{\partial}{\partial x_j}\left[\left(\mu_1 + \frac{\mu_{\text{t}}}{\sigma_k}\right)\frac{\partial k}{\partial x_j}\right] + G - \rho_{\text{w}}\varepsilon \tag{3-6}$$

$$\frac{\partial}{\partial x_i}(\rho_{\text{w}} \varepsilon u_i) = \frac{\partial}{\partial x_j}\left[\left(\mu_1 + \frac{\mu_{\text{t}}}{\sigma_\varepsilon}\right)\frac{\partial \varepsilon}{\partial x_j}\right] + C_1\frac{\varepsilon}{k}G - C_2\rho_{\text{w}}\frac{\varepsilon^2}{k} \tag{3-7}$$

$$\mu_{\text{t}} = \rho_{\text{w}} C_\mu \frac{k^2}{\varepsilon} \tag{3-8}$$

式中，$G = \mu_{\text{t}} S^2$，$S = \sqrt{2 S_{ij} S_{ij}}$，$S_{ij} = \frac{1}{2}\left(\frac{\partial u_i}{\partial x_j} + \frac{\partial u_j}{\partial x_i}\right)$，$C_1 = 1.44$，$C_2 = 1.92$，$C_\mu = 0.09$，$\sigma_k = 1.0$，$\sigma_\varepsilon = 1.3$。

C　凝固坯壳力学控制方程

相较于常规板坯和宽厚板坯连铸过程，薄板坯结晶器内坯壳下行凝固过程经漏斗区时产生了显著的塑性变形和蠕变现象。因此，薄板坯的力学控制方程选用 Anand 和 Brown 提出 Anand 率相关本构方程[38,39]：

$$\dot{\varepsilon}_{\text{ie}} = A\exp\left(-\frac{Q_{\text{A}}}{T}\right)\left[\sinh\left(\xi\frac{\overline{\sigma}}{s}\right)\right]^{\frac{1}{m}} \tag{3-9}$$

其中，s 的演变式为：

$$\dot{s} = \left(h_0\left|1 - \frac{s}{\tilde{s}\left[\frac{\dot{\varepsilon}_{\text{ie}}}{A}\exp\left(\frac{Q_{\text{A}}}{T}\right)\right]^n}\right|^\alpha \text{sign}\left(1 - \frac{s}{\tilde{s}\left[\frac{\dot{\varepsilon}_{\text{ie}}}{A}\exp\left(\frac{Q_{\text{A}}}{T}\right)\right]^n}\right)\right)\dot{\varepsilon}_{\text{ie}} \tag{3-10}$$

式中各参数意义及对应的取值详见第 2 章的表 2-6。

D　模型初始和边界条件

a　初始条件

模型的传热初始条件主要包括熔池弯月面温度、保护渣厚度和结晶器铜板温度等。其中，熔池弯月面的初始温度为钢液浇铸温度。保护渣膜初始厚度根据平均渣耗量和铸坯断面尺寸计算而得。而铜板的初始温度采用本书第 2 章图 2-33

所示的预处理程序进行初始化获得。

在力学初始条件中，设置计算域内铸坯的初始应力为 0。

b 传热边界条件

在该传热计算模型中，铸坯和结晶器传热边界条件的设定与第 2 章传统板坯和宽厚板坯结晶器内的坯壳凝固传热类似，详见 2.3.1 节。

结晶器铜板与冷却水间仍采用对流换热边界，由下式确定：

$$q = h_w(T - T_w) \tag{3-11}$$

式中 T，T_w——结晶器水槽表面温度与冷却水温度，K；

h_w——水槽与冷却水间的对流换热系数，W/($m^2 \cdot K$)。

然而，在本模型中，冷却水/水槽界面的传热系数根据近壁传热定律计算，其计算式如式（3-12）所示[40]：

$$T_w^* = \frac{T_m - T_w}{q} \rho_w c_w C_\mu^{1/4} k^{1/2} = \begin{cases} Pr y^* & y^* < y_T^* \\ Pr_t \left[\dfrac{1}{\kappa} \ln(Ey^*) + P \right] & y^* > y_T^* \end{cases} \tag{3-12}$$

$$y^* = \frac{\rho_w y_w}{\mu_1} C_\mu^{1/4} k^{1/2}$$

$$P = 3.15 Pr^{0.695} \left(\frac{1}{E'} - \frac{1}{E} \right)^{0.359} + 9.24 \left(\frac{E'}{E} \right)^{0.6} \left[\left(\frac{Pr}{Pr_t} \right)^{3/4} - 1 \right] (1 + 0.28 e^{-0.007 Pr/Pr_t})$$

式中 T_w^*——无量纲温度；

T_m——水缝/水槽的壁面温度，K；

T_w——紧邻水缝/水槽壁面的冷却水水膜温度，K；

Pr——摩尔普朗特数；

y^*——距离水缝/水槽壁面的无量纲距离；

y_w——紧邻水槽壁面的冷却水网格几何心到水槽壁面的距离，m；

y_T^*——无量纲传热边界层厚度，由线性定律和对数定律交点处的 y^* 值来确定；

κ——冯·卡尔曼常数，$\kappa = 0.4187$；

E——经验常数，$E = 9.793$；

E'——粗糙壁面修正常函数。

E' 的值通过以下公式获得：

$$\frac{1}{\kappa} \ln \frac{E}{E'} = \begin{cases} 0 & K_s^+ \leq 2.25 \\ \dfrac{\sin[0.4258(\ln K_s^+ - 0.811)]}{\kappa} \ln \left(\dfrac{K_s^+ - 2.25}{87.75} + C_s K_s^+ \right) & 2.25 < K_s^+ \leq 90 \\ \dfrac{1}{\kappa} \ln(1 + C_s K_s^+) & 90 < K_s^+ \end{cases}$$

$$\tag{3-13}$$

式中　　K_s^+——无量纲的粗糙度高度，$K_s^+ = \rho_w K_s C_\mu^{1/4} k^{1/2} / \mu_1$；

　　　　K_s——物理粗糙度高度，m；

　　　　C_s——粗糙度常数，$C_s = 0.5$。

　　水缝/水槽的所有出口都设置为压力出口。其他边界条件，例如入口的温度与速度、水缝/水槽壁面的粗糙度高度，根据实际粗糙度设置。冷却水的物性参数详见表 3-3。

表 3-3　薄板坯结晶器冷却水物性参数

参　数	取　值	单　位
密度	998.2	kg/m³
热容	4182	J/(kg·K)
导热系数	0.6	W/(m·K)
黏度	0.0006	kg/(m·s)

　　c　力学边界条件

　　在实际薄板坯连铸过程，坯壳和结晶器都承受着复杂的力学行为。根据本书上文假设，凝固坯壳与结晶器的力学边界条件主要包括位移边界和受力边界条件。对于结晶器位移约束，由于忽略了结晶器铜板的变形，因而将结晶器宽面与窄面铜板的位移约束均设置为 0。铸坯对称面的位移亦均设置为 0，凝固坯壳前沿的钢水静压力同样施加于固相分率 $f_s = 0.884$ 所对应的坯壳单元。铸坯表面与结晶器铜板热面的力学约束为刚-柔接触，进而对铸坯、结晶器以及冷却水流动进行三维耦合热/力学计算分析。

3.4.2　坯壳凝固传热与力学演变

3.4.2.1　凝固坯壳变形行为

　　图 3-13 为某钢厂 CSP 连铸机采用窄面直线型平面铜板结晶器生产 Qste380TM 低碳含铌钛微合金钢过程，凝固坯壳在漏斗结晶器内沿宽度与厚度方向的三维变形分布。连铸工艺参数如表 3-4 所示。在铸坯宽度方向的变形上，由于在结晶器上部一定高度范围内的坯壳凝固过程主要为钢水过热度消除的过程，特别是在从漏斗区过渡至平直区的结晶器区域内，坯壳凝固显著滞后，坯壳的收缩等变形并不显著。因而在薄板坯结晶器内，凝固坯壳在宽度方向上的收缩变形主要集中在结晶器中下部，并以铸坯边角部最为显著，如图 3-13（a）所示。

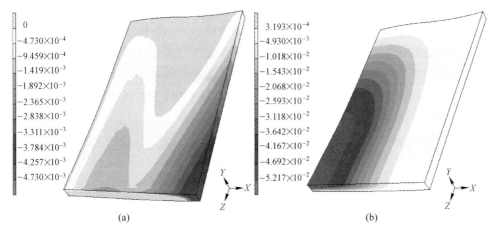

图 3-13 坯壳在结晶器内的三维变形行为

(a) 宽面；(b) 窄面

(扫描书前二维码看彩图)

表 3-4 某钢厂 Qste380 低碳含铌钛微合金钢薄板坯连铸工艺参数

拉速 /m·min⁻¹	断面尺寸 /mm×mm	浇注温度 /℃	宽面水量 /L·min⁻¹	窄面水量 /L·min⁻¹	结晶器水温差 /℃	液相线温度 /℃
4.0	1250×90	1550	6677	310	4.5	1525

对于凝固坯壳沿厚度方向上的变形，由于薄板坯结晶器宽面铜板为由上口至下口呈逐渐过渡变化的漏斗结构（如图 3-14 所示），铸坯在其内凝固过程受到漏斗区铜板向其厚度方向的挤压减薄作用影响，凝固坯壳沿厚度方向的变形主要集中在结晶器宽面漏斗区处，同样主要集中在结晶器的中下部，如图 3-13（b）所示。

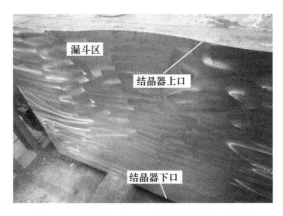

图 3-14 某钢厂 CSP 结晶器宽面铜板实物图

图 3-15（a）为上述 Qste380TM 低碳含铌钛微合金钢薄板坯在漏斗结晶器内凝固过程由于凝固收缩与铜板挤压综合作用造成的铸坯整体变形及其在不同高度方向上的收缩形貌（图中凝固坯壳的变形量为放大 5 倍后的效果）。薄板坯在结晶器内的收缩变形主要集中在铸坯角部，且在结晶器弯月面以下 300mm 高度起，凝固坯壳的宽面和窄面角部的收缩变形量均随其向下移动而逐渐增大。

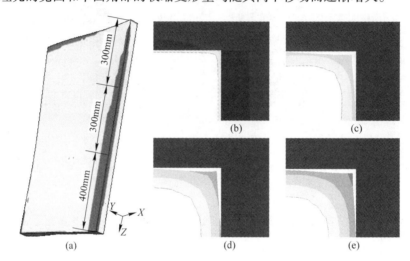

图 3-15　凝固坯壳在结晶器内的变形与收缩

（a）整体变形收缩分布；（b）弯月面下 50mm 横截面；（c）弯月面下 300mm 横截面；

（d）弯月面下 600mm 横截面；（e）结晶器出口横截面

（扫描书前二维码看彩图）

具体针对铸坯宽面角部区域，在弯月面及其以下 50mm 高度范围内，由于凝固坯壳的温度高且薄，铸坯在厚度方向上的收缩量较小，凝固坯壳紧贴结晶器宽面铜板快速传热，如图 3-15（b）所示。然而，随着铸坯持续下行凝固，窄面坯壳温度持续下降，因而坯壳在厚度方向上持续收缩，并带动了铸坯宽面角部与偏离角区域的坯壳向铸坯厚度中心方向变形。在该过程中，由于薄板坯宽面结晶器铜板的平行区缺乏对铸坯在厚度方向上收缩的锥度有效补偿（某钢厂 CSP 结晶器的窄面铜板的上口与下口的宽度差，即结晶器平行区沿铸坯厚度方向的锥度补偿量仅为 0.2mm），致使铸坯宽面角部及其偏离角区域的凝固坯壳较早脱离宽面铜板而形成较大的界面间隙，如图 3-15（c）~（e）所示。

而对于铸坯窄面角部，坯壳的凝固收缩变形特点总体与铸坯宽面角部区域类似，呈现为在结晶器弯月面及其以下 50mm 高度范围内的收缩变形不显著，坯壳与窄面铜板紧密贴合。而后随着铸坯进一步下行冷却，坯壳逐渐脱离铜板形成较大的界面间隙。然而，在该过程中，受结晶器窄面铜板对铸坯沿宽面中心方向的凝固收缩持续线性锥度补偿，坯壳与结晶器窄面铜板间的间隙沿结晶器高度方向呈现先增大而后微弱减小的趋势变化。

3.4.2.2　铸坯角部区域保护渣膜分布

受上述薄板坯结晶器内凝固坯壳宽、窄面角部收缩间隙及铸坯表面温度演变综合作用，铸坯角部形成了较明显的保护渣膜与气隙集中分布的现象。图 3-16 为薄板坯在结晶器内不同高度下，铸坯角部及其附近区域渣道内的保护渣膜厚度分布计算结果。薄板坯宽面与窄面角部，以及其对应附近区域的保护渣膜厚度分布整体相近，均呈现为在结晶器上部厚度较薄，且主要集中在铸坯角部区域，而随着凝固坯壳下移，逐渐在宽面与窄面的偏离角区域集中分布。凝固坯壳由弯月面下 100mm 下行至 400mm 时，铸坯宽、窄面偏离角区域的保护渣膜厚度急剧增加，增加量分别达到了 0.27mm 和 0.30mm，如图 3-16（a）和（b）所示。该现象的出现，将造成薄板坯宽面及窄面偏离角区域出现"热点"，进而造成薄板坯偏离角区纵裂纹或漏钢事故（以宽面最为显著）。而后由于铸坯宽、窄面角部及偏离角区域的收缩变形逐渐趋于稳定，随之铸坯宽面与窄面角部、以及其偏离角区域的保护渣膜厚度分布均趋于稳定。

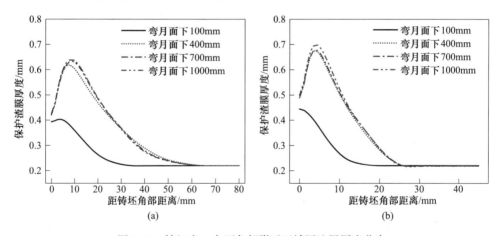

图 3-16　铸坯宽、窄面角部附近区域固渣层厚度分布
（a）宽面；（b）窄面

3.4.2.3　铸坯角部区域气隙分布

图 3-17 为某钢厂薄板坯在上述典型连铸工艺下，结晶器内铸坯宽面与窄面角部附近区域的气隙厚度分布。从图 3-17（a）可以看出，铸坯宽面角部的气隙最先生成于弯月面下约 100mm 高度，而后随着铸坯向下拉出过程，气隙的厚度持续增加。铸坯宽面气隙的最大值出现在结晶器出口处的角部，约为 0.33mm。造成薄板坯结晶器内宽面角部区域的气隙随拉坯下行逐渐增加的现象主要是铸坯

在结晶器向下拉出过程，凝固坯壳沿厚度方向的收缩量逐渐增加，而弯月面400mm以下高度的保护渣已完全凝固综合作用所致。然而，在该过程，凝固坯壳角部区域沿厚度方向的收缩缺乏宽面铜板的锥度有效补偿（自弯月面至结晶器出口，沿铸坯厚度方向的铜板锥度有效补偿量仅约为 0.18mm），使得铸坯宽面角部及其附近区域与铜板间的界面间隙逐渐增加。而在该过程，由于铸坯宽面角部及其附近区域的保护渣膜厚度在结晶器中下部的厚度基本恒定（如图 3-16（a）所示），增加的界面间隙基本全部转变成气隙厚度的增加，形成了结晶器宽面角部及其附近区域的气隙厚度沿结晶器高度向下呈逐渐增加趋势分布。

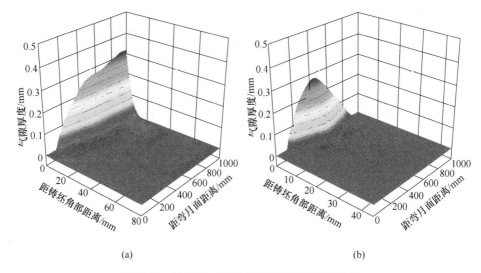

(a)　　　　　　　　　　　　　　(b)

图 3-17　铸坯宽、窄面角部附近区域气隙分布

（a）宽面；（b）窄面

（扫描书前二维码看彩图）

　　此外，铸坯宽面角部附近的气隙沿角部至其偏离角方向快速减少，厚气隙主要集中在距铸坯宽面角部的 0~20mm 范围内分布。造成气隙该分布特点的其主要原因是：薄板坯在结晶器内凝固过程中，距凝固坯壳角部 0~20mm 范围内的铸坯宽面快速降温至保护渣凝固温度以下，而其远离该角部区域的铸坯偏离角区域的表面温度较高，即其坯壳/结晶器界面内仍存液渣层。在结晶器振动作用下，具有流动性的液渣膜填充坯壳沿厚度方向凝固收缩所形成的间隙，如图 3-16（a）所示。形成了气隙沿从铸坯宽面角部到偏离角区域呈快速减小的趋势分布。

　　图 3-17（b）为薄板坯结晶器内铸坯窄面角部及其附近区域的气隙分布。可以看出，薄板坯结晶器内铸坯窄面角部及其附近区域的气隙主要集中在弯月面下100~820mm 范围的结晶器高度中部区域，整体呈现为在结晶器高度的中上部快速生长、中下部快速减小的趋势分布。气隙厚度的最大值位于弯月面下约 400mm

高度处，约为 0.28mm。造成该薄板坯窄面角部气隙分布趋势的主要原因为：在结晶器中部高度，铸坯的传热速度较快，其沿宽面中心方向的热收缩增加幅度亦较大，而传统薄板坯结晶器窄面铜板为直线型平面结构，所采用的锥度补偿方式无法高效迎合坯壳的收缩，从而造成结晶器高度中部区域的窄面坯壳角部与铜板间产生较大的间隙，引发气隙形成并快速生长。而随着铸坯继续下行，凝固坯壳向宽面中心方向的收缩逐渐减缓，在窄面铜板锥度的持续补偿作用下，铸坯窄面角部与铜板间的间隙逐渐减小，并最终在弯月面下约 820mm 及其以下高度完全消失。

此外，与铸坯宽面角部气隙的横向分布类似，薄板坯结晶器内窄面的气隙亦主要集中分布在距离凝固坯壳角部 0~10mm 范围的区域内，造成该现象的原因亦与宽面角部类似。

3.4.2.4 结晶器内铸坯温度分布

图 3-18 为上述薄板坯结晶器内坯壳/铜板界面传热条件下的凝固坯壳三维温度场分布。可以看出，薄板坯在结晶器内凝固过程，由于其在弯月面附近区域的传热速度十分快，凝固坯壳在拉坯方向上的温度梯度大。但由于铸坯在弯月面及其以下约 100mm 高度范围内，凝固坯壳与铜板间的传热介质主要为液渣层和固渣层，且分布较均匀，凝固坯壳在其宽面与窄面横向上的温度分布较均匀。

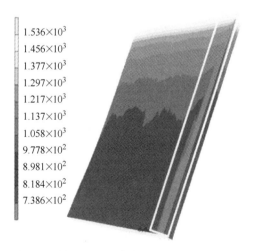

图 3-18　结晶器内坯壳表面三维温度场分布图
（扫描书前二维码看彩图）

然而，随着铸坯下行，凝固坯壳宽面偏离角区域的收缩间隙逐渐填充厚保护渣膜与气隙，降低了该区域的传热速度，致使铸坯宽面偏离角区域逐渐形成"热点"，如图 3-18 方框标记所示。受此影响，在实际生产过程，该区域的铸坯表层凝固组织晶粒将相对粗大，从而降低该区域组织的高温塑性。在实际生产过程，该钢厂 CSP 产线所生产的热轧卷板，常在距其边部 100~200mm 范围内产生翘皮缺陷。而除铸坯偏离角区域外，凝固坯壳宽面与窄面的横向温度场分布整体较均匀。此外，在连铸坯下行凝固过程，由于凝固坯壳向结晶器传热的速度逐渐降低，坯壳的表面温度变化趋缓，即其沿拉坯方向的温度变化梯度逐渐减小。

　　具体针对薄板坯角部，如图 3-19 所示，其在弯月面以下 0~100mm 范围内，由于铸坯角部区域尚未形成气隙与厚保护渣膜，受其二维传热影响，凝固坯壳的传热速度较快，冷却速度最大超过了 100℃/s。受此高速冷却作用，铸坯角部初始凝固形成的表层组织晶粒将显著细化，且由于在该过程的铸坯角部温度已降至近 1100℃，含 Ti 微合金碳氮化物的析出尺寸将较为细小，且分布亦将较为分散。所以凝固形成的铸坯角部组织的塑性将较高，有利于铸坯角部裂纹控制。

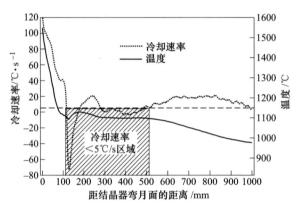

图 3-19　铸坯宽、窄面中心及角部温度分布

　　然而，随着铸坯继续下行，凝固坯壳角部区域受厚气隙和厚保护渣膜集中分布影响，传热速度快速下降。当铸坯下行至弯月面以下约 110~515mm 高度范围时，坯壳角部的冷却速度降至小于 5℃/s 水平。更需要注意的是，由于铸坯宽面与窄面角部的气隙均较快速生长，使得弯月面下约 125~160mm 高度范围的铸坯角部出现了返温现象。薄板坯结晶器高度中部区域的铸坯角部该缓慢传热特点，将使铸坯表层初始凝固形成的细晶产生粗化，不利于铸坯角部组织高塑化控制。同时，由于铸坯角部在该位置下的温度正处于含 Nb、Al、B 等合金元素的碳氮化物高温端析出区，铸坯角部的缓慢传热将促使其微合金碳氮化物于其奥氏体晶界集中析出而脆化晶界，从而降低微合金钢铸坯角部组织的高温塑性。

　　当铸坯继续下行，由于铸坯沿宽面方向的收缩减缓和窄面铜板锥度持续补偿作用，凝固坯壳窄面角部的气隙逐渐减小，铸坯角部的传热速度再次回升至 5℃/s 以上。因而，在结晶器中上部，凝固坯壳角部的传热行为不适宜含 Nb、B、Al 类微合金钢薄板坯组织的高塑化控制。

3.5　薄板坯连铸二冷凝固热/力学行为

CSP 连铸生产过程中，铸坯除了在弯曲与矫直等过程受到较大应力作用外，液芯压下亦是造成显著应力的关键环节。铸坯的受力行为不仅与连铸机的结构及变形工艺有关，铸坯在铸流内的温度场分布更是直接影响因素。探明不同连铸工艺下铸坯在二冷铸流内的温度场演变，是改善薄板坯生产过程受力并提高其表面质量的基础。为此，本书首先采用 FLIR A40 红外测温仪对某钢厂 CSP 连铸机生产 Qste380TM 含铌钛低碳微合金钢过程的铸坯表面进行红外测温。在此基础上，通过构建薄板坯二冷三维传热与力学演变耦合计算模型，研究分析典型微合金钢连铸生产过程的二冷凝固传热与力学演变规律。

3.5.1　连铸坯二冷红外测温实验

CSP 连铸机结构十分紧凑，实际生产中难以对全铸流位置的铸坯表面温度进行测量。结合某钢厂现场实际情况，本书仅对其连铸矫直区关键位置处铸坯的窄面及内弧角部进行红外测温，即选择了 1 号拉矫辊前 0.7m、2 号拉矫辊入口、3 号拉矫辊入口、4 号拉矫辊入口、4 号拉矫辊后 0.7m 处。所开展测温的钢种为 Qste380TM 低碳含铌钛微合金钢，铸坯断面尺寸为 1250mm×90mm，连铸拉速为 4.0m/min，钢水过热度为 25℃。采用 FLIR 红外热成像仪（Thermal CAM）进行测量，如图 3-20 所示。

图 3-20　某钢厂 CSP 连铸过程铸坯表面测温现场

图 3-21 为上述测温条件下，1 号拉矫机前 0.7m、2 号拉矫辊入口、3 号拉矫辊入口、4 号拉矫辊入口、4 号拉矫辊后 0.7m 等关键位置处的铸坯表面红外热成

像与铸坯角部（图 3-21 中的 SP01 点）温度随时间的变化图。从图 3-21 中可以看出，在测温时段内，对应各关键位置处的铸坯角部温度分别约为 911℃、905℃、901℃、893℃和884℃（根据红外测温原理，所测温时段内的最高温度最为接近连铸坯表面真实温度，认定测温时段内的最高温度为所测铸坯表面温度）。

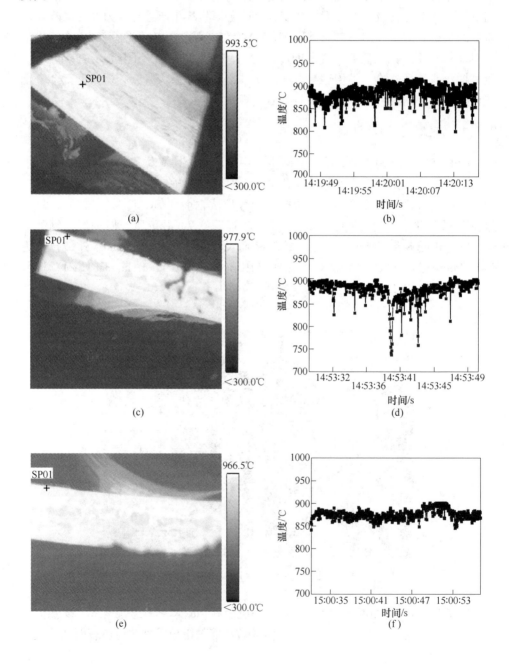

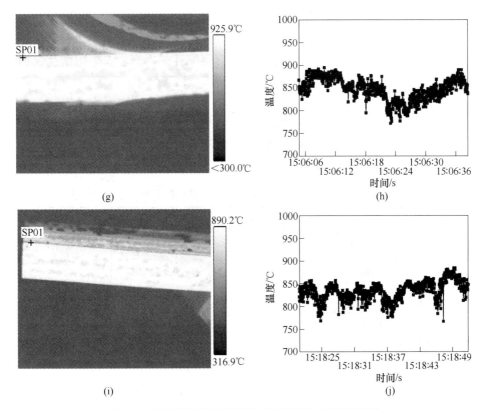

图 3-21 拉矫机区域不同位置的薄板坯红外测温结果

（a）1 号拉矫机前 0.7m 处铸坯热成像；（b）1 号拉矫机前 0.7m 处铸坯角部温度；

（c）2 号拉矫机入口处铸坯热成像；（d）2 号拉矫机入口处铸坯角部温度；

（e）3 号拉矫机入口处铸坯热成像；（f）3 号拉矫机入口处铸坯角部温度；

（g）4 号拉矫机入口处铸坯热成像；（h）4 号拉矫机入口处铸坯角部温度；

（i）4 号拉矫机后 0.7m 处铸坯热成像；（j）4 号拉矫机后 0.7m 处铸坯角部温度

（扫描书前二维码看彩图）

从该实测温度结果可以看出，薄板坯在矫直过程的铸坯角部温度均较高。根据图 3-6 不同变形速率条件下 Qste380TM 低碳含铌钛钢断面收缩率随温度变化可知，当铸坯的温度在 890℃以上时，其断面收缩率超过了 56%，组织具有较高的塑性，在设备精度满足工艺条件的基础上，铸坯生产过程一般不会产生表面裂纹缺陷（已有研究表明[41]，当高温钢组织的断面收缩率高于 40%时，在设备满足精度的前提下，铸坯不会产生裂纹缺陷）。

3.5.2　连铸坯二冷温度场与应力场

CSP 连铸二冷的冷却强度大，且伴随有液芯压下、顶弯及矫直等过程，铸坯凝固热/力学行为十分复杂。同时，在 CSP 薄板坯连铸过程，二冷各区的冷却强度大，铸坯沿拉坯方向存在较大温度梯度，从而造成沿拉坯方向明显传热的实际。本书立足于某钢厂 CSP 连铸机结构及上述 Qste380TM 低碳含铌钛微合金钢生产工艺，构建了其铸坯二冷三维热/力耦合有限元计算模型，以探明微合金钢薄板坯连铸过程铸坯在二冷区内的凝固传热与力学演变行为。

　　某钢厂 CSP 连铸机的二冷区共包括 6 个冷却区，分别对应为足辊段、格栅段、扇形 1 段、扇形 2 段、扇形 3 段和扇形 4 段，总长度约为 8.705m，各区的长度及喷淋面积如表 3-5 所示，对应的 Qste380TM 钢在 4.0m/min 拉速条件下的二冷各区水量如表 3-6 所示。

表 3-5　二冷区各区的分区情况

冷却区	包含段	各区长度/m	各区末到弯月面距离/m	各区喷水面积/m^2
1	足辊段	0.06	1.060	0.20
2	格栅段	0.49	1.550	1.65
3	扇形 1 段	1.27	2.820	4.27
4	扇形 2 段	1.98	4.795	6.64
5	扇形 3 段	2.45	7.245	8.23
6	扇形 4 段	2.45	9.705	8.27

表 3-6　4.0m/min 拉速连铸 Qste380TM 钢二冷区各区水量

冷却区	包含段	对应控制回路	冷却水量/L·min^{-1}
1	足辊段	1	330.0
2	格栅段	2	1720.5
3	扇形 1 段	3.0	1128.4
		3.1	386.5
		3.2	254.2
4	扇形 2 段	4.0	990.5
		4.1	340.6
		4.2	215.5
5	扇形 3 段	5.0	665.5
		5.1	244.3
		5.2	149.5
6	扇形 4 段	6.0	345.5
		6.1	100.5
		6.2	145.0

3.5.2.1 数学模型建立

一般认为薄板坯连铸生产过程，铸坯沿宽度方向的凝固传热与受力具有对称性。为此，在建立数学模型过程，其实体模型仅需建立铸坯的横向 1/2 模型，即铸坯模型尺寸为 625mm×90mm。同时，为了充分考虑连铸机扇形段铸辊在液芯压下及夹持等过程对铸坯的力学作用，基于某钢厂 CSP 连铸机实际辊列结构，建立了如图 3-22 所示包含辊列与铸坯系统的三维有限元模型。值得说明的是，某钢厂 CSP 连铸机的扇形 1 段即为液芯压下段，压下辊共计 9 对。Qste380TM 低碳含铌钛微合金钢连铸生产过程的液芯压下量为 13.5mm。铸坯采用正六面体单元进行网格划分，扇形段辊列设置为刚体结构。

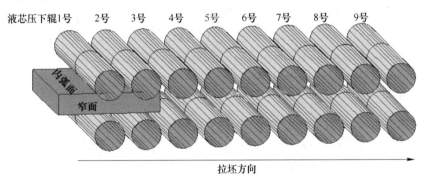

图 3-22 薄板坯连铸二冷热/力学计算模型示意图

A 模型假设

为了简化计算模型，对薄板坯在二冷铸流内的凝固传热与受力过程做如下假设与简化：

（1）铸坯凝固过程沿宽度与厚度方向的传热与受力行为具有对称性。

（2）铸坯在凝固过程的高温物性参数为各向同性，其传热与力学参数仅为温度的函数。

（3）同一冷却区内的铸坯表面均匀冷却。

（4）CSP 为典型的直弧形连铸机，其凝固基本在垂直区内完成，假设凝固过程的铸坯内弧与外弧传热条件一致。

（5）铸辊热传导带走的热量折算至二冷各区综合换热系数中。

（6）忽略铸坯与扇形段的摩擦作用。

（7）忽略铸辊在液芯压下等过程的变形，铸坯在扇形段内与铸辊间的接触为刚-柔接触。

B 控制方程

根据上述假设，鉴于铸坯在二冷凝固过程是一个非稳态传热过程，故铸坯凝固传热的控制方程选为式（3-14）：

$$\rho c \frac{\partial t}{\partial \tau} = \frac{\partial}{\partial y}\left(k_{\text{eff}} \frac{\partial t}{\partial y}\right) + \frac{\partial}{\partial x}\left(k_{\text{eff}} \frac{\partial t}{\partial x}\right) + S_{\text{o}} \tag{3-14}$$

式中　t——温度，℃；

　　　ρ——密度，kg/m³；

　　　c——热容，kJ/(kg·℃)；

　　k_{eff}——导热系数，W/(m·℃)；

　　　S_{o}——内热源项，W/m³。

力学控制方程采用式（3-9）与式（3-10）所示的本构方程。

C　模型初始条件

由于本计算模型构建过程采用了重启动技术，即铸坯的初始温度场与应力均继承了 3.4 节的结晶器内坯壳凝固热/力耦合计算模型结果，因而本计算模型的铸坯传热与应力的初始条件即为铸坯出结晶器时的温度与应力状态。

D　边界条件

a　铸坯二冷区传热边界

薄板坯连铸过程，铸坯在二冷区内的传热形式主要有三种：（1）冷却水喷淋到铸坯表面传热和铸辊与铸坯表面的换热；（2）气雾喷淋冷却引起的空气和水蒸发带走的热量；（3）高温铸坯表面向空气中的散热，即辐射传热。在实际模型建立过程，较难对各传热形式进行定量化描述。二冷区综合换热系数是描述二冷区传热效果的重要参数，它与喷嘴类型、喷嘴布置、水流密度、水温及铸坯表面状态息息相关。常用的不同连铸条件下二冷区综合换热系数计算经验公式详见第 2 章 2.4.1.2 节的铸坯传热与力学模型。

鉴于薄板坯连铸过程各二冷区的水流密度大的实际情况，本书选择了蔡开科等[45]测定的经验换热系数公式：

$$\begin{cases} h = 0.61W^{0.597} & (3\text{L}/(\text{m}^2 \cdot \text{s}) < W < 10\text{L}/(\text{m}^2 \cdot \text{s}), \ t_{\text{s}} = 800℃) \\ h = 0.59W^{0.385} & (3\text{L}/(\text{m}^2 \cdot \text{s}) < W < 20\text{L}/(\text{m}^2 \cdot \text{s}), \ t_{\text{s}} = 900℃) \\ h = 0.42W^{0.351} & (3\text{L}/(\text{m}^2 \cdot \text{s}) < W < 12\text{L}/(\text{m}^2 \cdot \text{s}), \ t_{\text{s}} = 1000℃) \end{cases} \tag{3-15}$$

式中　h——综合换热系数，kW/(m²·℃)；

　　　W——喷水密度，L/(m²·s)；

　　　t_{s}——铸坯表面温度，℃。

b　空冷区传热边界

某钢厂 CSP 连铸过程，铸坯出扇形 4 段后即进入了空冷区，铸坯的传热方式主要为向周围环境辐射换热，因而将空冷区辐射换热设置为如式（3-16）所示的辐射传热计算公式：

$$q = \sigma\varepsilon\left[(t + 273)^4 - (t_{amb} + 273)^4\right] = h_{rad}(t - t_{amb}) \tag{3-16}$$

$$h_{rad} = \sigma\varepsilon\left[(t + 273)^2 + (t_{amb} + 273)^2\right]\left[(t + 273) + (t_{amb} + 273)\right]$$

式中　σ——斯蒂芬-玻尔兹曼常数，5.67×10^{-8} W/(m^2·K^4)；

ε——物体的黑度，取值为 0.8；

t——铸坯表面温度，℃；

t_{amb}——环境温度，℃；

h_{rad}——与环境的等效换热系数，W/(m^2·℃)。

c　对称面边界

根据铸坯在宽面方向上传热与受力对称性假设，设置铸坯的对称面传热为绝热、位移约束亦为 0，分别如式（3-17）和式（3-18）所示：

$$-k_{eff}\frac{\partial t}{\partial x}\bigg|B = 0 \tag{3-17}$$

$$\text{Displacement}_X = 0 \tag{3-18}$$

d　钢水静压力

CSP 连铸过程结晶器弯月面到铸坯凝固完全点的垂直高度高达 8~9m，形成了巨大的钢水静压力，极易导致坯壳产生鼓肚变形。在钢水静压力施加过程，采用了如 3.4.1 节相同的处理方法，即将钢水静压力施加于固相率为 0.884 的凝固前沿单元，静压力表达式如式（3-19）所示：

$$P = \rho g h \tag{3-19}$$

式中　P——铸坯凝固前沿所受钢水静压力，Pa；

ρ——钢液密度，kg/m^3；

g——重力加速度，9.8m/s^2；

h——距结晶器弯月面的垂直高度，m。

e　液芯压下过程铸辊与铸坯接触载荷

将铸坯的内外弧表面单元与铸辊定义为刚-柔接触对，计算过程由 Marc 有限元软件自动施加接触分析。

3.5.2.2　模型验证

图 3-23 为上述模型计算某钢厂在生产 Qste380TM 低碳含铌钛微合金钢薄板坯过程，铸坯窄面及角部温度与实测温度的对比图。由模型计算所得的顶弯段末端及整个矫直区的铸坯窄面中心与角部温度均稍高于对应位置处的实测温度。致使实测温度值低于模型计算值的主要原因是在测温区域内的连铸坯窄面及角部表面均一定程度覆盖有氧化铁皮（如图 3-21 所示），降低了铸坯表面的实测温度。表 3-7 为测温点铸坯窄面中心和角部的模拟计算和现场实测温度值定量对比。模型计算得到的铸坯窄面和角部温度值与现场实测铸坯窄面和角部温度值相对误差范围仅约为 0.40%~1.61%，为允许误差范围，可以认为模型计算结果可靠。

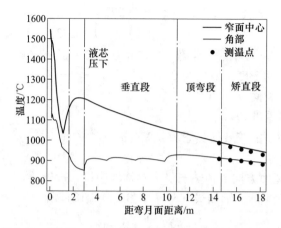

图 3-23　薄板坯二冷传热模型计算温度与实测温度对比

表 3-7　铸坯模拟计算温度和实际测量温度

测温点		实测值/℃	模拟值/℃	相对误差/%
1 号拉矫辊前 0.7m	窄面中心	989	993	0.40
	角部	911	916	0.55
2 号拉矫辊入口	窄面中心	970	980	1.03
	角部	905	909	0.44
3 号拉矫辊入口	窄面中心	958	968	1.04
	角部	901	904	0.33
4 号拉矫辊入口	窄面中心	932	947	1.61
	角部	893	899	0.67
4 号拉矫辊后 0.7m	窄面中心	932	947	1.61
	角部	884	894	0.13

3.5.2.3　铸坯二冷温度场

图 3-24 为某钢厂 Qste380TM 含铌钛低碳微合金钢典型薄板坯连铸工艺下，铸坯在 1~4 段各段末端、矫直区入口与末端等位置处的温度场云图。可以看出，在 CSP 连铸机扇形 3 段以上区域（如图 3-24（a）~（c）所示），由于铸坯宽面二冷各区的冷却强度大，而窄面在窄面足辊区（每侧仅 2 组喷嘴）后无喷淋冷却作用，铸坯宽面的温度整体显著低于窄面。当铸坯凝固至扇形 4 段及其以下区域时，受扇形 4 段冷却强度大幅减小、顶弯段及矫直区空冷综合作用下，铸坯宽面温度快速回升，其温度开始高于窄面温度。特别是铸坯进入矫直区后，其宽面经

空冷区均匀化回温作用后，铸坯宽面温度分布十分均匀，且温度升至了1100℃以上，满足铸坯宽面无缺陷矫直连铸生产的温度要求。

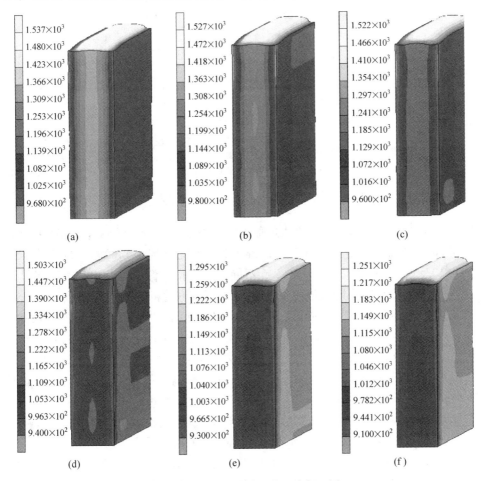

图 3-24　铸流不同位置处温度场云图
（a）1 段末端；（b）2 段末端；（c）3 段末端；（d）4 段末端；（e）矫直段入口；（f）矫直段末端
（扫描书前二维码看彩图）

图 3-25 为 Qste380TM 钢连铸过程薄板坯中心、角部、宽面中心线，以及窄面中心线位置的温度历程曲线。铸坯中心在完全凝固点之前的温度变化相对平缓，而在完全凝固点之后呈相对快速下降趋势变化。由于薄板坯的厚度小且在二冷区内的冷却强度大，铸坯的液芯长度较短。某钢厂在 Qste380TM 低碳含铌钛微合金钢典型连铸工艺下的铸坯液芯长度仅约为 8.9m。

相对于铸坯中心，薄板坯连铸过程的表面温度波动较为剧烈。具体针对铸坯宽面表面，出结晶器后，受足辊与格栅区强喷淋冷却作用，表面温度延续其在结

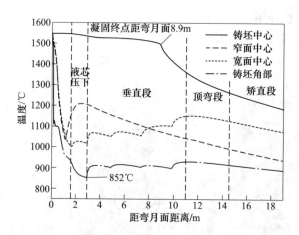

图 3-25　传统薄板坯连铸工艺铸坯各位置的温度变化曲线

晶器内快速降温的趋势变化。进入扇形 1 段（液芯压下段）后，由于该段的冷却强度相对于足辊与格栅区有所下降，铸坯宽面开始出现小幅回温，整体处于约 1000~1025℃的范围变化。根据图 3-6 不同变形速率条件下 Qste380TM 低碳含铌钛微合金钢断面收缩率随温度变化测试结果，该温度范围钢的断面收缩率可达 80%以上，铸坯在液芯压下过程应不会产生裂纹缺陷。当铸坯进入扇形 2 段和 3 段时，铸坯宽面的冷却强度进一步下降，其表面温度整体进一步微弱回升。当铸坯进入到扇形 4 段及其以下区域时，铸坯宽面温度整体呈先较大幅度上升而后在顶弯段入口附近开始缓慢下降的趋势，直至出连铸机。在矫直过程，铸坯宽面温度整体高于 1080℃，满足高温过矫直的温度要求。

  而对于铸坯窄面，出结晶器后的凝固坯壳在窄面足辊区内受到 2 组足辊喷嘴冷却作用，铸坯窄面中心的温度同宽面中心线处的温度同步快速下降。然而，当铸坯出窄面足辊区后，由于坯壳窄面再无喷淋冷却作用，其温度整体快速上升，于液芯压下段内达到最高值约 1210℃。而后，随着凝固坯壳厚度持续增加和热辐射作用，铸坯表面温度开始逐渐下降。当铸坯进入矫直区时，其窄面中心的温度降至了约 990℃。

  而对于铸坯角部，其温度整体低于铸坯宽面与窄面中心线处的温度。铸坯出结晶器后，由于受窄面足辊区、宽面足辊及格栅区综合强冷却作用，铸坯角部温度快速下降。值得一提的是，当铸坯进入扇形 1 段（液芯压下段）时，由于铸坯角部的凝固坯壳较厚，同时受宽面强喷淋冷却作用，在该区内的铸坯角部温度仍然持续下降至最低值约 852℃（平均冷却速率约为 3.9℃/s）。由图 3-6 不同变形速率条件下 Qste380TM 低碳含铌钛钢断面收缩率随温度变化测试可知，该温度下铸坯在大变形速率条件下的断面收缩率仅约为 36%，铸坯角部极易因液芯压下变形受力而开裂并扩展成裂纹缺陷。

当铸坯离开液芯压下段后，铸坯宽面冷却水量开始逐渐降低，铸坯角部在各冷却区内整体呈小幅波动上升趋势变化。在扇形段 2~4 段的各段段末，铸坯角部的温度分别约为 901℃、903℃ 和 899℃，且在矫直全过程角部温度均保持在 895℃ 以上。同样由图 3-6 不同变形速率条件下 Qste380TM 低碳含铌钛钢断面收缩率随温度变化可知，该温度下钢的断面收缩率大于 57%，铸坯边角部组织的高温塑性较好。因此，在设备精度满足要求的前提下，可以认为薄板坯连铸矫直过程应不会产生明显的角部横裂纹缺陷。

3.5.2.4 铸坯液芯压下过程力学演变

液芯压下技术是薄板坯连铸连轧工艺的关键技术，是加速铸坯凝固、提高连铸拉速、匹配连铸和轧制间坯料厚度、改善铸坯中心偏析等的重要保障。然而，高拉速连铸的薄板坯在液芯压下过程，扇形段将强烈挤压带有液芯的铸坯，使铸坯（特别是其内弧）产生较大的变形与应力。而由上节分析可知，薄板坯连铸机生产微合金钢过程，铸坯在液芯压下段内的角部组织塑性较差，因而需探究液芯压下过程铸坯的力学行为特点。

A 液芯压下过程铸坯变形行为

图 3-26 为上述 Qste380TM 低碳含铌钛微合金钢连铸过程在 13.5mm 液芯压下量条件下，铸坯在压下段入口、中部以及末端沿厚度方向的变形云图（注：图中负值代表铸坯沿厚度方向的压下变形量，mm）。值得说明的是，某钢厂 CSP 连铸机液芯压下段的 9 对压下辊在实际压下过程采用的是相同压下增量，即每根辊的压下增量均为 1.5mm。在液芯压下段的入口处，铸坯窄面受足辊与格栅区的强

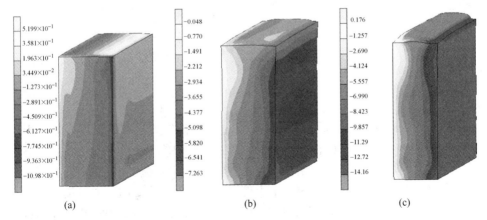

(a)   (b)   (c)

图 3-26 液芯压下过程铸坯沿厚度方向的压下量云图
(a) 压下段入口；(b) 压下段中部；(c) 压下段末端
（扫描书前二维码看彩图）

冷却作用，其沿厚度方向的热收缩量大于压下量，而宽面的坯壳温度整体较高，铸坯未因压下而产生明显的变形。而当铸坯进入到压下段中部区域时，压下辊的压下量超过了铸坯的热收缩量，铸坯沿厚度方向开始出现了较明显的变形，特别是铸坯角部最大减薄量达到了约 7.3mm。而当铸坯凝固至压下段末端时，压下辊对铸坯沿厚度方向的压下变形量进一步增加。在压下段最后一根辊处，铸坯角部沿厚度方向的减薄量达到了近 14.0mm。

图 3-27 为液芯压下段入口、中部以及出口处，铸坯沿宽展方向的位移变化云图（注：图中负值代表相对于铸坯在弯月面初始尺寸的宽展变形量，mm）。某钢厂典型 CSP 连铸工艺生产 Qste380TM 低碳含铌钛微合金钢过程，铸坯由结晶器凝固至液芯压下段入口时，沿宽展方向的热收缩总量达到了 14.30mm。随后，铸坯进入液芯压下段，受到压下辊强烈挤压作用，铸坯沿拉坯与宽展方向均产生一定程度变形。当铸坯凝固至液芯压下段出口时，受液芯压下而产生的铸坯宽展量达到了约 7.74mm。

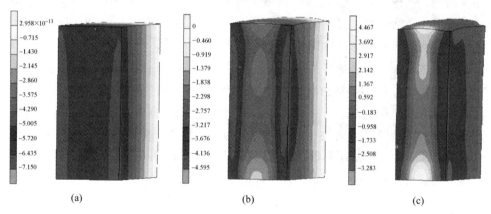

图 3-27　液芯压下过程铸坯宽展变形云图

（a）压下段入口；（b）压下段中部；（c）压下段末端

（扫描书前二维码看彩图）

B　铸坯等效应力演变

图 3-28 为 Qste380TM 低碳含铌钛微合金钢连铸生产过程，铸坯内弧宽面与内弧侧窄面在液芯压下段内的等效应力演变。从图中可以看出，在液芯压下段内，受铸辊周期性挤压作用，铸坯下行过程的宽面与窄面应力均呈周期性波动变化。对于内弧宽面而言，在铸辊压下力作用下，其中心线处的应力值集中在 40~45MPa 范围波动，而其角部应力则显著增加，主要集中在 60~65MPa 范围波动。相比宽面，铸坯窄面中心线的等效应力值则显著减小，主要集中在 4~5MPa 范围波动。因此，铸坯在液芯压下段内，角部的受力最大。由图 3-6 高变形速率条件下 Qste380TM 低碳含铌钛钢断面收缩率随温度变化可知，铸坯在液芯压下段内的

强受力与低塑性特点，极易造成铸坯内弧角部产生横裂纹缺陷。因而进一步确定了铸坯在液芯压下过程受到集中应力和在该段内的铸坯角部组织低塑性是造成微合金钢薄板坯角部裂纹的关键原因。

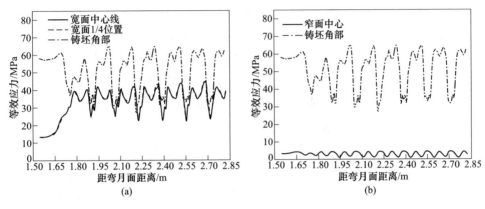

图 3-28 传统薄板坯连铸液芯压下过程铸坯等效应力演变

（a）宽面；（b）窄面

3.6 薄板坯角部组织碳氮化物析出控制

由 3.4 节薄板坯在传统结晶器内与二冷配水工艺下的凝固热/力学行为分析可知，结晶器高度方向的中部及结晶器出口至扇形 1 段出口区域的平均冷却速度较低（结晶器高度方向的中部区域出现了角部动态返温、结晶器出口至扇形 1 段出口区域的角部平均冷却速度仅约为 3.9℃/s），造成了微合金碳氮化物沿铸坯角部组织晶界大量析出，恶化了其高温塑性。由本书第 2 章微合金碳氮化物析出控制和 3.2 节不同冷却速率下 Qste380TM 钢的断面收缩率演变结果可知，以大于5℃/s 的冷却速度快速冷却微合金钢组织以弥散其碳氮化物析出，是改善微合金钢高温塑性的关键。为此，本节将立足于薄板坯高效传热曲面结晶器与足辊强冷却技术开发，弥散化进入液芯压下段前微合金钢薄板坯角部的碳氮化物析出，保障铸坯在液芯压下过程高塑性。

3.6.1 高效传热曲面结晶器研制与铸坯凝固行为

3.6.1.1 高效传热曲面结晶器结构设计

由 3.4 节 Qste380TM 低碳含铌钛微合金钢薄板坯在结晶器内的凝固热/力学行为演变计算结果可知，在传统直线型窄面平面铜板结晶器内凝固过程，结晶器中上部区域的坯壳凝固过程由于缺乏沿铸坯宽面中心方向的锥度高效补偿作用，凝固坯壳窄面角部附近区域产生了较大的收缩间隙，形成了厚保护渣膜与气隙集中分布现象，致使铸坯角部传热速度大幅下降，不利于铸坯角部组织晶粒生长与碳氮化物弥散化析出控制。

对于实际薄板坯连铸结晶器，其宽面的宽向中部区域为上宽、下窄的漏斗结构，边部为平行结构。受漏斗区内凝固坯壳大变形量制约，铸坯在结晶器边部平行区内沿其厚度方向实施的补偿量很小（根据铸坯厚度不同，平行区内沿厚度方向的补偿量通常设为 $0 \sim 0.2$mm）。为此，增加结晶器宽面铜板沿铸坯厚度方向的锥度补偿较难实现。因而，加速结晶器内坯壳角部的传热速度，较有效的方式是通过减小铸坯窄面角部及其附近区域的界面间隙尺寸，以减少结晶器高度中部区域铸坯窄面角部区域的气隙及保护渣膜厚度。

根据该思想，本书基于第 2 章常规板坯角部高效传热曲面结晶器设计思想和实际薄板坯结晶器结构特点，提出了"上部快补偿、中下部缓补偿"曲面结构特征的窄面结构铜板，高效补偿结晶器中上部铸坯沿宽面方向的收缩。曲面结晶器铜板结构如图 3-29 所示。在本设计中，由于薄板坯的厚度较小，且其在结晶器中上部的凝固坯壳温度较高，对结晶器中上部的铸坯实施较大量的锥度补偿，可有效消除铸坯角部沿宽度方向的收缩间隙，因而不需要对窄面铜板的角部区域作类似常规与厚板坯结晶器的"角部多补偿"结构设计。图 3-30 给出了某钢厂 CSP 结晶器窄面铜板沿结晶器高度方向的曲面补偿分配。从图中可以看出，沿高度方向的曲面最大补偿量位于距结晶器上口约 360mm 高度。在结晶器上口以下 $0 \sim 360$mm 高度区域，窄面铜板的曲面补偿量由 0mm 快速增加至最大值约 1.1mm。而后补偿量随着结晶器高度的增加而逐渐减小，直至结晶器下口时，曲面的补偿量降至 0mm。

图 3-29　曲面结晶器结构示意图

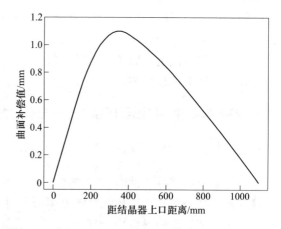

图 3-30　某钢厂 CSP 结晶器窄面铜板工作面补偿曲线

3.6.1.2 曲面结晶器内坯壳凝固行为

图 3-31 为上述窄面曲面结构薄板坯结晶器条
件下，铸坯宽面与窄面角部附近区域的保护渣膜在结晶器不同高度处的厚度分
布。在结晶器宽面角部与偏离角区域，结晶器不同高度方向的保护渣膜分布趋势
与窄面直线型平面结晶器的保护渣分布相似，均为在结晶器上部厚度较薄，且主
要集中在角部区域，而随着铸坯下行，逐渐在宽面偏离角区域集中分布。在新结
晶器下，铸坯从弯月面下 100mm 下行至 400mm 时，其宽面偏离角区域的保护渣
膜厚度急剧增加，最大量达到了约 0.52mm，而后角部及其偏离角区域的保护渣
膜厚度分布均趋于稳定。然而，相比窄面直线型平面结晶器的保护渣膜分布，由
于新结晶器的窄面曲面铜板在其上部 0~360mm 高度范围内的锥度补偿量快速增
加，窄面铜板较好地支撑了铸坯窄面坯壳凝固，限制了铸坯宽面角部与偏离角向
坯壳窄面中心方向收缩变形，凝固坯壳角部与偏离角区的保护渣膜最大厚度分别
减小了约 10% 和 20%，将一定程度改善铸坯宽面角部及其附近区域的传热。

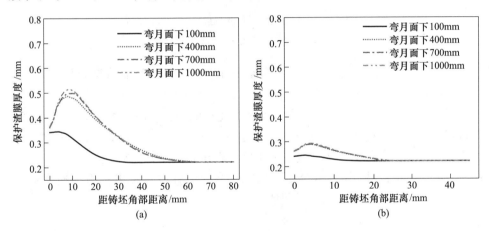

图 3-31 铸坯宽/窄面角部附近区保护渣膜厚度分布
（a）宽面；（b）窄面

而对于铸坯窄面角部及其偏离角区域，窄面曲面结构结晶器条件下的保护渣
膜厚度显著小于窄面直线型平面结晶器内的保护渣膜厚度。新结晶器下的铸坯窄
面角部的保护渣膜厚度最大值由约 0.45mm 降至约 0.25mm，窄面偏离角区的保
护渣厚度由约 0.7mm 下降至约 0.3mm，降幅分别达到了 45% 和 57%，大幅改善
铸坯窄面角部与偏离角区的传热条件。

图 3-32 为上述窄面曲面结构结晶器条件下，铸坯宽面与窄面角部气隙沿结晶
器高度方向的分布。新结晶器下的铸坯宽面与窄面角部气隙相对于窄面直线型平面
结晶器的角部气隙均大幅减小，并以窄面的高度中部区域降幅最为显著，气隙最大

值由约 0.28mm 降至约 0.05mm，近乎全部消失。对于铸坯宽面角部，新结晶器下的铸坯宽面角部气隙亦平均整体减小近 0.1mm。受凝固坯壳宽面与窄面角部区域气隙的大幅减小作用，铸坯在结晶器内的传热效率较高将进一步提升。

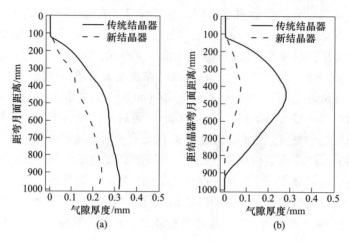

图 3-32　铸坯宽/窄面角部附近区气隙厚度分布
(a) 宽面；(b) 窄面

　　图 3-33 为上述窄面曲面结构结晶器条件下，铸坯角部沿结晶器高度方向的温度与冷却速度演变曲线。新结晶器下的铸坯在其上部的角部冷却速度十分快，在弯月面以下 0~100mm 高度范围，温度快速从浇铸温度降至约 1150℃。在该降温过程，铸坯角部的平均冷却速度达到了 40℃/s 以上。而后随着铸坯继续下行凝固，虽然铸坯角部的冷却速度有所下降，但全程的平均冷却速度均高于 10℃/s，满足了含 Nb、Al、B 等微合金碳氮化物高温端弥散化析出的冷却速度要求，有助于提高铸坯角部组织的高温塑性。

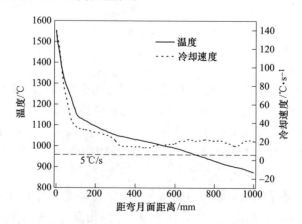

图 3-33　曲面结构结晶器下的铸坯角部温度与冷却速度演变

3.6.2　铸坯二冷高温区强冷却技术与铸坯凝固行为

3.6.2.1　窄面足辊超强控冷喷淋结构开发

上文已提到，包括某钢厂在内的典型 CSP 连铸机窄面足辊区仅有 2 组喷淋冷却喷嘴，如图 3-34 结构与实物图所示。根据 3.5.2 节某钢厂 Qste380TM 低碳含铌钛微合金钢薄板坯连铸二冷温度场计算结果可知，在该窄面足辊区和宽面足辊区共同冷却作用下，薄板坯在该冷却区内的角部温度下降至约 945℃，平均冷却速度仅约为 4.0℃/s。而当铸坯离开该窄面足辊区后，窄面再无喷淋冷却作用，铸坯角部在格栅及扇形 1 段内的平均冷却速度进一步降至约 3.8℃/s。由本书第 2 章典型含 Nb、Al、B 等微合金碳氮化物析出 PPT 曲线可知，945℃常处于当前各钢厂所主流生产微合金钢的碳氮化物析出"鼻子点"温度范围。而当前典型 CSP 连铸工艺与装备下的铸坯角部冷却速度无法满足其微合金碳氮化物弥散析出要求。为此，应在上述高效传热曲面结晶器的基础上，进一步强化铸坯出结晶器后的角部冷却，使铸坯角部冷却全覆盖当前典型微合金钢的碳氮化物弥散析出的要求。

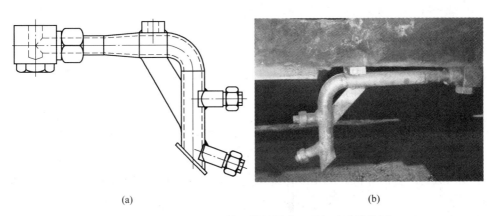

(a)　　　　　　　　　　　　　　　(b)

图 3-34　某钢厂 CSP 连铸机结晶器窄面足辊喷淋结构图

(a) 结构图；(b) 实物图

结晶器在线无极调宽是薄板坯连铸生产的基本要求。为了适应结晶器无极调宽生产，同时保证各宽度薄板坯生产过程的角部在析出温度区内均得以快速冷却，本书在薄板坯窄面结晶器下口引入了针对铸坯内弧与外弧角部大流量强喷淋冷却的新喷淋结构，即将图 3-34 所示的喷淋架改装为了如图 3-35 所示的 6 组大流量喷嘴（3 组朝向铸坯内弧侧，3 组朝向铸坯外弧侧），并对该新喷淋冷却铺设大流量自动化控制供水管路，强制冷却出结晶器后的铸坯内外弧角部。

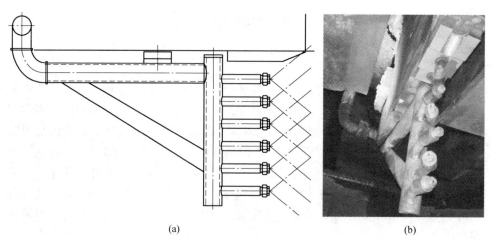

(a)　　　　　　　　　　　　　　　　(b)

图 3-35　窄面足辊区新喷淋结构图
(a) 结构图；(b) 实物图

3.6.2.2　窄面足辊强冷却工艺铸坯温度场演变

在实际薄板坯连铸机窄面足辊强冷却配水工艺实施过程，大幅增加窄面足辊区冷却水量的同时，宽面足辊区的水量亦适当增加。而格栅及扇形 1 段（液芯压下段）的水量则一定程度减小，以保证铸坯出窄面足辊强冷区后的角部温度快速回升。在此基础上，为了保证铸坯的液芯位置基本保持不变，亦适当增加铸坯在扇形 2 段与 3 段的冷却水量。

图 3-36 为上述窄面足辊区强冷却配水工艺下，薄板坯中心及表面温度的演变。实施新冷却工艺后，受窄面足辊区加强冷却作用，铸坯在格栅区入口处的宽面温度相对于传统薄板坯二冷工艺下降了近 30℃。而后，当铸坯进入格栅区时，受该区域铸坯宽面降低冷却作用，铸坯宽面中心线处的温度逐渐回温，当铸坯凝固至液芯压下段入口时，温度达到了 1055℃，与传统二冷工艺液芯压下段入口处的温度基本相同。而当铸坯进入液芯压下段时，随着宽面冷却水量进一步减小，铸坯宽面温度进一步大幅升高。当铸坯凝固至液芯压下段中部时，温度回升至最高点约 1115℃，相比传统薄板坯连铸二冷工艺下铸坯宽面温度升高了近 90℃。而后铸坯宽面中心温度开始逐渐下降。当铸坯凝固至液芯压下段出口时，宽面中心线的温度下降至约 1085℃，仍高于传统薄板坯连铸二冷工艺下的铸坯宽面温度约 65℃。当铸坯进入扇形 2 段与 3 段时，受相对于传统薄板坯二冷工艺更大冷却强度作用，铸坯宽面中心线的表面温度逐渐呈波动趋势降低，直至铸坯进入扇形 4 段后，温度才出现一定程度回升。当薄板坯进入矫直区，铸坯宽面中心线的温度处于 1080~1125℃范围，与传统薄板坯二冷配水工艺下的矫直区铸坯宽面温度相当。

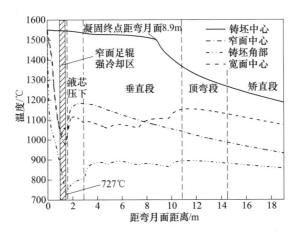

图 3-36 薄板坯窄面足辊强冷新工艺下铸坯二冷温度场演变

对于铸坯窄面，受出结晶器后窄面足辊区大流量喷淋冷却作用，其温度快速下降。当铸坯凝固至出窄面强冷区时，窄面中心线的温度降至了最低点约970℃。相比传统窄面足辊区仅两组喷嘴及其二冷配水工艺下的温度下降了约40℃。而后，铸坯窄面无喷淋冷却作用，温度快速回升。当铸坯凝固至液芯压下段入口处时，窄面中心线温度回升至约1040℃，但相比传统薄板坯连铸工艺下的温度降低了近100℃。受此影响，铸坯在液芯压下段入口处的抗变形应力将增加。而当铸坯凝固至液芯压下段中后期时，窄面中心温度回升至了最高点约1183℃，仅比传统薄板坯二冷工艺降低了约26℃。而后铸坯窄面在辐射传热的作用下，温度持续缓慢下降。当铸坯进入矫直区后，窄面中心线处的温度由约985℃下降至约935℃，满足铸坯高温过矫直要求。

对于铸坯角部，其出结晶器后在窄面与宽面足辊区强冷却作用下快速下降，并以窄面足辊区强冷却作用为主（格栅区冷却强度降低，但铸坯角部温度依旧在窄面足辊区强冷却作用下持续快速下降）。当铸坯凝固至窄面足辊强冷却区出口时，铸坯角部温度下降至最低点，约727℃。在该强冷却过程，铸坯角部及其皮下10mm深度范围的冷却速度均大于15℃/s，如图3-37所示。由第2章含Nb、Al、B等微合金碳氮化物析出热力学与动力学可知，铸坯角部凝固至窄面足辊强冷区出口的温度涵盖了对应碳氮化物的整个析出温度区，且全程冷却速度高于10℃/s（尤其是在窄面足辊强冷却区内的冷却速度更是高于15℃/s），其将显著弥散化铸坯角部微合金碳氮化物析出，整体提高铸坯角部组织塑性（如图3-8所示）。此外，铸坯在液芯压下段内的铸坯角部温度为727~810℃范围，相对于传统薄板坯连铸二冷工艺下的930~852℃温度区显著降低。受此作用，铸坯角部在液芯压下过程的应力将明显增加。然而，当铸坯进入至扇形2段后，角部温度快速上升至900℃以上，并在矫直区内处于860~

880℃范围。同样由图 3-8 的 Qste380TM 低碳含铌钛微合金钢快速冷却条件下的断面收缩测试结果可知，铸坯角部在该温度区间内矫直的断面收缩率为 71.6%~78.3%，满足钢组织高塑性矫直的要求。即，在连铸机设备精度满足要求的前提下，从铸坯角部组织高温热塑性角度，新工艺下的含 Nb、Al、B 微合金钢应不会引发铸坯角部裂纹缺陷。

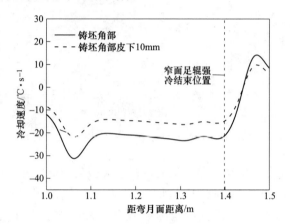

图 3-37　窄面足辊强冷却区内薄板坯角部及其皮下 10mm 处的冷却速度

3.6.2.3　窄面足辊强冷却工艺铸坯应力演变

图 3-38 为上述窄面足辊强冷却工艺下，铸坯在扇形 1 段 13.5mm 液芯压下量（各压下辊压下增量仍为 1.5mm）条件下的应力演变。窄面足辊强冷却工艺下，铸坯宽面中心区域的应力整体仍呈周期性波动变化，在各压下辊作用下的应力峰值约为 44.1MPa。相对于传统薄板坯连铸二冷工艺下的压下应力峰值

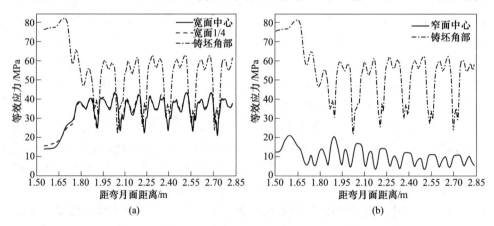

图 3-38　窄面足辊强冷却工艺下铸坯宽面与窄面等效应力演变

(a) 宽面；(b) 窄面

44.8MPa，新工艺的宽面液芯压下应力峰值相当，且整体演变趋势亦相近。对于铸坯窄面，由于窄面足辊强冷区强喷淋冷却作用促使进入液芯压下段的铸坯窄面温度整体降低，新工艺下液芯压下段内的铸坯窄面中心应力整体显著大于传统薄板坯连铸二冷工艺下的铸坯窄面中心应力，且在压下辊作用与释放的过程，应力变化幅度显著增大。

对于铸坯角部，新工艺下的应力演变显著区别于传统连铸工艺。铸坯角部在液芯压下段入口及第 2 根压下辊压下作用下的应力最大，应力峰值增加了约84.2%，达到了 82.5MPa。而后随着铸坯角部温度快速回升，应力峰值降低至约64MPa，达到与传统薄板坯连铸二冷工艺下的铸坯角部应力峰值相当水平。可以看出，虽然窄面足辊强冷却工艺下铸坯角部组织的塑性显著增加，但液芯压下段上部区域的铸坯角部压下应力亦大幅增加，由此将增加压下辊表面的磨损，同时也不利于铸坯角部裂纹控制。

3.6.3　窄面高斯凹形曲面结晶器技术与铸坯凝固行为

窄面足辊强冷却工艺虽然可以高塑化铸坯角部组织，但其也大幅增加了铸坯在液芯压下段上部区域的角部压下应力，不利于铸坯角部裂纹控制。为此，本书在上述薄板坯角部组织高塑化控制的结晶器与二冷控冷技术基础上，开发了窄面高斯凹型曲面结晶器技术，即在上述沿高度方向曲线补偿结构的高效传热曲面结晶器基础上，将结晶器窄面铜板的工作面横向设计为高斯凹型结构（如图 3-39所示），促使铸坯在液芯压下过程窄面金属沿宽展方向流动，从而减小铸坯在液芯压下过程的角部应力。

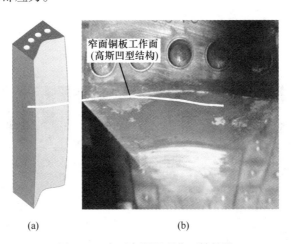

(a)　　　　　　　　　　(b)

图 3-39　窄面高斯凹形曲面结晶器

（a）示意图；（b）实物图

　　由于在实际设计过程，保持了结晶器窄面铜板热面与水槽根部的距离、结晶器沿高度方向的锥度补偿曲线、窄面足辊强冷工艺等不变，铸坯在结晶器至二冷区扇形1段出口范围内的冷却条件基本不变，故铸坯凝固过程的温度场演变与上述窄面横向平直型曲面结晶器条件下的凝固行为十分接近，故本节不再赘述新结构铜板下的铸坯在结晶器与二冷区内的温度场演变行为。

　　图3-40为高斯凹型曲面结晶器与窄面足辊强冷工艺综合作用下的铸坯应力演变。相同结晶器与窄面足辊强冷却二冷配水工艺下，由于窄面高斯外凸形状铸坯（铸坯实物如图3-41所示）在液芯压下过程金属更易向宽展流动，铸坯宽面中心线与宽面1/4处的应力相对于窄面横向平直型曲面结晶器下的应力稍小。而对于铸坯窄面，由于其在展宽过程承受更大的变形作用，铸坯窄面中心线的应力出现一定程度增加，但应力峰值均小于30MPa，应不会引发铸坯窄面裂纹等缺陷。

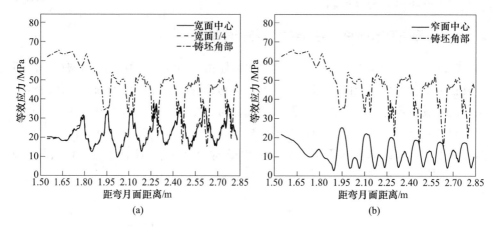

(a) 　　　　　　　　　　　　　　　(b)

图3-40　高斯曲面结晶器与窄面足辊强冷工艺综合作用下铸坯应力演变
(a) 宽面；(b) 窄面

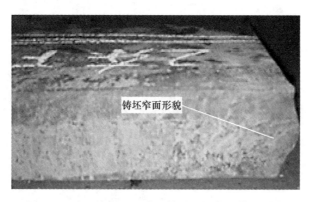

图3-41　窄面高斯凹型曲面结晶器生产的铸坯形貌

对于铸坯角部，在窄面高斯凹型曲面结晶器作用下，液芯压下过程的角部应力虽然整体显著降低，但由于铸坯在液芯压下段入口处的温度小于730℃，液芯压下段上部仍出现了应力峰值。然而，最大应力仅约65MPa，与传统薄板坯连铸二冷工艺下的铸坯角部压下应力峰值相当。而当铸坯进入液芯压下段的中部与下部时，受铸坯角部温度快速回升作用，液芯压下应力的峰值降至约51~55MPa，相比传统薄板坯连铸二冷工艺和窄面足辊强冷配水工艺下的压下应力峰值均降低了近20%。因此，在该新工艺下，铸坯角部组织塑性大幅增加的同时，其所承受的液芯压下应力大幅下降，有利于铸坯角部裂纹的预防与控制。

3.7 薄板坯边角裂纹控制技术现场实施

根据上述薄板坯边角裂纹控制策略，结合国内某钢厂SCP薄板坯连铸生产实际，将其结晶器窄面铜板改造成如图3-39所示的高斯凹型曲面结构，并鉴于原结晶器窄面足辊区冷却回路供水能力不足的实际，新铺设了一条大流量、随钢种及拉速动态可控的供水回路。窄面高斯凹型曲面结晶器的离线装配实物和大流量供水回路及其控制系统分别如图3-42和图3-43所示。窄面足辊区强冷却喷淋结构实物图如图3-35所示。

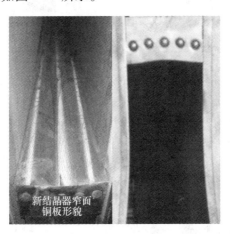

新结晶器窄面
铜板形貌

图 3-42　窄面高斯凹型曲面结晶器实物

图3-44和图3-45分别为某钢厂基于上述薄板坯边角裂纹控制技术和传统连铸工艺生产的Qste380TM低碳含铌钛微合金钢铸坯角部不同深度下的碳氮化物析出与分布形貌。从图3-44可以看出，受结晶器及窄面足辊区强冷却作用，薄板坯角部微合金碳氮化物析出全程冷却速度均高于10℃/s，实现了距窄面10mm范围的铸坯角部组织碳氮化物以均小于10nm尺寸在基体中均匀弥散析出，从而提升铸坯角部组织的塑性。而传统连铸工艺下，铸坯角部相同位置处的微合金碳氮

化物析出尺寸虽然相比常规板坯连铸工艺条件下的铸坯角部组织碳氮化物析出尺寸显著减小，但依然呈链状集中形式析出。为此，该新工艺彻底解决了因析出物于铸坯角部组织晶界呈链状形式集中析出而恶化高温塑性引发铸坯角部裂纹的难题。

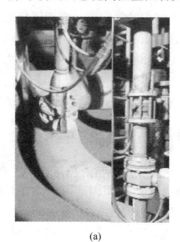

(a)

(b)

图 3-43　窄面足辊强冷却供水管路及其回路控制系统
(a) 供水管路；(b) 回路控制系统

　　图 3-46 和图 3-47 分别为 Qste380TM 低碳含铌钛微合金钢在新工艺与传统薄板坯连铸工艺下铸坯角部不同位置处的组织形貌。可以看出，不同连铸工艺下的铸坯角部室温组织均由块状铁素体和珠光体组成，且由于含碳量较低，组织中绝大部分为铁素体。但采用新工艺后，铸坯角部在结晶器内凝固过程的冷却强度较

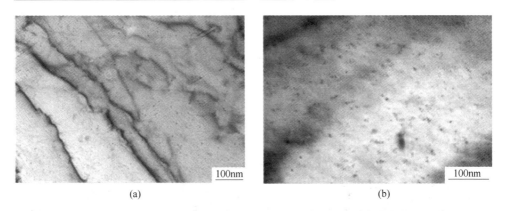

图 3-44　新工艺下 Qste380TM 钢薄板坯角部不同位置处的碳氮化物析出形貌

（a）距窄面 5mm；（b）距窄面 10mm

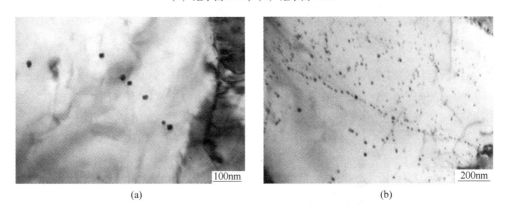

图 3-45　传统连铸工艺下 Qste380TM 钢薄板坯角部不同位置处的碳氮化物析出形貌

（a）距窄面 5mm；（b）距窄面 10mm

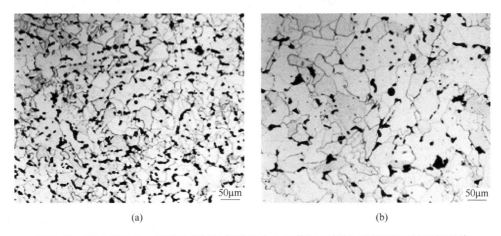

图 3-46　新工艺下 Qste380TM 含铌钛低碳微合金钢薄板坯角部不同深度下的组织形貌

（a）距窄面 5mm；（b）距窄面 10mm

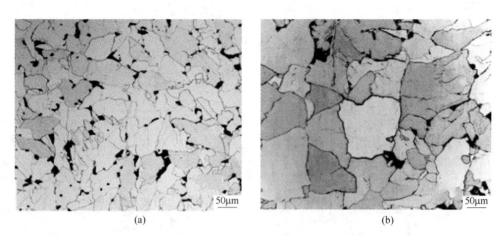

图 3-47　传统工艺下 Qste380TM 含铌钛低碳微合金钢薄板坯角部不同深度下的组织形貌

(a) 距窄面 5mm；(b) 距窄面 10mm

大，初始凝固形成的奥氏体晶粒较小，同时由于铸坯角部组织出结晶器后再次强冷并快速回温，在相变驱动作用下，铸坯角部的晶粒整体比传统薄板坯连铸工艺下的铸坯角部组织晶粒细化，进一步提升了铸坯角部组织的高温塑性。

　　某钢厂的薄板坯连铸技术于 2017 年下半年首次上线应用以来，得到了规模化稳定推广应用，实现了包括 Qste500TM 等全系列微合金的高质量稳定化生产（技术实施前后 Qste500TM 钢热轧卷板边部裂纹控制效果对比如图 3-48 所示），热轧卷板的边部裂纹率由技术上线前的平均 6.75% 下降至目前的平均约 0.025% 水平。表 3-8 为某钢厂 CSP 连铸机角部裂纹控制技术上线实施 1 年前后的裂纹率对比。

图 3-48　技术应用前后 Qste500TM 钢热轧卷板边部质量形貌

(a) 技术应用前；(b) 技术应用后

表 3-8　项目技术实施前后典型微合金钢边裂比率对比

钢种	2017 年 8 月~2018 年 6 月（技术应用后）			2016 年 6 月~2017 年 7 月（技术应用前）			卷板边部裂纹降低比率/%
	检测量/t	边部裂纹卷板重量/t	裂纹率/%	检测量/t	边部裂纹卷板重量/t	边裂率/%	
Qste340TM	37494.6	242.84	0.65	37554	2397	6.38	89.81
Qste380TM	59566.2	222.75	0.37	62001	3251	5.24	92.94
Qste420TM	56079.1	168.35	0.30	87750	5447	6.21	95.17
Qste460TM	6038.13	68.94	1.14	2062	487	23.62	95.17
Qste500TM	4616.43	60	1.30	14017	4232	30.19	95.69
SAPH400	17736.1	193.9	1.09	29384	910	3.10	64.84
SAPH440	73330.8	425.03	0.58	78876	4299	5.45	89.36
合计	254861	1381.81	0.54	311644	21023	6.75	92.00

3.8　本章小结

　　本章分析了典型含铌钛微合金钢薄板坯边角部组织结构及其碳氮化物析出形貌，并计算了典型微合金钢凝固过程碳氮化物的析出热力学行为、铸坯在漏斗结晶器和二冷铸流内的凝固热/力学演变等规律，明确了微合金钢薄板坯边角部裂纹产生的原因。在此基础上，提出了基于微合金碳氮化物弥散析出与降低薄板坯液芯压下过程角部应力的薄板坯边角部裂纹控制技术，并研制出了高斯凹型曲面结晶器与窄面足辊超强冷工艺与装备技术。得出了如下主要结论：

　　（1）造成微合金钢薄板坯边角部裂纹的主要原因是，铸坯在结晶器中上部及结晶器出口至液芯压下段出口的二冷区内的角部冷却速度较低，微合金碳氮化物在铸坯角部组织晶界集中析出而形成低塑性组织，进而引发铸坯在液芯压下过程产生角部裂纹缺陷。

　　（2）对典型成分微合金钢实施其碳氮化物析出温度区强冷却控制，可显著提升不同变形速率下的高温组织塑性。

　　（3）开发出了"上部快补偿、中下部缓补偿"的高斯凹型窄面曲面结晶器与窄面足辊超强冷工艺与装备技术，实现了微合金钢薄板坯角部从钢水浇铸温度至 730℃温度区间以高于 10℃/s 冷却速度冷却，实现了薄板坯角部组织微合金碳氮化物弥散化析出、提高其组织高温塑性的同时，促进了铸坯窄面在液芯压下过程的金属沿宽展方向流动，降低了铸坯角部在液芯压下过程的应力，有效防止了微合金钢薄板坯边角部裂纹产生。

参 考 文 献

[1] 殷瑞钰，张慧．新形势下薄板坯连铸连轧技术的进步与发展方向［J］．钢铁，2011，46（4）：1~9.

[2] 杨光辉，张杰，李洪波，等．薄板坯连铸连轧和薄带连铸关键工艺技术［M］．北京：冶金工业出版社，2016.

[3] Muntin A V. Advanced technology of combined thin slab continuous casting and steel strip hot rolling［J］. Metallurgist, 2019, 62（9）：900~910.

[4] 何安瑞，荆丰伟，刘超，等．薄板坯连铸连轧过程控制技术的发展、应用及展望［J］．轧钢，2020，37（3）：1~7.

[5] 杨婷，杨拉道，高琦．薄板坯连铸-连轧技术的发展［N］．世界金属导报，2017-01-24（3）.

[6] 刘坷．鞍钢1700中薄板坯连铸连轧生产线（ASP）工程与生产实践［J］．钢铁，2003（7）：8~11.

[7] 喻尧，郑旭涛．日照钢铁ESP无头带钢生产技术［J］．连铸，2016，41（5）：1~4.

[8] 张敏．首钢京唐MCCR精轧入口温度控制系统介绍［J］．中国金属通报，2018（3）：170~171.

[9] Arvedi G, Mazzolari F. Siegl J, et al. Arvedi ESP first thin slab endless casting and rolling results［J］. Ironmaking & Steelmaking, 2010, 37（4）：271~275.

[10] Park C J, Kang S Y, Chang H L. Advanced temperature control of high carbon steel for hot strip mills［J］. Journal of Mechanical Science & Technology, 2010, 24（5）：1011~1017.

[11] Pan F, Zhou S, Liang X, et al. Thin strip casting of high speed steels［J］. Journal of Materials Processing Technology, 1997, 63（1）：792~796.

[12] 汪水泽，蔡珍，孙宜强，等．薄板坯连铸连轧技术发展现状及产品开发实践［C］//第十届中国金属学会青年学术年会暨第四届辽宁青年科学家论坛会议指南，2020：79.

[13] 刘志璞，闵洪刚．薄板坯连铸连轧700MPa高强度钢板的开发［J］．金属世界，2019（3）：73~76.

[14] Zhou T, Zhang P, Kuuskman K, et al. Development of medium-to-high carbon hot-rolled steel strip on a thin slab casting direct strip production complex［J］. Ironmaking & Steelmaking. 2018, 45（7）：603~610.

[15] Lee J, Cooman B D. Development of a Press-Hardened Steel Suitable for Thin Slab Direct Rolling Processing［J］. Metallurgical & Materials Transactions A, 2015, 46（1）：456~466.

[16] 田乃媛．薄板坯连铸连轧［M］．北京：冶金工业出版社，2009.

[17] 王小燕，刘学华．CSP工艺开发电工钢的现状及其优势［J］．中国冶金，2005（12）：39~43.

[18] 王小燕，刘学华，姚静．薄板坯连铸连轧生产电工钢现状及其优势［J］．钢铁研究，2006（3）：58~62.

[19] 李长生，于永梅，汪水泽，等．连铸连轧生产电工钢板的工艺技术优势［J］．现代制造工程，2007（9）：9~12.

［20］唐荻，米振莉，蔡庆伍．薄板坯连铸连轧的冶金学问题及其工艺优势［J］．轧钢，1999（4）：56~58.

［21］Bayoumi L S, Megahed G M. Determination of rolling load in liquid core reduction of continuously cast thin steel slab［J］. Ironmaking and Steelmaking. 2003, 30（N5）: 348~352.

［22］Hans S. Thin-slab casting with Liquid Core Reduction［J］. Iron and Steel Review, 2001, 45（3）: 71~74.

［23］孙晖东．薄板坯连铸液芯压下过程的数值仿真［D］．秦皇岛：燕山大学，2008.

［24］岑永权．连铸坯液芯压下工艺［J］．上海金属，1997（5）：42~47.

［25］吴振刚．薄板坯连铸液芯压下技术［J］．连铸，2001（6）：4~6.

［26］Zhang J J, Zhang H, Xi C S, et al. Analysis and control of transverse corner cracking formation on middle carbon steel in thin slab casting［J］. Iron and Steel. 2017, 52（11）: 32~42.

［27］Kislitsal V V, Vorozheval E L, Lavrovl V N, et al. Conditions for Increasing the Productivity of a Thin Slab Continuous Casting Machine without Quality Degradation［J］. Steel in Translation, 2021, 51（5）: 320~323.

［28］王君驰，郑万，王春锋，等．CSP 生产 Q345 热轧板边裂的成因分析与控制［J］．炼钢，2021, 37（5）: 60~66.

［29］张剑君，张慧，席常锁，等．薄板坯连铸中碳钢角横裂缺陷成因及控制［J］．钢铁，2017, 52（11）: 32~36.

［30］杨杰，姚海明，李梦英，等．中薄板坯连铸机表面质量控制技术研究［J］．连铸，2017, 42（5）: 66~70.

［31］韩孝永．铌、钒、钛在微合金钢中的作用［J］．宽厚板，2006, 12（1）: 39~41.

［32］雍岐龙．钢铁材料中的第二相［M］．北京：冶金工业出版社，2006.

［33］Maehara Y, Ohmori Y. The precipitation of AlN and NbC and the hot ductility of low carbon steel［J］. Materials science and Engineering, 1984, 62: 109~119.

［34］Maehara Y, Nakai K, Yasumoto K, et al. Hot caracking of low-alloy steels in simulated continuous casting direct rolling process［J］. Tetsu-to-Hagane. 1987, 73: 876~883.

［35］王新华，刘新宇，吕文景，等．含 Nb、V、Ti 钢连铸坯中碳\氮化物的析出及钢的高温塑性［J］．钢铁研究学报，1998, 10（6）: 32~36.

［36］Barozzi S, Fontana P, Pragliola P. Computer control and optimization of secondary casting during continuous casting［J］. Iron & Steel Engineer, 1986, 63（11）: 21~26.

［37］Kato T, Ito Y, Kawamoto M, et al. Prevention of slab surface transverse cracking by microstructure control［J］. ISIJ International, 2003, 43（11）: 1742~1750.

［38］Anand L. Constitutive equations for the rate-dependent deformation of metals at elevated temperatures［J］, Transactions of the ASME, 1982, 104（1）: 12~17.

［39］Brown S B, Kim K H, Anand L. An internal variable constitutive model for hot working metals［J］, International Journal of Plasticity, 1989, 5: 95~130.

［40］Anderson J D, Wendt J. Computational fluid dynamics［M］. New York: McGraw-Hill, 1995.

［41］Mintz B, Crowther D N. Hot ductility of steels and its relationship to the problem of transverse cracking in continuous casting［J］. International Materials Reviews, 2010, 55（3）: 168~196.

[42] Oconnor T G, Dantzig J A. Modeling the thin-slab continuous-casting mold [J]. Metallurgical and Materials Transactions B, 1994, 25 (3): 443~457.

[43] Li B, Fumitaka T. Effects of Electromagnetic Brake on Vortex Flows in Thin Slab Continuous Casting Mold [J]. Transactions of the Iron & Steel Institute of Japan, 2006, 46 (12): 1833~1838.

[44] 吴晨辉. 板坯连铸二次冷却过程热-力行为研究 [D]. 沈阳：东北大学，2014.

[45] 蔡开科. 连铸结晶器 [M]. 北京：冶金工业出版社，2008.

4 微合金钢厚板坯偏离角区纵向凹陷及其控制

近年来,随着能源石化、交通运输、海洋工程等基础设施与装备的大型化发展,对高性能厚板/特厚板的需求量越来越大[1~6]。受此驱动,国内外钢铁企业广泛发展厚板产品。作为高性能宽厚板的轧制母材,要求铸坯的厚度规格越来越大[7~11]。为此,我国营口中厚板、兴澄特钢、湘潭钢铁、舞阳钢铁、汉冶特钢、新余钢铁、首钢等新建了多条厚度超过400mm的特厚板坯连铸机。然而,随着连铸坯厚度显著增加,实际连铸过程极易产生铸坯窄面鼓肚与宽面偏离角区纵向凹陷带缺陷,并由此带来偏离角凹陷区表面横裂纹与皮下纵裂纹,是厚板坯连铸领域重要的共性技术难题[12~15]。特别是在微合金钢厚板坯连铸生产中,传统连铸工艺为了防止铸坯角部等表面裂纹产生,多采用弱冷二冷制度,所生产的铸坯窄面鼓肚与宽面偏离角区纵向凹陷缺陷难题尤为突出。本章将基于国内外钢铁企业最为常见的250mm厚度宽厚板坯连铸生产,开展厚板坯偏离角区纵向凹陷形成机理与控制研究。

4.1 厚板坯偏离角区纵向凹陷特征

图4-1为某钢厂250mm厚度宽厚板连铸坯的偏离角区纵向凹陷及其表面与皮下裂纹缺陷形貌。可以看出,该凹陷带主要分布于距离铸坯角部50~150mm宽度范围的区域,沿铸坯纵向(即拉坯方向)贯穿整个连铸坯。凹陷的宽度和深度不固定,其严重程度与所生产的铸坯断面尺寸、钢种成分、结晶器锥度、窄面足辊锥度、拉速、二冷区喷淋、凝固末端压下量等工艺参数有很大关系。总体而言,铸坯外弧偏离角区纵向凹陷的深度与宽度大于内弧。一般来说,连铸生产断面厚度为230~360mm的宽厚板坯,其宽面偏离角区纵向凹陷带的宽度一般为50~100mm,深度可达1.0~5.0mm。对于断面厚度达400mm以上的特厚板坯,该纵向凹陷带的深度与宽度均进一步显著增加。凹陷严重时,偏离角区的凹陷表面及皮下分别会产生横裂纹与纵裂纹缺陷,如图4-1所示,甚至出现铸坯偏离角漏钢事故[16~20]。

在实际生产过程中,厚板坯产生的宽面偏离角区纵向凹陷缺陷,本身并不是十分严重的质量缺陷,一般不会对其后续轧材造成性能与表面质量缺陷。然

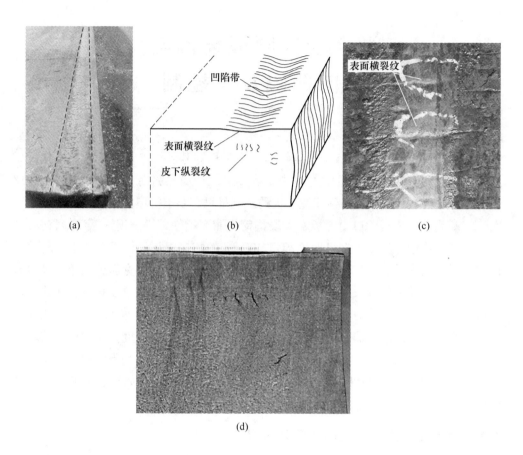

(a)　　　　　　　　　　　(b)　　　　　　　　　　　(c)

(d)

图 4-1　某钢厂宽厚板坯宽面偏离角区纵向凹陷及其表面与皮下裂纹缺陷形貌

(a) 偏离角凹陷形貌；(b) 偏离角凹陷及其裂纹缺陷示意图；

(c) 凹陷带表面横裂纹；(d) 凹陷带皮下纵裂纹

而，铸坯在生产过程中一旦产生较为严重的偏离角区纵向凹陷时，凹陷带处常伴随产生表面横裂纹与皮下纵裂纹缺陷[21~23]。在实际连铸生产中，钢铁企业往往需要对产生宽面偏离角区纵向凹陷的连铸坯下线进行火焰清理，因此极大降低了生产效率。凹陷带的皮下纵裂纹缺陷亦对轧材的力学性能造成影响。频发的宽面偏离角区纵向凹陷缺陷已成为厚板坯连铸生产的重要共性技术难题，亟待解决。

4.2　厚板坯宽面偏离角区纵向凹陷成因分析

第 1 章已提到，针对厚板坯连铸生产过程形成宽面偏离角区纵向凹陷缺陷的成因，国内外学者虽然提出了产生于结晶器内的单阶段形成理论[21, 24~26] 和孕育于结晶器而后在连铸机足辊段产生的两阶段形成理论[27,28]，并开展了基于结晶器锥度结构、浸入式水口结构与浸入工艺、保护渣物性参数、连铸二冷喷淋结构优化等的控制工艺与装备技术[22, 29~33]，但已提出的厚板坯宽面偏离角凹陷成因理论与实际连铸生产存在诸多不符，且到目前为止仍无法稳定杜绝该缺陷产生。

4.2.1　厚板坯全铸流凝固热/力学模型建立

根据前人已开展的厚板坯偏离角凹陷形成机理研究，以及实际厚板坯连铸生产过程的相关冶金行为可知，厚板坯宽面偏离角区凹陷应产生于连铸机的高温区，并在铸流凝固及铸坯凝固末端压下过程存在着复杂的演变行为。为此，本书将构建基于厚板坯结晶器与二冷铸流（含凝固末端压下）的全连铸过程坯壳凝固多物理场耦合模型[34,35]，探究厚板坯连铸过程传热与变形行为规律。

断面厚度 250mm 的连铸板坯是当前国内外中厚板/宽厚板产线最重要的板坯坯料，对应的连铸机也是各大钢铁企业的主力连铸机型。鉴于多物理场耦合计算资源耗费以及坯料尺寸的典型性考虑，本书以某钢厂 250mm 厚度的宽厚板坯连铸凝固过程为研究对象，建立了包含结晶器与二冷全铸流辊列及其与板坯交互凝固传热与作用力的多物理场耦合计算模型。其中，铸坯在结晶器内的凝固行为耦合考虑了实际铜板水槽结构及其内冷却水流动、坯壳-结晶器铜板界面内保护渣膜与气隙动态分布、钢液流动以及凝固坯壳动态变形等行为；铸坯在二冷铸流辊列内的凝固，考虑了铸坯与扇形段铸辊接触传热与接触力学、铸坯凝固末端轻压下等行为。鉴于实际厚板坯连铸凝固过程沿宽度与厚度方向的热/力学行为多具对称性（特别是在结晶器与二冷高温区内），为了加速模型计算，仅取结晶器与铸流辊列以及铸坯的 1/4 系统作为模型计算域，并考虑到实际连铸过程中铸流内部的温度梯度较小，对铸坯心部的网格进行了加粗处理。结晶器与连铸机二冷高温区段的模型实体结构及网格划分如图 4-2 所示。此外，考虑铸坯在末端压下时是扇形段多辊同时压下，某钢厂的扇形段长度约为 2.1m，故将模型的铸坯长度设置为 2m。

结晶器铜板的冷却结构是影响其内坯壳凝固传热均匀性的重要因素。模型建立过程充分考虑了某钢厂结晶铜板的实际结构，宽面与窄面铜板的横截面结构及其尺寸如图 4-3 所示。模型选择的铸坯公称宽度为 1600mm。考虑铸坯凝固收缩及在二冷区内的变形，结晶器上口宽度设定为 1617.6mm，厚度为 265.5mm。结晶器窄面与宽面的锥度分别设定为 1.1% 和 2mm，结晶器的其他详细几何参数见表 4-1。

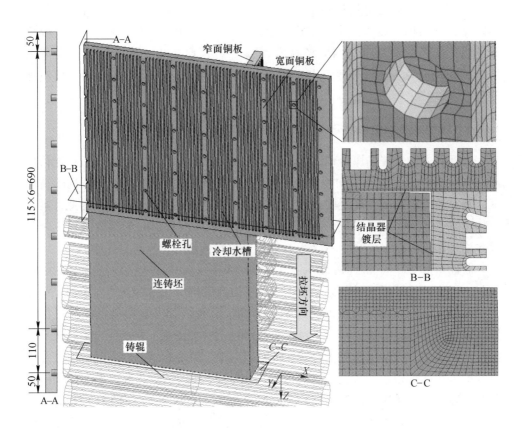

图 4-2　结晶器与连铸机二冷高温区段的计算模型实体结构及网格划分（单位：mm）

（扫描书前二维码看彩图）

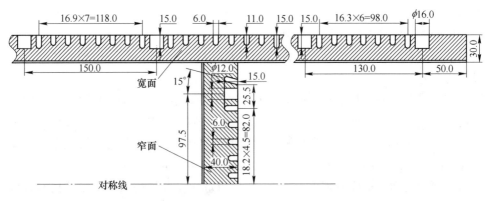

图 4-3　结晶器铜板及其水槽横截面结构图（单位：mm）

表 4-1　结晶器几何结构参数

项　目	数　值
结晶器高度/mm	900
结晶器有效高度/mm	800
上口尺寸/mm×mm	1617.6 × 265.5
下口尺寸/mm×mm	1600 × 263.5
1/2 宽面铜板/mm	1230
宽面铜板厚度/mm	30
窄面铜板厚度/mm	40
宽面螺孔直径/mm	16
窄面螺孔直径/mm	12
螺孔深度/mm	15
深水槽深度/mm	15
浅水槽深度/mm	11
水槽高度/mm	850
水槽宽度/mm	6

在本计算模型中，考虑到连铸坯与铸辊间的切向摩擦力对铸坯宽面偏离角区纵向凹陷形成与演变的影响相对有限，设定铸辊为光滑曲面。铸流辊列各辊的间距及其辊径按某钢厂实际宽厚板坯连铸机参数给定，如图 4-4 所示。从图中可以看出，某钢厂实际生产中的辊缝沿拉坯方向逐渐减小，同时辊径沿铸流方向呈阶梯式增大。铸坯凝固末端轻压下区间包含 9~11 段的 3 个水平段，压下段入口对应铸流位置为弯月面下 21.2mm 处，11 段出口位于弯月面下 28.0m，总压下量 6mm，压下量具体分配为扇形段第 9 段 3mm、第 10 段 2mm、第 11 段 1mm。

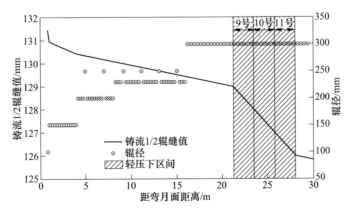

图 4-4　连铸机铸流辊缝值与辊径

　　所模拟浇注的钢种为包晶类含铌钛微合金钢，主要成分详见表4-2。关键连铸工艺参数为：拉速1.05m/min、钢水过热度25K，结晶器冷却水量、保护渣消耗量、二冷区划分及其配水工艺分别如表4-3和表4-4所示。

表4-2　模拟计算的包晶微合金钢成分（质量分数）　　　　（%）

元素	C	Si	Mn	P	S	Nb	Ti	Al
含量	0.08	0.3	1.5	0.013	0.003	0.01	0.015	0.03

表4-3　某钢厂微合金钢板坯结晶器工艺

项　目	数　值
有效高度/mm	800
窄面锥度/%	1.1
宽面水流量/L·min^{-1}	4760
窄面水流量/L·min	530
入口水温/K	305
保护渣消耗量/kg·t^{-1}	0.45

表4-4　二冷各分区及其1.05m/min拉速下的配水量

冷却区	分段	长度/m	水量/L·min^{-1}
1区L/R	窄面足辊段	0.59	110
1区I/O	宽面足辊段	0.24	330
2区I/O	立弯段	0.56	420
3区I/O	立弯段	1.11	405
4区I/O	立弯段	1.53	340
5区I/O	弧形1段	2.05	290
6区I	弧形2、3段	4.01	115
7区I	弧形4、5段	3.9	55
8区I	弧形6~8段	6.76	45
9区I	水平9~11段	7.36	25
10区I	水平12~14段	7.14	0

4.2.2　宽厚板坯结晶器内多物理场凝固行为

4.2.2.1　凝固坯壳变形行为

图4-5为上述结晶器结构及其连铸工艺条件下，结晶器不同高度下的坯壳凝

固生长与变形形貌。其中，界面间隙为扩大 3 倍的效果。铸坯凝固至弯月面下 100mm 高度时，坯壳已具有一定厚度。在该过程中，凝固坯壳逐渐向宽面中心和窄面中心方向收缩，致使其角部逐渐脱离铜板。但在该过程，坯壳角部脱离铜板的区域仍较小，尚未扩展至对应面的偏离角区。但随着凝固坯壳下行过程的持续降温与厚度逐渐增加，坯壳角部区域的界面间隙的厚度与宽度均持续扩大。当坯壳凝固至弯月面下 300mm 高度时，宽面角部区域的界面间隙从距角部点向宽面中心方向扩展至约 80mm 处，窄面亦由角部点扩展至距其 50mm 的范围，宽度范围已分别涵盖至对应面的偏离角区域。而后，随着坯壳继续下行凝固，收缩速度开始逐渐减缓。窄面角部区域的界面间隙在窄面铜板锥度的持续补偿作用下开始逐渐减小。而宽面角部区域由于锥度补偿量较小（铸坯 1/2 厚度的补偿量仅为 1mm），收缩间隙的厚度与宽度持续增加。

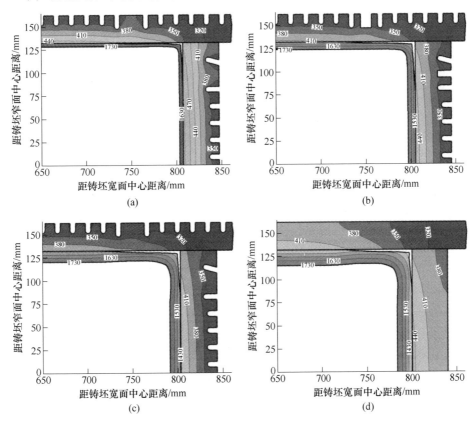

图4-5　结晶器不同高度处的坯壳变形行为

（a）弯月面下 100mm；（b）弯月面下 300mm；（c）弯月面下 500mm；（d）结晶器出口

图 4-6 为提取图 4-5 铸坯凝固过程角部附近区域的宽面与窄面法向位移。从图中可以看出，结晶器内坯壳宽面与窄面的凝固收缩主要集中于距铸坯角部 0~

80mm 和 0~50mm 范围内。同时，随着铸坯下行凝固，坯壳沿厚度与宽度方向的收缩变形除在结晶器上部稍剧烈外，中下部总体较为平缓。同时，从图中可以看出，结晶器内的凝固坯壳宽面偏离角区并未出现诸如图 4-1 所示的凹陷缺陷。该现象说明，铸坯宽面偏离角区的凹陷缺陷不是产生于结晶器内。

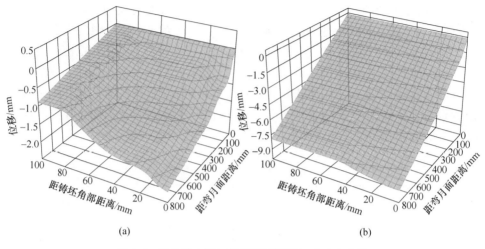

(a)　　　　　　　　　　　　　　　　(b)

图 4-6　结晶器内铸坯角部附近区域坯壳法向位移

（a）宽面；（b）窄面

（扫描书前二维码看彩图）

4.2.2.2　坯壳-结晶器界面传热介质分布

坯壳凝固收缩与变形必然对由其形成的界面间隙内的保护渣膜填充行为与气隙动态生成产生影响，从而影响整个结晶器-坯壳系统的传热行为和坯壳的凝固收缩与变形。探明坯壳-结晶器界面内传热介质的分布特点，是解析板坯结晶器内坯壳非均匀传热行为的基础。

A　液态保护渣膜分布

图 4-7 为上述结晶器内坯壳变形与凝固条件下，坯壳宽面与窄面角部附近区域界面内的液态保护渣膜分布。可以看出，结晶器宽面与窄面角部附近区域的液态保护渣膜主要存在于弯月面至其下 550mm 的高度范围，且厚度整体随着结晶器高度增加而快速减小。对于液态保护渣膜沿结晶器周向分布，从图中可以看出，结晶器宽面与窄面角部附近区域的渣膜厚度波动均较大，呈现为在铸坯宽面与窄面偏离角区域较厚，远离偏离角区的铸坯角部及宽面与窄面中心方向的区域较薄分布。具体针对铸坯宽面与窄面偏离角区，其液态保护渣膜厚度均随结晶器高度增加呈先增大后减小趋势变化，且窄面偏离角区在结晶器上部的变化更为剧烈。造成液态保护渣膜该分布现象的主要原因为：弯月面以下约 100mm 高度范

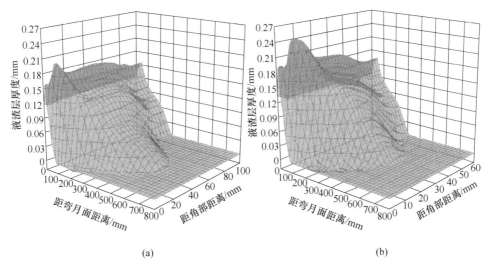

图 4-7 坯壳宽面与窄面角部附近区域的液渣层厚度分布
(a) 宽面；(b) 窄面
(扫描书前二维码看彩图)

围，宽面与窄面坯壳角部及其附近区域因剧烈收缩而快速脱离铜板（并以窄面收缩更显著），而此时的铸坯表面温度仍高于保护渣的熔化温度，流入坯壳-结晶器界面间隙内的保护渣膜快速填充变化的界面间隙，从而使偏离角区域的液态保护渣膜厚度快速增加。受此影响，结晶器内凝固坯壳宽面与窄面偏离角区域的液态保护渣膜厚度显著大于对应远离该区域的铸坯角部及宽面与窄面中心处的厚度，从而使铸坯宽面与窄面偏离角区域的保护渣膜总厚度显著增加。

B　固态保护渣膜分布

图 4-8 为结晶器内铸坯宽面与窄面角部附近区域的固态保护渣膜厚度分布。从图中可以看出，受上述凝固坯壳在结晶器内的收缩变形、液态保护渣膜填充与传热影响，铸坯宽面与窄面角部附近区域的固态保护渣膜分别主要集中在距离角部的 0~80mm 和 0~50mm 范围，且均由弯月面至结晶器下口厚度逐渐增加，而后趋于稳定分布。当铸坯凝固至结晶器下口时，铸坯宽面与其偏离角区域的固渣层厚度差值约达 0.9mm，铸坯窄面与其偏离角区的固渣层的厚度差值约 1.07mm，极大增加了宽面与窄面偏离角区域的传热热阻。

C　气隙分布

气隙热阻大，是影响凝固坯壳在结晶器内传热效率的最重要因素。图 4-9 为上述结晶器内凝固坯壳角部附近区域变形及保护渣膜动态填充作用下的气隙分布。从图中可以看出，某钢厂宽厚板坯连铸条件下，气隙最早形成于弯月面下约 90mm 高度处的铸坯角部。对于宽面而言，气隙主要分布于距离铸坯角部 0~90mm

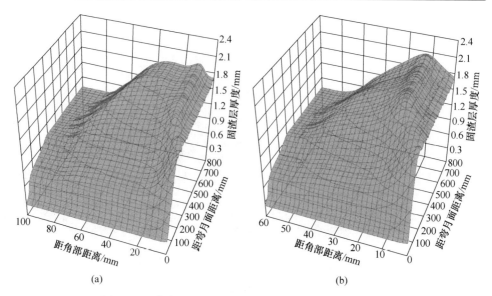

图 4-8　坯壳宽面与窄面角部附近区域的固渣层厚度分布

（a）宽面；（b）窄面

（扫描书前二维码看彩图）

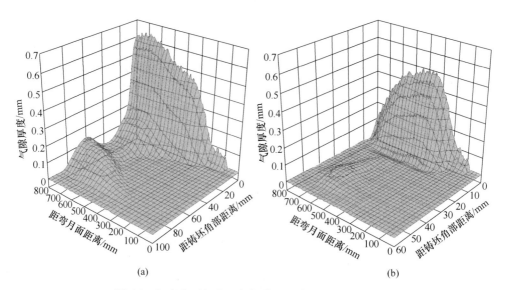

图 4-9　坯壳宽面与窄面角部附近区域的气隙厚度分布

（a）宽面；（b）窄面

（扫描书前二维码看彩图）

的范围内。由于铸坯在下行凝固过程中角部最早脱离铜板，且宽面铜板对其沿厚度方向凝固收缩的锥度补偿不足，气隙总体呈持续生长趋势变化。当铸坯凝固至结晶器出口时，宽面角部的气隙厚度达到了最大值约 0.62mm。同时，从图中还可以看出，在结晶器弯月面下 320mm 至出口高度范围的偏离角区域亦生成了较明显厚度与宽度的气隙。当铸坯凝固至结晶器出口时，宽面偏离角区的气隙厚度最大值达到了约 0.13mm。受上述偏离角区保护渣膜分布与气隙生成共同作用，铸坯宽面偏离角区域的传热效率将极大降低，致使铸坯宽面偏离角区形成"热点"。

相比于宽面，铸坯窄面气隙主要形成于距其角部 0~10mm 的范围内。其中，角部点的气隙厚度最大。受上述铸坯窄面界面间隙演变影响，坯壳窄面角部的气隙沿拉坯方向总体呈先增大后减小趋势变化，最大值出现在弯月面下 375mm 高度处，约为 0.51mm。同时，受结晶器下部窄面铜板锥度的过补偿挤压作用，其偏离角区域并未形成明显气隙。由于铸坯角部区域的气隙仅分布于距其角部点 0~10mm 的窄范围内，仅对铸坯角部传热产生较大影响，而不会对窄面偏离角区的传热造成明显影响。

4.2.2.3 坯壳凝固传热与生长行为

图 4-10 为上述铸坯宽面角部附近区域界面传热介质填充行为下的热流沿结晶器高度方向的演变。总体而言，受越靠近坯壳角部位置的界面间隙越大，保护渣膜与气隙越厚的作用，铜板的热流密度越小，即 A 点的热流密度最小。然而，A 点区域为铸坯角部，其在凝固过程受二维传热作用，同一凝固高度下的温度最低。而在远离铸坯角部的宽面偏离角区域，受保护渣膜厚度快速增加与气隙生成作用，C 点处在结晶器弯月面 400mm 以下高度时，热流密度较快速下降。而其他标记位置处的热流虽同样出现下降，但幅度变小较多。

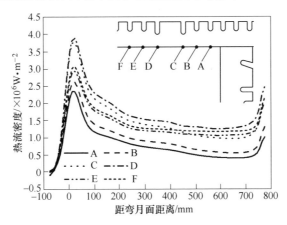

图 4-10 结晶器宽面角部附近区域的热流密度演变

图 4-11 为受上述界面传热介质填充与热流变化作用下，结晶器不同高度下

的铸坯表面温度分布图。可以看出，结晶器内凝固坯壳宽面与窄面偏离角区的温度均显著高于对应面中心等位置的温度。对于宽面坯壳，偏离角区与宽面中心线处的温度差值整体随铸坯下行凝固而逐渐增加，并在弯月面下500mm至结晶器出口高度范围快速加大。当铸坯凝固至结晶器出口时，该差值达到了近129K。而对于铸坯窄面，得益于其偏离角区无明显气隙产生，虽偏离角区域的保护渣膜厚度显著高于窄面中心区，但其偏离角区与窄面中心线处的温度差相比宽面显著减小，且随着铸坯下行整体呈先增加后减小的趋势变化。当铸坯凝固至结晶器下口时，该差值仅约为60K。与此同时，从图中亦可以看出，由于宽面角部区域的厚保护渣膜与气隙分布的宽度整体大于窄面偏离角区域，宽面偏离角区的"热点"分布宽度亦明显大于窄面偏离角区。

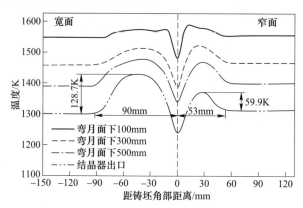

图 4-11　结晶器内不同高度下坯壳角部附近区域的表面温度分布

　　受上述铸坯角部及其附近区域非均匀传热作用，铸坯宽面偏离角区的凝固速度显著下降，致使铸坯宽面偏离角区形成了薄坯壳区。当铸坯凝固至弯月面下500mm高度时，宽面中心线处的坯壳凝固厚度达到了约14.0mm，而距其角部点约45mm处的偏离角区域的坯壳厚度仅约为13.1mm，坯壳厚度减少了近1mm，如图4-12所示。而当铸坯继续凝固至结晶器出口时，由于宽面偏离角区域的保护渣膜与气隙厚度持续增加，其相比宽面中心等处的坯壳凝固厚度差持续增大，当坯壳凝固至结晶器出口时，厚度差值达最大，约为2.0mm，成为了显著的"热点"薄区。而对于窄面坯壳，其偏离角区与其中心线处的坯壳厚度差仅约为0.5mm。

4.2.3　二冷铸流内铸坯凝固与变形行为

4.2.3.1　铸坯二冷温度场演变

连铸坯在二冷区内的温度场演变是影响其变形行为的重要因素。由4.2.2

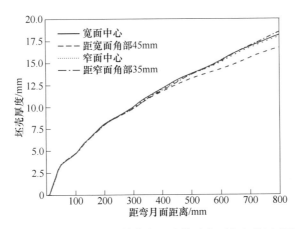

图 4-12 铸坯宽面与窄面偏离角区及其对应面中心的坯壳生长

节可知，出结晶器后的铸坯宽面偏离角区出现了显著的"热点"，本节将在上述结晶器内凝固坯壳传热特点的基础上，进一步考察铸坯在二冷铸流内的温度场演变。图 4-13 为二冷铸流内连铸坯宽面中心、偏离角区、角部以及窄面中心的温度演变。从图中可以看出，铸坯在下行凝固过程中，宽面中心区域的凝固坯壳与扇形段铸辊间间歇性接触传热，使得铸坯表面近乎等间距强降温。然而，对于铸坯角部和偏离角区域，其表面温度演变显著区别于宽面中心。对于铸坯角部，其在弯月面下 5.5~21.4m 范围内因较大凝固收缩而未与铸辊接触，且铸坯在该铸流区间内的表面未与铸辊间歇性接触，因而表面未出现等间距强降温的现象。而对于铸坯宽面偏离角区，其在二冷铸流内凝固全程均未与扇形段铸辊接触而出现间歇性降温的现象，说明铸坯宽面偏离角区在整个二冷铸流内均存在较明显的凹陷。

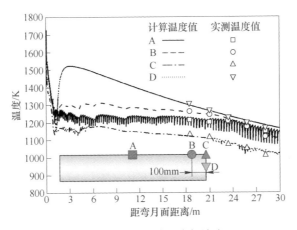

图 4-13 铸坯二冷温度场演变

为了进一步分析铸坯在二冷铸流内的表面温度沿横向分布演变特点，现提取不同冷却区铸坯表面温度横向分布数据，如图 4-14（a）所示。可以看出，在结晶器下口处，铸坯宽面偏离角与其中心线处的最大温差达 123K。随着铸坯下行，受宽面足辊区（即宽面 1 区）强喷淋冷却作用，铸坯表面温度整体快速下降，并以偏离角区的温度下降最快。受此影响，铸坯偏离角区与其宽面中心线处的温差降至约 54K。当铸坯出宽面足辊区后，铸坯表面的冷却强度有所降低。此时，由于宽面偏离角区的坯壳相对薄，热量由液芯传至铸坯表面的速度更快，在均匀冷却水喷淋作用下，其与宽面中心线处的最大温差快速回升至约 84K，而后再次逐渐降低，直至铸坯出立弯段降至约 67K。当铸坯进入弧形段后，二冷水强度再次降低，宽面偏离角区的温度再次快速上升，使得其与宽面中心线的最大温差再次回升到约 91K。此后，随着铸坯厚度的逐渐增加和铸坯表面温度的持续下降，宽面偏离角区与其中心线处的最大温差再次降低。当铸坯凝固至二冷 6 区出口时，该最大温差降至约 74K。

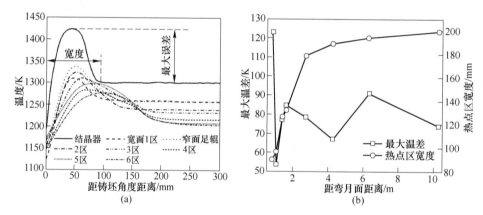

图 4-14　不同冷却区出口铸坯表面横向温度分布及偏离角区与宽面中心线温差演变
（a）铸坯表面横向温度分布；（b）偏离角区与宽面中心线温差与热点区宽度

此外，从图 4-14（b）可以看出，受各冷却区喷淋冷却与铸坯宽面偏离角区温度演变影响，铸坯在二冷区铸流内的宽面偏离角热点区的横向宽度整体呈扩大趋势变化。当铸坯凝固至二冷 4 区末时，宽面偏离角热点区的宽度由结晶器出口处的约 93mm 快速增加至约 190mm，而后该宽度逐渐趋于稳定。当铸坯凝固至 6 区时，热点区的宽度扩大到约 200mm。

4.2.3.2　二冷高温区铸坯变形与力学行为

图 4-15 为某钢厂二冷 1~6 区出口处的铸坯变形形貌演变。为了便于更直观分析铸坯轮廓演变，在相邻冷却区的铸坯表面轮廓线之间增加了沿宽度和厚度方向 2mm 的偏移量。从图中可以看出，在宽面足辊区内，铸坯宽面与窄面的冷却

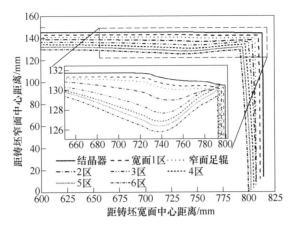

图 4-15 典型二冷区出口处的铸坯形貌演变

水量虽均较大，但坯壳温度整体较高，凝固坯壳沿宽面中心方向的收缩量不是十分显著。受窄面足辊支撑作用，窄面坯壳未发生明显鼓肚，因此也未对坯壳的宽面角部变形产生明显影响。铸坯宽面角部仅在其沿窄面中心方向的凝固收缩作用下，产生整体沿铸坯厚度减薄方向收缩，直至坯壳凝固至出窄面足辊区。当铸坯凝固至二冷 2 区出口时，温度仍较高的窄面坯壳失去了足辊的支撑作用，开始逐渐形成窄面鼓肚。此时，在坯壳沿宽面中心方向凝固收缩与窄面鼓肚综合作用下，铸坯宽面偏离角区开始逐渐以角部为支点（铸坯角部相对较硬，不易变形）扭转而形成凹陷。而后，随着铸坯继续向下运动凝固，坯壳窄面鼓肚随着钢水静压力的增加而增大，使得宽面偏离角区的凹陷深度与宽度均随之增大。当铸坯凝固至二冷 4 区出口时，由于窄面坯壳强度已可完全支撑钢水静压力，铸坯窄面鼓肚量基本稳定，宽面偏离角区的凹陷也随之逐渐稳定。

图 4-16 为铸坯在上述二冷各区内变形条件下，宽面偏离角凹陷深度与鼓肚

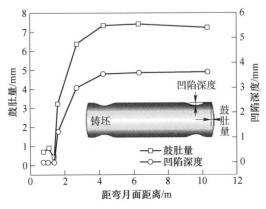

图 4-16 铸坯宽面偏离角凹陷深度与鼓肚量演变

的关系。从图中可以看出，在二冷高温区内的凝固坯壳宽面偏离角凹陷的深度与窄面鼓肚量之间有良好的对应关系，即凹陷深度随铸坯窄面鼓肚量增加而增加、随鼓肚量趋于平稳而逐渐稳定。铸坯窄面鼓肚主要形成于结晶器窄面足辊出口以下至二冷 4 区出口范围，且越靠近结晶器端，鼓肚量增加越快。在窄面足辊区高度范围内，铸坯窄面受足辊挤压支撑作用，鼓肚量略有减小，宽面偏离角区无明显凹陷形成。而当铸坯出窄面足辊区后，铸坯窄面鼓肚量迅速由 2 区出口处的约 0.4mm 增加至了 3 区出口处的约 6.4mm。由图 4-15 可知，窄面坯壳产生鼓肚后，坯壳宽面偏离角热点区将以铸坯角部为支点扭转而形成凹陷。受此作用，二冷 3 区出口处的铸坯宽面偏离角区凹陷深度快速增加至约 3mm。而当铸坯进入二冷 4 区与 5 区后，坯壳逐渐生长至一定厚度，逐渐可以抵抗钢水静压力引起的变形，窄面坯壳的鼓肚量增速逐渐减小并趋于平缓。随之，铸坯宽面偏离角区凹陷的深度也呈略微增加后趋于稳定。当铸坯凝固至 6 区出口时，窄面坯壳的鼓肚量和宽面偏离角区凹陷深度分别达到了 7.24mm 和 3.63mm。

图 4-17 为连铸坯在结晶器出口至二冷 2 区出口高度范围内的传热与变形行为三维形貌图。从图 4-17（a）中可以看出，受结晶器内凝固坯壳宽面与窄面偏离角区"热点"遗传作用，显著的热点区在二冷高温区铸流内得以保留，为铸坯宽面偏离角凹陷形成奠定了重要的温度条件。铸坯宽面偏离角区凹陷的逐渐形成，使得该位置的铸坯脱离扇形段宽面铸辊夹持。因此，从图 4-17（c）可以看出，铸坯宽面偏离角区凹陷的形成环节应位于窄面足辊区出口以下至立弯段出口的高温区铸流内。

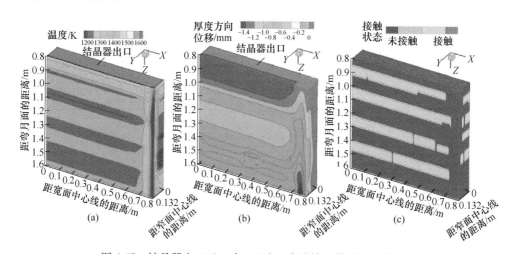

图 4-17　结晶器出口至二冷 2 区出口高度铸坯传热与力学行为
（a）温度场；（b）沿厚度方向变形位移；（c）与铸辊接触状态
（扫描书前二维码看彩图）

图 4-18 为上述二冷不同冷却区出口处，铸坯横截面的塑性应变演变。从图

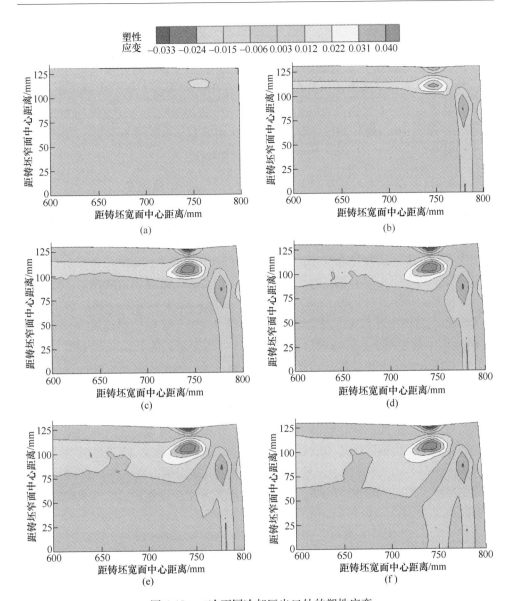

图 4-18 二冷不同冷却区出口处的塑性应变

(a) 1 区；(b) 2 区；(c) 3 区；(d) 4 区；(e) 5 区；(f) 6 区

(扫描书前二维码看彩图)

中可以看出，在宽面足辊区出口处，宽面偏离角区仅产生轻微变形，铸坯横截面内未产生明显塑性变形。而当铸坯凝固至二冷 2 区出口时，坯壳窄面与宽面偏离角区分别逐渐形成鼓肚与凹陷。由于坯壳窄面形成鼓肚过程是呈向外弯曲变化，铸坯表层形成了轻微的拉应变，相应的凝固前沿形成了较明显的压应变。同时，由于铸坯宽面偏离角区凹陷形成过程是以其角部为支点扭转，凹陷区的铸坯表层形成了明显的压应变、凝固前沿形成了显著的拉应变。而后，随着铸坯窄面鼓肚持续增大，宽面偏离角区凹陷的深度与宽度增加，凹陷处的表层压应变逐渐加剧，皮下拉应变亦逐渐增加，且塑性变形的作用区域逐渐变宽，位置逐渐变深。当铸坯凝固至二冷 6 区出口处时，凹陷处的坯壳表层压应变与皮下拉应变分别达约 −0.037 和 0.048。铸坯的上述应变演变行为也解释了实际厚板坯连铸生产过程宽面偏离角凹陷区皮下极易产生纵向裂纹缺陷的原因。

4.2.3.3　凝固末端压下过程铸坯宽面偏离角区凹陷演变

作为改善铸坯中心偏析与疏松的有效手段，凝固末端轻压下工艺实施过程会使铸坯产生一定程度沿厚度与宽展方向的变形。受此作用，铸坯宽面偏离角区的凹陷形貌将产生一定程度改变。图 4-19 为铸坯在扇形段 7~12 段的各段出口处的形貌演变。从图中可以看出，铸坯在进入压下段之前，其宽面偏离角区凹陷的宽度与深度基本稳定，且凹陷从角部点起即已开始，宽度与深度分别达约 165mm和 3.9mm。当铸坯进入压下段后，在扇形段第 9、10、11 段分别施加 3mm、2mm和 1mm 压下量作用下，铸坯内弧侧产生了较大的变形。尤其是在压下段第一段内，受其较大的压下量作用，铸坯宽面角部被压平，偏离角区凹陷的深度与宽度快速减小。当铸坯凝固至扇形段第 9 段出口时，宽面偏离角区凹陷的宽度与深度分别缩小至约 153mm 和 3.6mm。而后，在扇形段第 10 和第 11 段压下作用下，角部与宽面中心方向的铸坯被继续压下减薄，使得宽面偏离角区凹陷的宽度与深度进一步减小至出扇形段第 10 段的约 129mm 与 2.8mm 和第 11 段的约 84mm 与1.8mm，如图 4-19（b）所示。铸坯压下过程使得宽面偏离角区凹陷的宽度与深度分别减小了约 49.1% 和 53.8%。这也就造成实际生产过程中经常仅发现铸坯宽面偏离角

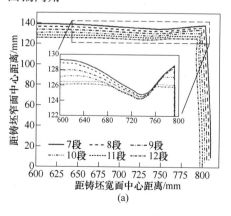

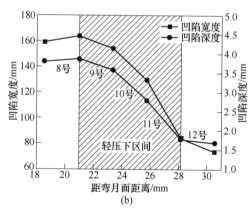

图 4-19　轻压下过程中铸坯轮廓演变

（a）凹陷形貌演变；（b）轻压下过程凹陷宽度与深度演变

处的振痕较为粗大而未见明显的凹陷，或者仅在距离角部 30~50mm 的偏离角区出现宽度为 50~100mm 的较轻微凹陷。而铸坯的外弧偏离角区则存在较明显的纵向凹陷带，如图 4-20 所示。当铸坯进入扇形段第 12 段以后，在水平段铸辊的夹持下，凹陷的宽度与深度仅出现小幅缩小。

此外，从图 4-19 中可以看出，受扇形段压下作用（特别是在压下段的后两段），铸坯角部出现了较明显的宽展变形，使得铸坯窄面呈如图 4-20 所示的"S 弯"状。在实际轧制过程，该窄面铸坯形状十分不利于厚板边线（或称为"黑线"）缺陷控制。

外弧宽面偏离角凹陷

图 4-20 铸坯横截面形貌

4.3 厚板坯宽面偏离角区纵向凹陷形成机理

根据上述厚板坯在全铸流内的凝固传热与力学行为演变，可归结厚板坯宽面偏离角区连续纵向凹陷缺陷形成机理为：厚板坯在结晶器内凝固过程，宽面角部及其附近的坯壳凝固收缩过程缺乏结晶器铜板高效补偿和角部变形未受约束综合作用，坯壳宽面角部脱离铜板而形成较大的界面间隙，厚保护渣膜与气隙于其内集中生成，阻碍了铸坯宽面偏离角区域高效传热，从而形成显著热点区，如图 4-21（a）所示。铸坯出结晶器后的窄面足辊区内，坯壳沿宽面方向的收缩得到了窄面足辊支撑作用，坯壳角部未形成扭转变形，宽面角部区域的坯壳仅整体向其厚度中心方向收缩，如图 4-21（b）所示。而当高温凝固坯壳出结晶器窄面足辊区后，在钢水静压力作用下，铸坯窄面快速形成鼓肚。在其变形带动作用下，凝固坯壳整体以角部为支点扭转，宽面偏离角高温区向内弯曲而形成凹陷，并在二冷 2 区和 3 区内加剧，直至出立弯段后凹陷逐渐稳定，如图 4-21（c）所示。当铸坯进入凝固末端压下段后，宽面偏离角区两侧的坯壳逐渐被铸辊压平，使得凹陷的宽度和深度逐渐减小而形成如图 4-21（d）所示的宽度普遍为 50~100mm、深度 1.0~5.0mm、凹陷带两侧坯壳平直的厚板坯偏离角区凹陷缺陷形貌。

值得一提的是，本章提出的板坯宽面偏离角区纵向凹陷形成机理与 Thomas 等[26,30]早期提出的两阶段理论有一定的相似之处，但在关于凹陷初始形成的位置上存在较大差异。Thomas 等认为板坯宽面偏离角区纵向凹陷形成于结晶器下口的足辊区内，而本书认为，该凹陷形成于出结晶器窄面足辊后的二冷 2~4 区。此外，本书亦详细给出了该凹陷的形成过程及其在铸流内（特别是铸坯凝固末端压下过程）的演变，很好解释了铸坯宽面偏离角区纵向凹陷的形成，以及实际连铸过程出现的诸如铸坯宽面偏离角区振痕粗大、外弧偏离角区凹陷比内弧偏离角区大等现象。

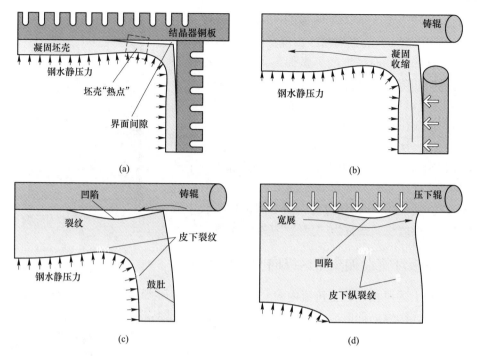

图 4-21　厚板坯宽面偏离角区纵向凹陷在各阶段的形成及发展演变

4.4　厚板坯宽面偏离角区纵向凹陷控制策略

由上述厚板坯连铸过程宽面偏离角区纵向凹陷形成机理可知，防止结晶器内凝固坯壳宽面偏离角区形成显著的"热点"是控制该凹陷形成的关键。在此基础上，应保证出结晶器后的高温凝固坯壳在连铸机窄面足辊区内得到足够的铸辊支撑并凝固形成强度较高的坯壳，防止铸坯窄面出窄面足辊区后形成较大的鼓肚。

由 4.2.2 节坯壳在结晶器内的变形收缩与保护渣膜、气隙等传热介质在收缩界面的动态填充行为可知，均匀化结晶器内坯壳宽面偏离角区凝固传热的关键，是减小结晶器宽面偏离角区的收缩间隙，防止厚保护渣膜与气隙（特别是结晶器中下部的气隙）于其内填充。解决该难题的最直接有效的方法是增大沿铸坯厚度方向的结晶器锥度，即扩大窄面铜板上口与下口宽度差。但在实际连铸生产过程中，每个结晶器均需满足通用性要求，即同一个结晶器需要同时满足超低碳、低碳、包晶、中碳，乃至高碳钢在内的所有钢种连铸生产。目前国内外主流厚板坯连铸机结晶器沿厚度方向的锥度补偿量普遍采用 1mm 和 2mm 两种，并以 2mm 为主。对于特厚板坯连铸而言，虽可考虑适当增加结晶器沿厚度方向的锥度补偿量（目前国内外 300~420mm 厚度板坯的结晶器，沿厚度方向的锥度仍多采用 2mm 补偿量），但要依靠该方法消除铸坯宽面偏离角区的收缩间隙，以 250mm 厚度板坯连铸结晶器为例，由图 4-6 可知，结晶器沿厚度方向的锥度量需达 5mm 以上，这将极大增加结晶器宽面铜板的磨损，不具有可实施性。

同样由 4.2.2 节可知，坯壳在厚板坯结晶器内凝固过程，窄面铜板若能高效补偿并支撑窄面坯壳沿宽面中心方向的凝固收缩，一定程度上可"顶住"窄面坯壳，从而限制坯壳角部的自由变形（制约坯壳角部在结晶器内的扭转），可减小铸坯宽面偏离角区域的界面间隙厚度与宽度，防止宽度过大且温度过高的宽面偏离角"热点"区生成。

然而，当前国内外厚板坯连铸机多采用窄面平板型结晶器。实际连铸生产中，铸坯在结晶器内凝固过程受高温相变特性等作用，往往于结晶器上部收缩快、中下部收缩相对缓慢[36~38]。采用该窄面平板型铜板结晶器，往往对结晶器中上部坯壳的收缩补偿不足，从而使凝固坯壳窄面角部较早脱离铜板，进而一定程度"拖拽"宽面角部区域的坯壳脱离铜板而形成较大的界面间隙。而对其中下部的坯壳收缩往往是过补偿，使得其服役过程往往因下口过度磨损而过早下线修复或报废[39]。若基于窄面平板型结晶器，进一步增大其窄面锥度，虽有助于补偿结晶器中上部的坯壳收缩，将进一步加剧铜板下口磨损。同时，也将增大结晶器中下部铜板与坯壳的摩擦力，不利于铸坯角部横裂纹等控制。为此，需要结合钢种凝固特性，开发上部快补偿、中下部缓补偿结构的曲面结晶器，使得铸坯在结晶器内凝固全程高效贴合铜板传热，防止结晶器中上部铸坯角部扭转变形而减小其宽面角部区域的界面间隙，并同时增加坯壳窄面凝固厚度。

为此，本书根据上述结晶器内坯壳宽面角部均匀化控制思想，设计了如图 4-22（a）所示的曲面结晶器。其中，结晶器沿高度方向的补偿区域采用第 2 章所开发的角部高效传热曲面结晶器的锥度补偿曲线。同时，为了限制结晶器中上部铸

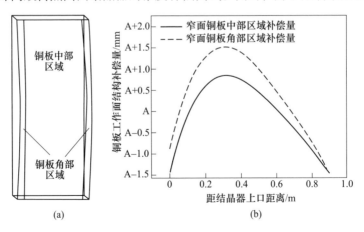

图 4-22　曲面结晶器结构示意图及其工作面补偿曲线

（a）结构示意图；（b）工作面补偿曲线

坯窄面角部变形，增加了对铸坯角部变形约束的凹向结晶器内腔的结构。鉴于实际连铸生产过程，结晶器下口附近区域的铜板磨损较严重考虑，逐渐减小了铜板中下部角部区域的锥度量至 0 或负值，对应的铜板中部与角部的补偿曲线如图 4-22（b）所示。

在上述实施窄面曲面结构结晶器基础上，确保连铸机窄面足辊区内坯壳冷却与铸辊支撑，防止铸坯在窄面足辊区及其以下区域铸坯窄面产生鼓肚，是控制厚板坯宽面偏离角区纵向凹陷缺陷的另一关键点。

当前，国内外钢铁企业针对微合金钢，特别是裂纹敏感性更强的包晶微合金钢连铸过程，多采用二冷弱冷控冷工艺。但从第 2、3 章微合金钢板坯与薄板坯角部裂纹形成机理以及在国内外十余家企业的生产实践表明，在保证设备精度满足要求的基础上，适当提高出结晶器后铸坯宽面与窄面冷却强度，不会引发铸坯角部横裂纹等表面质量缺陷产生。为此，对于主流成分的低碳、包晶以及中碳等钢的厚板坯连铸，满足实施宽面高温区（二冷 1~4 区）与窄面足辊区适当强冷的条件。

同时，得益于图 4-22 所示的窄面曲面结构结晶器，实际厚板坯连铸过程可实施铸坯窄面大锥度补偿控制工艺，增加结晶器及其窄面足辊区的锥度补偿，控制坯壳在结晶器内自由变形的同时，进一步约束铸坯在窄面足辊区内的变形与鼓肚生成。同样以本书上述 250mm 厚度板坯连铸为例，某钢厂针对其某一宽度断面铸坯生产实施铸坯窄面大锥度补偿控制工艺后，铸坯在结晶器有效凝固高度内和在窄面足辊区内沿宽度方向的单侧收缩补偿量将分别增加 1.03mm 和 1.47mm，如图 4-23 所示，从而有效控制铸坯窄面鼓肚形成。针对其他断面厚板坯连铸，多个企业生产实践表明窄面足辊锥度的设置基本原则为：保证冷态铸坯窄面保留约 1~2mm 深度的足辊印记。

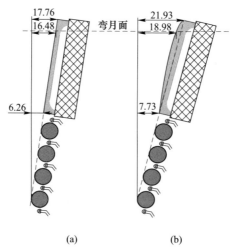

图 4-23　结晶器窄面大锥度条件下的铸坯收缩补偿结构示意图（单位：mm）

（a）传统窄面平板型结晶器工艺；（b）窄面曲面结晶器大锥度工艺

4.5　新工艺下铸坯凝固行为及现场应用

4.5.1　结晶器内铸坯凝固与变形行为

图 4-24 为上述图 4-22 所示窄面曲面结构铜板下，结晶器内不同高度处的坯壳凝固收缩与变形形貌。从图中可以看出，铸坯在结晶器内凝固全程，窄面曲面结构铜板高效补偿其沿宽面中心方向的收缩，窄面坯壳在结晶器各高度下均与铜板紧密接触。同时，受窄面铜板角部附近区域向内腔凹陷约束作用，铸坯宽面角部只产生沿厚度方向的收缩变形，未产生类似传统窄面平板型结构铜板下的铸坯角部扭转与"拖拽"变形，铸坯宽面角部附近区域的界面间隙厚度及宽度尺寸均大幅减小。

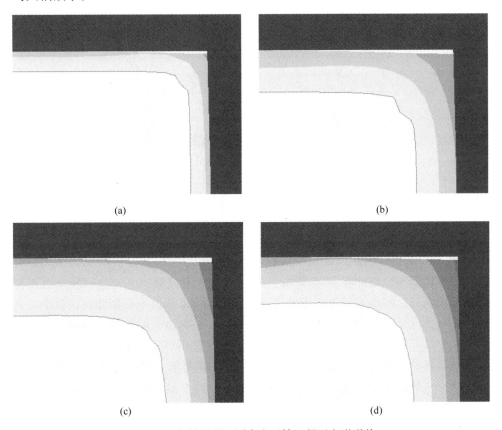

(a)　　　　　　　　　　　　　　　(b)

(c)　　　　　　　　　　　　　　　(d)

图 4-24　新结晶器不同高度下铸坯凝固变形形貌

（a）弯月面下 100mm；（b）弯月面下 300mm；（c）弯月面下 500mm；（d）结晶器出口

（扫描书前二维码看彩图）

图 4-25 为新曲面结构窄面铜板下，结晶器不同高度下铸坯宽面与窄面角部

附近区域的保护渣膜分布。从图中可以看出，新曲面结构结晶器条件下，铸坯宽面角部附近区域的保护渣膜厚度及其分布的宽度显著减小。结晶器下口宽面角部及其附近区域的保护渣膜最大厚度仅约 0.7mm，分布的宽度仅为距铸坯角部 0~60mm 范围内。同时，可以看出，铸坯宽面角部的最大保护渣膜厚度出现于距其角部约 10mm 处。由 4.2.2 节可知，该最大厚度保护渣膜相对靠近铸坯角部，仅会一定程度降低距铸坯角部 40~60mm 区域的宽面偏离角区坯壳传热效率。

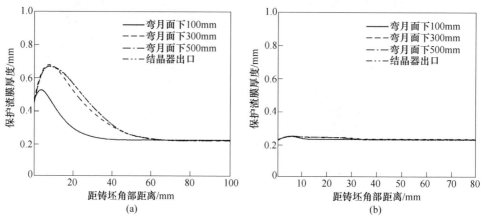

图 4-25 新结晶器下铸坯角部保护渣膜分布
(a) 宽面；(b) 窄面

而对于铸坯窄面，由于新型曲面结构铜板全程高效补偿坯壳沿宽面中心方向的凝固收缩，坯壳角部附近未形成明显的收缩间隙，因而未产生保护渣膜集中填充的现象。结晶器各高度下的保护渣膜均均匀分布。

图 4-26 为上述新曲面结构窄面铜板下，结晶器内铸坯宽面与窄面角部附近区域的气隙分布。铸坯在新结构结晶器内凝固过程仅于距其角部 0~15mm 宽度范围的宽面角部区域形成较大厚度的气隙，消除了传统窄面平板型结构铜板下坯壳宽面偏离角区生成较大厚度气隙的现象。同样，虽然该气隙的厚度相对于传统窄面平板型结晶器下有所增加，但由于所生成的气隙相对靠近铸坯角部，仅会较大幅降低铸坯宽面角部的传热效率，而不会对其偏离角区的坯壳传热造成明显影响。而对于铸坯窄面，其气隙基本消除，从而大幅提高铸坯整个窄面以及宽面偏离角区的传热效率。

图 4-27 为新曲面结构窄面铜板结晶器内凝固坯壳宽面与窄面角部附近区域的表面温度分布。从图中可以看出，除了铸坯角部温度快速下降外，其宽面与窄面角部的横向表面温度分布均较为均匀。铸坯宽面偏离角区仅于距其角部 20~60mm 区域内产生与宽面中心最大温差约 50℃ 的"热点"。相比使用传热窄面平板型结晶器下的宽度约 90mm、与宽面中心最大温差值约 129℃ 的显著"热点"

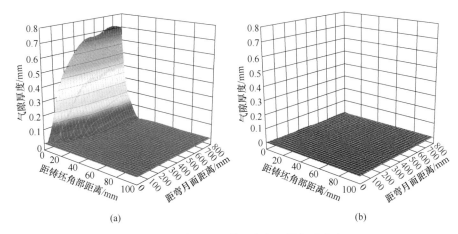

图 4-26　新结晶器下铸坯角部区域气隙分布
（a）宽面；（b）窄面
（扫描书前二维码看彩图）

区而言，新结晶器下的铸坯宽面偏离角"热点"区的幅度与宽度均显著减小，基本上消除了引发铸坯宽面偏离角区凹陷形成的温度条件。

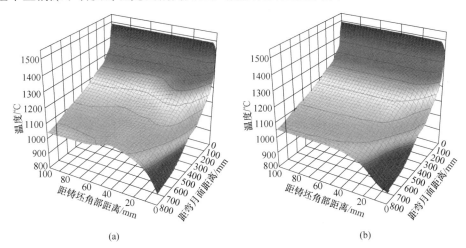

图 4-27　新结晶器下铸坯角部区域表面温度分布
（a）宽面；（b）窄面
（扫描书前二维码看彩图）

4.5.2　二冷铸流内铸坯凝固与变形行为

图 4-28 为在上述新型曲面结构结晶器并适当加强铸坯在宽面与窄面足辊区、立弯段内二冷各区（2~4 区）冷却强度条件下，结晶器出口至立弯段出口各冷

却区出口处的铸坯表面温度分布。从图中可以看出，由于铸坯出结晶器的铸坯宽面偏离角区的"热点"温度及分布宽度均相对于使用传统窄面平板型结晶器条件下的"热点"区显著小，且受宽面更大强度的喷淋冷却作用，铸坯宽面偏离角区的"热点"于宽面足辊区出口近乎消失，而后随着铸坯角部二维传热与宽面持续强冷却作用，宽面偏离角区的坯壳表面温度逐渐低于宽面中心区域，从而有助于强化铸坯宽面偏离角区的抗变形能力。

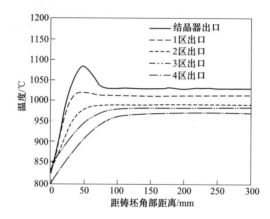

图 4-28　新结晶器与二冷配水工艺下不同冷却区出口处的铸坯表面温度分布

　　图 4-29 为新曲面结晶器与二冷配水工艺下，连铸机各扇形段出口处的铸坯变形轮廓曲线（未进行偏移绘图处理）。从图中可以看出，除在立弯段出口前的铸流范围内，铸坯宽面偏离角区产生轻微凹陷外，铸坯在以下的二冷铸流内凝固全程中，宽面偏离角区凹陷深度与宽度均未产生明显扩展与加深（如图 4-29（a）所示），并在扇形段 9~11 段铸坯凝固末端轻压作用下，轻微凹陷被压平而消失，如图 4-29（b）所示。

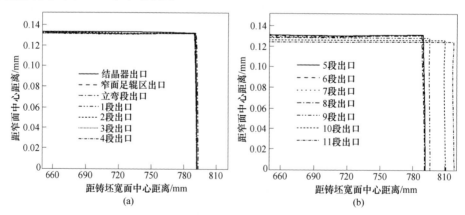

图 4-29　二冷铸流不同扇形段出口处的铸坯轮廓线

（a）扇形段 4 段前；（b）扇形段 4 段后

　　同时，从图 4-29 中亦可以看出，铸坯在进入凝固末端压下段之前，窄面坯壳存在一定程度的鼓肚变形。但经铸坯凝固末端轻压作用下，铸坯在减薄过程产生了较明显的宽展变形，且其表层的变形速度快于窄面中部，将使得铸坯窄面形成微凹结构。实施新工艺后的实际成品铸坯窄面如图 4-30 所示，呈微凹形状。铸坯在各扇形段出口处的横截面形貌与凝固演变如图 4-31 所示。

(a)　　　　　　　　　　　(b)

图 4-30　新工艺下铸坯窄面形貌

(a) 铸坯左侧；(b) 铸坯右侧

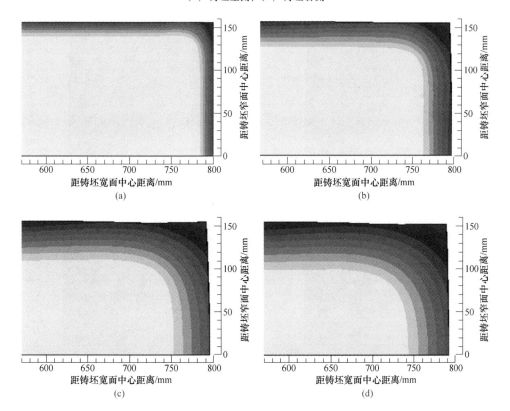

(a)　　　　　　　　　　　(b)

(c)　　　　　　　　　　　(d)

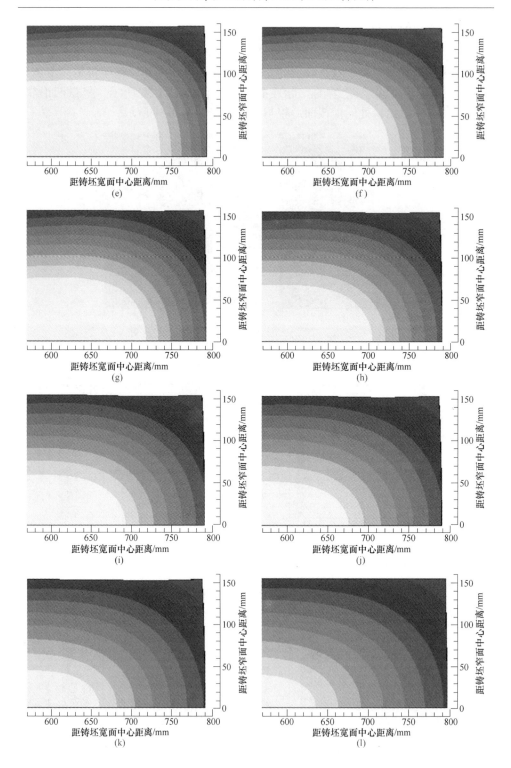

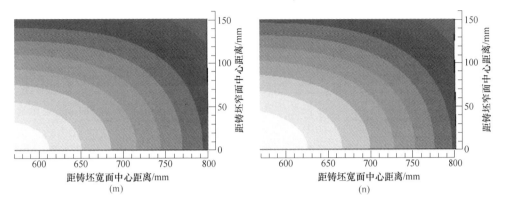

图 4-31 二冷铸流不同扇形段出口处的铸坯横截面轮廓演变

(a) 结晶器出口；(b) 宽面足辊区出口；(c) 窄面足辊区出口；(d) 扇形 1 段出口；

(e) 扇形 2 段出口；(f) 扇形 3 段出口；(g) 扇形 4 段出口；(h) 扇形 5 段出口；

(i) 扇形 6 段出口；(j) 扇形 7 段出口；(k) 扇形 8 段出口；(l) 扇形 9 段出口；

(m) 扇形 10 段出口；(n) 扇形 11 段出口

(扫描书前二维码看彩图)

4.5.3 新工艺现场应用及其效果

将上述新结构结晶器与二冷高温区配水工艺应用于某钢铁企业的厚板坯连铸机。新技术应用前后所生产的 250mm 厚度板坯边部形貌如图 4-32 所示。可以看出，新技术上线前，该钢厂所生产的包晶类宽厚板坯多产生如图 4-32（a）所示的宽面偏离角区凹陷，且窄面呈较明显的鼓肚缺陷。新技术实施后，铸坯生产过程窄面受到曲面结构结晶器的收缩高效补偿与支撑，并在二冷高温区实施宽面与

(a)　　　　　　　　　　　　(b)

图 4-32 某钢厂 250mm 厚板坯技术应用前后铸坯窄面及偏离角区形貌对比

(a) 技术应用前；(b) 技术应用后

窄面较大强度的冷却工艺，铸坯出窄面足辊区后的坯壳具有较强的抗钢水静压力能力，铸坯窄面未出现明显的鼓肚现象，宽面偏离角区亦未形成凹陷缺陷。目前，该技术已在国内某钢厂稳定投用 3 年多，有效消除了铸坯宽面偏离角区纵向凹陷及其表面与皮下裂纹缺陷的产生。

　　图 4-33 为某钢厂 300mm 厚度板坯连铸机技术实施前后铸坯边部的形貌对比。可以看出，技术实施前，其厚板坯生产过程的窄面呈明显鼓肚，宽面偏离角区亦存在一定深度的凹陷缺陷，如图 4-33（a）所示。受此影响，生产含铌类包晶微合金钢过程的铸坯窄面偏离角凹陷区的表面常产生横裂纹，所生产的厚板坯多需下线进行偏离角区火焰清理，如图 4-34 所示。同时，偏离角区皮下 20~30mm 深度处常产生纵裂纹缺陷，制约了其高端宽厚板的高质与高效化生产。技术实施后，厚板坯窄面鼓肚一定程度上改善，宽面偏离角区凹陷基本消除，如图 4-33（b）所示。目前，该技术亦在某钢厂稳定实施近 3 年时间。

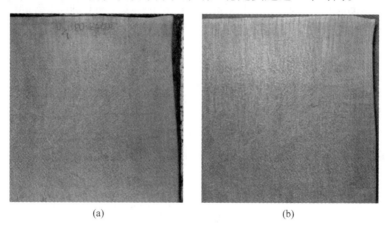

（a）　　　　　　　　　　　　　　　（b）

图 4-33　某钢厂 300mm 技术应用前后铸坯窄面及偏离角区形貌对比
（a）技术应用前；（b）技术应用后

图 4-34　某钢厂 300mm 技术应用前铸坯偏离角区火焰清理

4.6 本章小结

本章针对厚板坯连铸过程高发宽面偏离角区纵向凹陷缺陷难题，开展了厚板坯全铸流凝固过程热/力学行为演变分析，揭示了其宽面偏离角区纵向凹陷形成机理，并提出了其控制方法，主要结论如下：

（1）在传统窄面平板型厚板坯连铸结晶器内，铸坯在其上部凝固过程因窄面坯壳收缩与变形未得到有效的补偿与约束，铸坯宽面角部及其附近区域形成了较大的界面间隙。受保护渣膜与气隙集中填充作用，铸坯宽面偏离角区凝固形成显著的"热点"，为其偏离角区纵向凹陷的形成奠定了温度条件。

（2）厚板坯出结晶器窄面足辊段后的窄面鼓肚是宽面偏离角区纵凹陷形成的"动力"因素。高温窄面坯壳出结晶器窄面足辊段后失去了铸辊的支撑，在钢水静压力的推动下向外逐渐弯曲形成鼓肚。在该变形带动下，铸坯宽面偏离角区以角部为支点扭转，向铸坯厚度方向弯曲，形成了从铸坯角部起点并向宽面中心方向发展的凹陷，而后在铸坯凝固末端轻压作用下，凹陷区两侧被压平而最终形成现场铸坯所示的偏离角区纵向凹陷缺陷。

（3）铸坯宽面偏离角区纵向凹陷控制的关键在于消除铸坯在结晶器内凝固过程生成显著的"热点"区，并防止其出窄面足辊区后形成明显的窄面鼓肚。采用窄面曲面结构结晶器，可补偿和支撑铸坯窄面在结晶器内凝固过程的收缩，防止铸坯宽面角部被"拖拽"而形成过大的界面间隙，从而消除宽面偏离角区形成过大"热点"区的条件，均匀化坯壳在结晶器内的传热。实施连铸二冷高温区适当强冷却，不会增加微合金钢连铸过程裂纹敏感性，并可一定程度强化铸坯窄面抗鼓肚的能力，并进一步消除铸坯宽面偏离角区"热点"，消除厚板坯宽面偏离角区纵向凹陷产生。

参 考 文 献

[1] 常跃峰. 低合金高强度宽厚板的发展 [J]. 宽厚板, 2002, 8（5）：1~5.

[2] 钱振伦. 我国宽厚板生产技术和装备的发展及评述 [J]. 冶金管理, 2008（3）：57~60.

[3] 沈文荣, 邱松年, 钱洪建. 沙钢宽厚板工艺技术装备 [J]. 宽厚板, 2009（2）：38~44.

[4] 钱振伦. 宽厚板坯连铸技术和宽厚板生产 [J]. 中国钢铁业, 2010（7）：30~32.

[5] Deng W, Zhao D, Qin X, et al. Simulation of central crack closing behavior during ultra-heavy plate rolling [J]. Computational Materials Science, 2009, 47（2）：439~447.

[6] 王定武. 世界 5 米级特宽厚板轧机态势浅析 [J]. 冶金管理, 2007（8）：53~55.

[7] 吴德强, 胡昌宗, 黄波. 新钢宽厚板生产工艺特点 [J]. 宽厚板, 2006, 12（1）：45~47.

[8] 陈瑛. 中厚板矫直技术的发展 [J]. 宽厚板, 2002, 8（6）：1~5.

[9] Hu J, Du L X, Xie H, et al. Microstructure and mechanical properties of TMCP heavy plate microalloyedsteel [J]. Materials Science and Engineering: A, 2014, 607: 122~131.

[10] Fu T L, Wang Z D, Li Y, et al. The influential factor studies on the cooling rate of roller quenching for ultra heavyplate [J]. Applied thermal engineering, 2014, 70 (1): 800~807.

[11] Zheng-Wei S. Development Tendency of Process and Equipment of Heat Treatment for Medium and Heavy Plate [J]. Steel Rolling, 2006, 4.

[12] Matsumiya T. Recent topics of research and development in continuous casting [J]. ISIJ International, 2006, 46 (12): 1800~1804.

[13] 鲁永剑, 王谦, 李玉刚, 等. 连铸板坯宽面边部纵向凹陷的预防 [J]. 连铸, 2011, 27 (6): 33~37.

[14] 李元, 张立. 板坯表面凹陷成因与对策 [J]. 宝钢技术, 2017, 35 (6): 53~59.

[15] 胡浩. 连铸坯表面凹陷分析与控制研究 [J]. 海峡科技与产业, 2020, 31 (6): 40~44.

[16] Dippenaar R, Moon S, Szekeres E S. Strand surface cracks-the role of abnormally large prior-austenite grains [J]. Iron and Steel Technology, 2007, 4 (7): 105~115.

[17] Lee G G, Shin H J, Kim S H, et al. Prediction and control of subsurface hooks in continuous cast ultra-low-carbon steel slabs [J]. Ironmaking & Steelmaking, 2009, 36 (1): 39~49.

[18] Cheng J, Wu Y, Wang Y, et al. Thermomechanical analysis of triangular zone cracks in vertical continuous casting slabs based on viscoelastic-plastic model [J]. Journal of Iron and Steel Research International, 2018, 25 (8): 813~820.

[19] 汤伟, 孟令涛, 孙利斌, 等. Q235B 钢连铸板坯中间裂纹成因分析及改进措施 [J]. 连铸, 2017, 42 (5): 59~65.

[20] 王胜利, 汪洪峰. 连铸板坯内部裂纹的形成机制及控制实践 [J]. 连铸, 2019, 44 (2): 53~57.

[21] Brimacombe J K, Weinberg F, Hawbolt E B. Formation of longitudinal, midface cracks in continuously-cast slabs [J]. Metallurgical Transactions B, 1979, 10 (2): 279~292.

[22] 朱振毅, 张永亮, 王克忠. 板坯鼓肚及凹陷的原因分析及控制 [C]// 全国高效连铸应用技术及铸坯质量控制研讨会. 石家庄: 河北省金属学会, 2019: 241~244.

[23] Wang E, He J. Finite element numerical simulation on thermo-mechanical behavior of steel billet in continuous casting mold [J]. Science and Technology of Advanced Materials, 2001, 2 (1): 257~263.

[24] Storkman W R, Thomas B G. Mathematical models of continuous slab casting to optimize mold taper [C] // Modeling of Casting and Welding Processes. Pittsburgh, PA: Minerals, Metals & Materials Society, 1988, 287~297.

[25] Mahapatra R B, Brimacombe J K, Samarasekera I V, et al. Mold behavior and its influence on quality in the continuous casting of steel slabs: Part I. Industrial trials, mold temperature measurements, and mathematical modeling [J]. Metallurgical and Materials Transactions B, 1991, 22 (6): 861~874.

[26] Zappulla M L S, Thomas B G. Thermal-mechanical model of depression formation in steel continuous casting [C] // TMS 2017 146th Annual Meeting & Exhibition Supplemental Proceed-

ings. Cham, Switzerland: Springer Nature, 2017: 501~510.

[27] Thomas B G, Moitra A, Zhu H. Coupled thermo-mechanical model of solidifying steel shell applied to depression defects in continuous-cast slabs [C] // Proceedings of the 1995 7th Conference on Modeling of Casting, Welding and Advanced Solidification Processes. Pittsburgh, PA: The Minerals, Metals & Materials Society, 1995: 241~248.

[28] Meng Y, Thomas B G. Heat-transfer and solidification model of continuous slab casting: CON1D [J]. Metallurgical and materials transactions B, 2003, 34 (5): 685~705.

[29] Ji C, Cui Y, Zeng Z, et al. Continuous casting of high-Al steel in shougang jingtang steel works [J]. Journal of Iron and Steel Research International, 2015, 22 (S1): 53~56.

[30] Thomas B G, Moitra A, McDavid R. Simulation of longitudinal off-corner depressions in continuously cast steel slabs [J]. ISS Transactions, 1996, 23 (4): 57~70.

[31] Zappulla M L S, Thomas B G. Simulation of longitudinal surface defect in steel continuous casting [C] // Modelling of Casting, Welding and Advanced Solidification Processes. Bristol, UK: IOP Publishing, 2020, 861~868.

[32] Fix C, Elixmann S, Senk D. Design of As-Cast Structures of Continuously Cast Steel Grades: Modeling and Prediction [J]. Steel Research International, 2020, 91 (11): 1~7.

[33] 赵建平, 王帅, 冯帅, 等. 低碳低硅铝镇静钢铸坯表面凹陷的成因及控制 [J]. 连铸, 2020, 45 (2): 31~35.

[34] Niu Z, Cai Z, Zhu M. Effect of Mold Cavity Design on the Thermomechanical Behavior of Solidifying Shell During Microalloyed Steel Slab Continuous Casting [J]. Metallurgical and Materials Transactions B, 2021, 52 (3): 1556~1573.

[35] Niu Z, Cai Z, Zhu M. Formation Mechanism of a Wide-Face Longitudinal Off-Corner Depression During Thick Slab Continuous Casting [J]. Metallurgical and Materials Transactions B, 2021: 1~16.

[36] 蔡兆镇, 朱苗勇. 板坯连铸结晶器内钢凝固过程热行为研究 I. 数学模型 [J]. 金属学报, 2011, 47 (6): 671~677.

[37] 蔡兆镇, 朱苗勇. 板坯连铸结晶器内钢凝固过程热行为研究 II. 模型验证与结果分析 [J]. 金属学报, 2011, 47 (6): 678~687.

[38] Cai Z Z, Zhu M Y. Simulation of air gap formation in slab continuous casting mould [J]. Ironmaking & Steelmaking, 2014, 41 (6): 435~446.

[39] Yamasaki N, Shima S, Tsunenari K, et al. Numerical simulation of the continuous casting process and the optimization of the mold and the strand [J]. Nippon Steel & Sumitomo Metal Technical Report, 2016, 112 (4): 64~70.

5 微合金钢板坯表面热送裂纹及其控制

近年来,随着市场竞争加剧和国家对钢铁行业碳排放政策的严格深入实施,高效、低成本、低排放钢铁制造流程及其配套技术备受行业关注。连铸坯热装热送,即由连铸机生产出的高温铸坯经由辊道输送等方式免下线冷却而直接送至加热炉加热、轧制,从而提高钢铁制造流程的效率并实现高温铸坯热量充分利用,是钢铁制造流程高效化与绿色化的重要工艺。作为当前国内外钢铁企业品种钢的重要组成,含微量 Al、Nb、V 等合金化元素的微合金钢占比正逐年增加。在实际生产过程,采用热装热送工艺送至加热炉的微合金钢连铸坯,加热过程极易产生表面网状等裂纹缺陷(即"红送"裂纹),是制约该工艺稳定化实施的共性难题。本章将立足于微合金钢连铸坯生产过程温度场演变与高温铸态组织特性,介绍一种基于连铸机水平段或出口位置铸坯表面高温全连续淬火的连铸坯热装热送技术。

5.1 微合金钢板坯热送及其裂纹成因

5.1.1 连铸坯热送过程温度演变

当前,国内外多数钢铁企业的炼钢厂与轧钢厂多通过输送辊道无缝连接。炼钢厂所连铸生产的高温连铸坯,通过输送辊道直接送至加热炉加热、轧制,实现了高温连铸坯热量的高效化利用[1~7]。在该过程中,出连铸机后的高温铸坯,其主要传热方式为辐射传热。为此,影响热送铸坯表面温度下降幅度的主要因素是输送辊道长度与运动速度(或者说铸坯在输送辊道上停留的时间)、输送辊道周围的环境温度等。

图 5-1 为某钢厂宽厚板坯连铸生产与输送辊道热送工艺下,铸坯宽面与窄面表面温度演变。由于该宽厚板坯连铸机较短,仅包含 1 个立弯段和 12 个扇形段,连铸坯出铸机的宽面与窄面表面温度均较高,分别达到了如图 5-1 所示的约 940℃和850℃。而后,连铸坯经一次火切后由辊道加速输送至二次切割工位,进行连铸坯的二次定尺切割。在二次切割停留过程,铸坯宽面与窄面的表面温度分别约下降22℃和15℃,而后铸坯再次加速输送至加热炉炉口前约 25m 处,而后按照加热炉加热节奏,顺序入炉加热。在仿真计算工况下,某钢厂宽厚板坯进加热炉的宽面与窄面表面温度分别约为 642℃和 578℃。由铸坯连铸与辊道输送过程的表面温度演变可知,铸坯进加热炉时的宽面表层组织处于奥氏体与铁素体两相区结构。在其实

际微合金钢生产过程中，加热后的铸坯宽面表面频发热送裂纹缺陷。

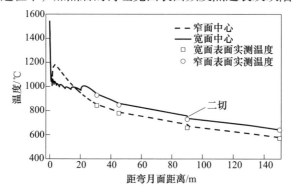

图 5-1　某钢厂宽厚板坯连铸及辊道热送过程温度演变

5.1.2　微合金钢板坯表面热送裂纹形貌

微合金钢连铸坯表面网状热送裂纹是国内外钢铁企业生产过程常见的裂纹缺陷[8~12]。该类铸坯表面裂纹，常表现为连铸坯在进加热炉前的辊道输送等环节表面质量完好，未见其产生裂纹缺陷，而当铸坯进入加热炉后经加热，铸坯表面发生了密集的网状裂纹缺陷。连铸坯一旦产生该类型裂纹，将呈批量出现，裂纹密集且较深。铸坯轧制后，铸坯表面的裂纹一般遗留在钢板表面而形成钢板或线棒材表面的翘皮、麻面及裂纹等缺陷。

某钢厂由辊道热送至加热炉加热的含铌微合金钢板坯，其在加热炉入口的内弧表面温度多为 600~650℃。经加热炉加热后，铸坯内弧表面高发如图 5-2 所示的退炉铸坯及中厚板表面裂纹缺陷。从图中可以看出，退炉后的铸坯表面裂纹分布密集，且裂纹走向及分布等无明显规律。同时，该类型裂纹的开口度及深浅均不一，开口度较大的裂纹宽度可达 2mm 以上，对应的裂纹深度亦可超过 4mm，如图 5-2（a）和（b）所示。铸坯表面开口度及深度均较大的裂纹，经轧制后一般无法在钢板表面消除。对于中厚板而言，成品钢板表面热送裂纹多沿轧制方向扩展和延伸，难以下线修磨，如图 5-2（c）所示。而对于热轧卷板，则多表现为表面严重翘皮缺陷。

5.1.3　微合金钢板坯热送过程表层组织演变

为了探明铸坯表层组织在不同温度下的结构特点，本书取样某钢厂生产的含 Nb、V 微合金钢宽厚板坯，并将其表层 50mm 厚加工成检测试样，采用马弗炉对其加热至 1100℃，而后取出试样分别空冷至 650℃、600℃、550℃、500℃、450℃和 400℃，将其投入水中淬火，以保留对应冷却温度下的铸坯组织形貌。试样钢的成分如表 5-1 所示。

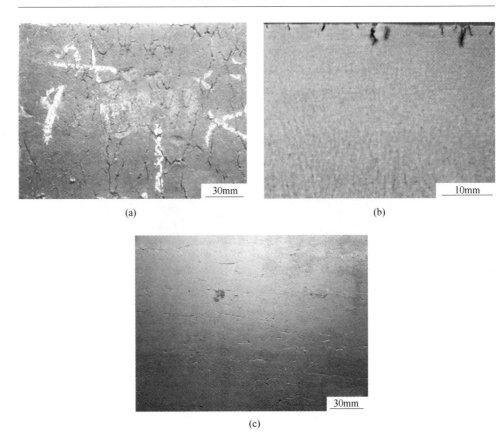

图 5-2　某钢厂热送含铌微合金钢板坯及其轧制钢板表面裂纹形貌
（a）加热炉退炉铸坯表面裂纹；（b）加热炉退炉铸坯横截面裂纹；（c）中厚板表面裂纹

表 5-1　试样钢种的主要成分　　　　　　　　　　（%）

C	Si	Mn	P	S	Cr	Mo	V	Nb	Ti	Al
0.069	0.041	1.51	0.016	0.003	0.21	0.002	0.002	0.046	0.024	0.03

　　将上述不同温度下淬火的试样经打磨、抛光，而后用 3% 的硝酸酒精溶液腐蚀并在显微镜下观察其组织形貌。不同淬火温度下的铸坯组织如图 5-3 所示。从图中可以看出，当铸坯表面温度降至 650℃ 和 600℃ 时，钢组织结构主要为铁素体和板条状马氏体，且板条马氏体所占比例较高，分别如图 5-3（a）和（b）所示。造成该组织结构的主要原因是，在 650℃ 和 600℃ 温度下，该钢中的奥氏体还未完全转变为铁素体和珠光体。当其遇水淬火冷却后，奥氏体组织转变为了板条状马氏体。为此，该连铸坯在 600℃ 以上热装时，铸坯表层组织处于奥氏体与铁素体两相组织结构。当铸坯温度降至 550℃ 和 500℃ 时，其淬火组织结构主要为铁素体、珠光体和少量板条状马氏体，如图 5-3（c）和（d）所示。特别是，

由图 5-3（d）可以看出，该组织中的板条状马氏体数量已很少。说明在该温度下，铸坯中的奥氏体组织已接近完全转变成铁素体和珠光体。而当铸坯温度进一步降至 450℃和 400℃时，板条状马氏体已完全消失，铸坯组织全部为铁素体和珠光体。

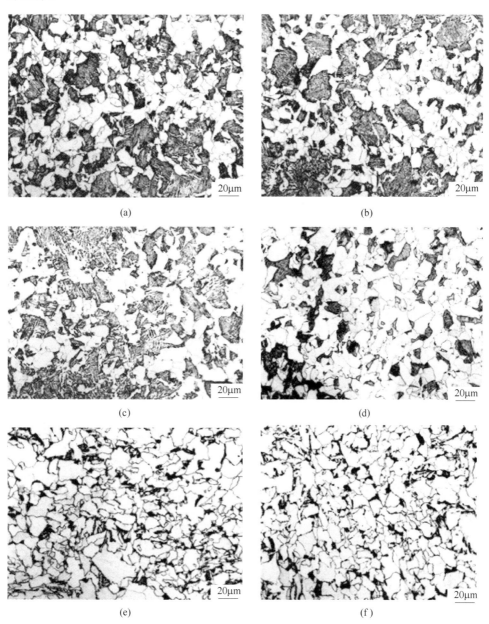

图 5-3　不同温度下铸坯组织形貌

（a）650℃；（b）600℃；（c）550℃；（d）500℃；（e）450℃；（f）400℃

5.1.4 微合金钢板坯热送裂纹成因

根据上述不同温度下钢组织结构演变特点，当铸坯表面降温至 650~550℃ 时（铸坯皮下温度稍高于表面），其表层组织处于 γ→α 转变的两相区[13~15]，铸坯在加热炉内加热过程新形成的奥氏体与原奥氏体尺寸差异较大[16]，致使加热铸坯的表层组织中出现明显的混晶组织[17~19]，从而大幅降低组织的高温塑性。与此同时，由于铸坯表层原奥氏体在加热过程的晶界位置多不发生明显的移动，在连铸生产过程沿奥氏体晶界呈链状集中析出的微合金碳氮化物仍位于晶界，其强钉扎作用进一步限制了铸坯表层组织的塑性变形[20~24]，从而使铸坯在加热过程因加热应力作用而产生表面裂纹缺陷。而当铸坯表面温度低于 500℃（特别是 450℃以下）时装炉，铸坯表层组织处于 α 单相区，其加热竞争生长形成的奥氏体组织的晶粒相对均匀，且新生成的奥氏体组织晶界与原奥氏体晶界基本不再重合，铸坯表层组织的高温塑性高，加热过程不易产生表面裂纹缺陷。为此，大幅降低铸坯表层组织温度或使铸坯表层奥氏体组织在进入加热炉前显著细化并弥散其碳氮化物析出，是解决微合金钢连铸坯表面热送裂纹难题的关键。

5.2 微合金钢板坯热送裂纹控制策略

图 5-4 为不同送装工艺下微合金钢铸坯表层组织转变原理图[25]。当铸坯在对应钢的 A_{r3} 温度以上装炉，由于其表层组织均为奥氏体，且在该温度下的组织晶界仍较少析出微合金碳氮化物，铸坯进入加热炉加热过程的组织塑性较高，其表面一般不会产生热送裂纹缺陷。然而，在当前国内外主流断面（特别是大断面）

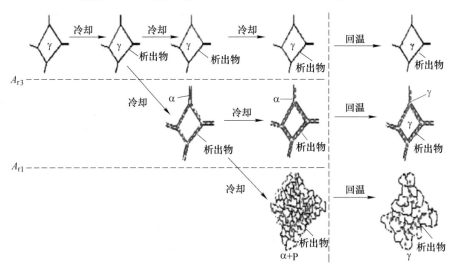

图 5-4　不同送装工艺下钢组织转变原理图[25]

连铸坯生产过程，受连铸拉速低制约，送至加热炉口的铸坯表面温度很难保证高于 A_{r3} 温度，而多落入 $A_{r1} \sim A_{r3}$ 之间的温度。表面温度处于 $A_{r1} \sim A_{r3}$ 之间的铸坯，受其表层组织处于 $\gamma \rightarrow \alpha$ 转变两相区和晶界呈链状集中析出微合金碳氮化物的影响，铸坯在加热炉内加热过程极易因低热塑性而在热应力作用下高发表面裂纹缺陷[26~28]。而采用铸坯下线冷却工艺，铸坯表层组织的温度降至 A_{r1} 以下，其组织全部转变成了铁素体与珠光体组织。该组织在加热炉内加热过程新生成的奥氏体晶粒相对均匀，且新生成的奥氏体组织晶界不再集中分布呈链状的微合金碳氮化物，大幅提高了铸坯表层组织的高温塑性，铸坯在加热过程不易产生表面裂纹缺陷。

根据上述不同连铸坯送装工艺下钢组织转变特点和连铸坯辊道输送过程表面温度场演变可知，当前国内外多数连铸产线生产的微合金钢连铸坯热送至加热炉加热，均易产生铸坯表面裂纹。而对铸坯下线堆冷或采用连铸坯在线冷却后再加热的生产工艺，无法高效利用铸坯心部的热量，不经济环保，且连铸坯下线堆冷的生产效率低、产品生产周期长。

近年来，受环保与生产成本驱动，高效化衔接连铸与轧钢间工序的生产工艺备受行业关注。由上述微合金钢连铸坯热送裂纹产生机理可知，若能显著细化进加热炉前铸坯表层奥氏体晶粒的尺寸，并弥散化其微合金碳氮化物析出，热送铸坯在加热过程将不会产生表面裂纹缺陷。根据该控制目标，对高温连铸坯表面实施快冷淬火，使其表层 0~10mm 深度范围的温度快速下降至对应钢种的完全铁素体化或贝氏体化温度，而后利用铸坯心部热量，可使铸坯表层组织回火细化。同时，在快速淬火过程，高温铸坯表层组织的碳氮化物将弥散析出，从而实现组织结构高塑化转变而消除热送裂纹产生[29~32]。近年来，该技术正逐步推广应用于大方坯和宽厚板坯连铸产线。

5.3 连铸板坯表面淬火技术开发

5.3.1 典型连铸坯表面淬火技术简介

连铸坯表面淬火技术最早起源于国外，由于其可以很好地控制微合金钢连铸坯表面热送裂纹缺陷产生，一定程度促进了钢铁制造流程的高质、高效与绿色化生产。

连铸坯表面淬火工艺的基本原理为：对出连铸机的高温铸坯表面实施强冷却喷淋，使铸坯表层组织温度快速降至 A_{r1} 以下[33,34]，弥散化其钢组织中的碳氮化物析出同时，完成奥氏体向铁素体或贝氏体快速转变，从而提高铸坯表层组织的高温塑性。表面淬火后的铸坯经加热炉加热后，将形成大小均匀、细化的奥氏体。在该过程中，新生成的奥氏体组织将碳氮化物包裹于其晶内，从而消除传统微合金钢连铸坯热送加热过程形成混晶及晶界呈链状集中析出碳氮化物致使铸坯表层组织低塑性而加热产生裂纹的难题。由于表面淬火后的铸坯的心部热量基本得以保留，具有良好节能降耗的效果[35,36]。目前国内外典型的连铸坯表面淬火技术如下。

5.3.1.1　达涅利连铸方坯表面淬火技术[37]

达涅利是较早将连铸坯表面淬火技术实施于实际连铸生产的企业。根据连铸坯表面淬火技术原理，该公司研发如图 5-5 所示的首个用于方坯连铸的铸坯表面淬火装置，并于 1994 年应用于意大利 ABS 工厂。该铸坯表面淬火装置安装在连铸拉矫机后，通过增设一个由数排喷嘴组成、各排喷嘴冷却水流量可单独控制的强喷淋冷却水箱，实现铸坯表面在其内连续强喷淋淬火。该技术实际实施过程中，要求连铸现场配备充足的冷却水量，并根据实际连铸工艺设计合适的淬火装置长度与淬火喷淋工艺，以满足最大连铸拉速下的铸坯超强均匀淬火。在此基础上，根据实际生产过程钢种及拉速等工艺变化，自动控制淬火冷却水量，高塑化转变铸坯表层组织的同时，尽可能减少因铸坯过大热应力造成的表面开裂。目前，达涅利公司已将该技术推广至包括我国济源钢铁、韩国现代钢铁等在内的多条大方坯连铸机上。

图 5-5　达涅利大方坯连铸机表面淬火系统

5.3.1.2　新日铁住友金属铸坯表面淬火技术[38]

水槽式铸坯浸入淬火是新日铁住友金属开发的铸坯表面淬火技术，主要应用于方坯连铸领域。其研究人员通过对热送合金钢方坯加热过程频发表面裂纹研究发现，热送至加热炉的方坯表层组织主要为"奥氏体+晶界铁素体"低塑性两相结构，且在奥氏体晶界上析出大量的碳氮化物。受该微合金碳氮化物晶界钉扎作用，铸坯在加热过程晶界脆化。在加热应力作用下，铸坯表面产生严重的网状裂纹缺陷。其通过连铸机后面的火切机之后的辊道边加装如图 5-6 所示的水槽式铸坯浸泡淬火装置，将高温铸坯浸入水槽中，并通过控制其浸入时间达到不同钢种的淬火组织转变效果。通过该淬火装置，可显著细化铸坯表层组织，使铸坯表层0~20mm 范围的组织呈细小均匀的铁素体+珠光体结构。经淬火后的铸坯，由于其表层组织消除了传统热送铸坯的奥氏体+铁素体两相结构，避免了铸坯在热送加热过程产生表面裂纹。目前，国内石家庄钢铁等企业的方坯连铸主要采用该技术实现铸坯热送与表面质量控制。然而，在该铸坯表面淬火技术在实际实施过程，多因铸坯表面开始淬火的温度较低而未能达到理想的淬火效果、生产效率低等因素，使用率不高。

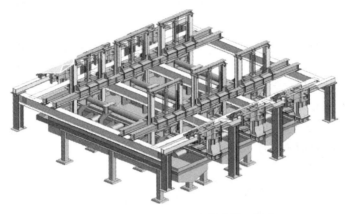

图 5-6 新日铁住友金属水槽式铸坯淬火

5.3.1.3 国内 A 钢厂二切后辊道铸坯表面淬火技术

A 钢厂为了解决其热送宽厚板坯加热过程高发表面热送裂纹缺陷难题，于其连铸机去毛刺机后安装了如图 5-7 所示的总长度约 10m 的铸坯表面淬火装置。在

(a)　　　　　　　　　　　　(b)

图 5-7 A 钢厂铸坯表面淬火装置与淬火后铸坯形貌

（a）淬火装置；（b）淬火后铸坯形貌

（扫描书前二维码看彩图）

实际淬火过程中，通过控制铸坯在淬火装置内停留的时间及其内弧与外弧水量，保证铸坯表面温度由进入淬火装置前的 710~730℃ 快速降温至淬火后的 350~450℃。出淬火装置后的连铸坯表面首先快速回温约 100~120℃，而后在输送至加热炉炉口过程缓慢降温至 330~420℃，较有效地消除了含铌钢宽厚板坯在加热过程表面裂纹产生。

5.3.1.4　国内 B 钢厂二切后辊道铸坯表面淬火技术

B 钢厂的连铸坯表面淬火技术同样应用于宽厚板连铸机。其安装位置与 A 钢厂相同，位于连铸机的去毛刺机后，如图 5-8 所示。该宽厚板连铸机所生产的厚度 300mm 和 260mm 的宽厚板坯，出连铸机的内弧宽面温度多为 860~900℃，经火切机一切、二切、去毛刺等工序后，铸坯进入淬火装置前的温度多为 700~730℃。在实际淬火生产过程中，以铸坯表面发黑为准，通过人工控制铸坯在淬火装置内的停留时间，对铸坯内弧与外弧表面实施强喷淋冷却，而后再由辊道输送至加热炉。其与 A 钢厂的铸坯表面淬火相似，热送至加热炉口的表面温度约为 350~450℃，从而控制宽厚板坯表面热送裂纹产生。

图 5-8　B 钢厂铸坯表面淬火装置

（扫描书前二维码看彩图）

除了上述两家企业采用连铸机后辊道铸坯表面淬火技术解决微合金钢板坯热送裂纹难题外，国内普阳钢铁、鞍钢鲅鱼圈等钢铁企业亦在其宽厚板坯连铸机的去毛刺机后加装了类似的铸坯表面淬火装置[29]。然而，采用该连铸坯表面淬火技术，送至淬火装置的铸坯表面温度多已降至 730℃ 以下。在该温度下，铸坯表层组织含 Nb、Al 等微合金碳氮化物均已析出完成，同时淬火后的铸坯表面温度大多仅可回温至 600℃ 以下，铸坯表层组织无法高回温而实现结构再次转变，仅起到在线冷却作用。此外，由于铸坯采用停滞在淬火装置内喷淋方式的冷却，受淬火喷嘴喷淋不均匀影响，铸坯局部的表层组织温度降温不足，送至加热炉加热的铸坯，局部仍产生一定比例的热送裂纹缺陷[36,37]。

5.3.2 微合金钢板坯最佳淬火工艺参数确定

由 5.1 节微合金钢连铸坯表面热送裂纹成因与铸坯表面淬火控制原理可知，要从根本上消除微合金钢连铸坯表面热送裂纹产生，关键是弥散铸坯进加热炉前的表层组织微合金碳氮化物析出并细化其晶粒结构。而目前国内所开发的基于连铸机后部输送辊道强喷淋的板坯表面淬火技术，多因淬火装置安装过于靠后，铸坯表层温度过低而无法实现其组织碳氮化物弥散析出和晶粒细化控制。为此，应结合各钢铁企业连铸生产实际，明确各产线典型连铸钢种及其工艺下的铸坯关键淬火参数，以开发更为合理的连铸坯表面淬火控制技术。

铸坯表面淬火工艺关键参数包括：开始淬火温度、淬火冷却速度及淬火终止温度。其中，开始淬火温度决定了淬火装置在线安装的位置，主要由连铸钢种的碳氮化物析出与组织结构转变特性决定；而淬火冷却速度决定了现场需要提供的冷却水量；淬火终止温度又与淬火区长度、所连铸钢种的组织结构转变特性等密切相关。因此，要综合考虑各生产因素以确定铸坯表面最佳淬火工艺参数。

5.3.2.1 最佳开始淬火温度

决定连铸坯表面最佳开始淬火温度的关键，需保证其表层一定深度范围内的组织绝大部分碳氮化物未析出、组织结构未发生奥氏体向铁素体等转变。同时，亦需保证淬火后的铸坯表层温度仍满足其组织再次奥氏体化要求。

为此，本章首先基于国内某钢厂典型含铌微合金钢连铸坯，采用热模拟检测方法制备其在不同温度下淬火钢组织演变规律的检测试样，采用金相组织分析等检测手段，探究淬火温度对组织结构转变的影响。在此基础上，结合本书第 2 章国内外典型含 Nb、Al 等成分微合金钢碳氮化物的析出热力学与动力学行为，综合确定其微合金钢板坯表面最佳开始淬火温度。

实验钢取自某钢厂生产的 2100mm×250mm 断面含铌钢连铸坯，详细成分如表 5-2 所示。

表 5-2 拟检测微合金钢种的成分表（质量分数） （%）

钢种	C	Si	Mn	P	S	V	Ti	Nb	N
NQ345B-4	0.16	0.30	1.05	0.017	0.003	0.006	0.016	0.027	0.003

本热模拟实验方案如图 5-9 所示，将试样以 5℃/s 的速率加热至 1300℃，保温 5min 使试样充分奥氏体化和合金固溶，再以 0.2℃/s 的冷却速度分别冷却至 950℃、900℃、850℃、800℃、750℃、700℃，而后对检测试样进行淬火。采用金相检测方法检测断口组织，以确定其最佳开始淬火温度。

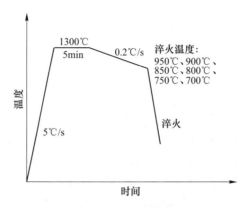

图 5-9 不同温度淬火热模拟测试方案

上述不同淬火温度下的试样断口金相组织形貌如图 5-10 所示。当淬火温度不小于 900℃时，淬火后的钢组织主要为板条状马氏体，且原奥氏体晶界轮廓大致可见，晶界处无先共析铁素体生成，如图 5-10（a）与（b）所示。该现象说明，检测试样从 1300℃快速降温至 900℃时，钢组织未发生 $\gamma \rightarrow \alpha$ 相变，即当温度不小于 900℃时淬火，此时的铸坯组织全部为高温奥氏体。当开始淬火温度降至 850℃时，试样断口的原奥氏体晶界已清晰可见，其组织同样以马氏体为主，且原奥氏体晶界处无先共析铁素体生成，如图 5-10（c）所示。当淬火温度降至 800℃时，原奥氏体晶界处生成了先共析铁素体，但铁素体层十分薄，未出现由晶界形核向晶内生长的片状或羽毛状魏氏结构组织，如图 5-10（d）所示。该现象说明，检测试样从 1300℃冷却至 800℃时已有少量奥氏体发生转变，于晶界形成了先共析铁素体膜。当淬火温度进一步降低至 750℃时，原奥氏体晶界上的先共析铁素体层明显增厚，同时出现了由奥氏体晶界形核向晶内生长的羽毛状魏氏组织，如图 5-10（e）所示。而当开始淬火温度进一步降至 700℃时，晶界先共析铁素体层进一步增厚，同时晶内也开始生成了铁素体组织，如图 5-10（f）所示。由上述不同淬火温度下的钢组织演变可知，该含铌钢连铸坯表面最佳开始淬火温度应大于 800℃。

而由本书第 2 章当前国内外钢铁企业主流含 Nb、Al 成分微合金钢的碳氮化物析出热力学与动力学可知，其晶界微合金碳氮化物开始析出的温度一般大于 1050℃、"鼻子点"温度约为 900~950℃。根据该微合金碳氮化物析出特点，保证该含铌微合金钢热送铸坯表层组织碳氮化物弥散析出的最佳开始淬火温度应大于 950℃。同时，根据实际连铸坯传热特点，该表面温度下的铸坯，在淬火层深度约 10mm 条件下，铸坯表面可回温至不低于 820℃水平，促使再次奥氏体化而细化铸坯表层组织晶粒，满足铸坯表面淬火温度要求。

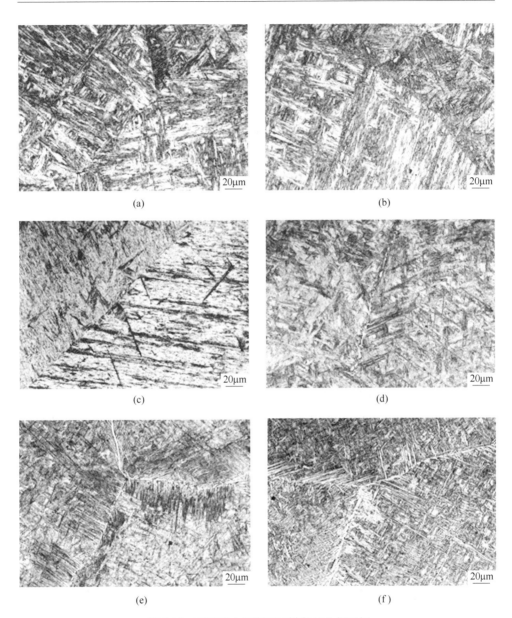

图 5-10 不同淬火温度下试样断口金相组织

(a) 950℃；(b) 900℃；(c) 850℃；(d) 800℃；(e) 750℃；(f) 700℃

5.3.2.2 最佳淬火冷却速度

冷却速度是决定钢组织结构及析出物尺寸与分布的关键因素[39,40]。为了探究淬火冷速对钢组织结构与碳氮化物析出的影响，采用如图 5-11 所示的热模拟方案进行模拟测试。在该测试方案中，同样将试样以 5℃/s 的速度加热到 1300℃，保温 5min 使试样充分奥氏体化与合金固溶，再以 0.2℃/s 的冷却速度冷却至 950℃ 最佳开始淬火温度，而后以 1℃/s、3℃/s、5℃/s、7℃/s 的冷却速度冷却钢组织，以确定最佳淬火冷却速度。

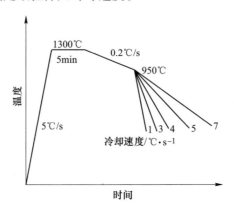

图 5-11　不同淬火速度热模拟方案

图 5-12 为开始淬火温度 950℃、冷却速度分别为 1℃/s、3℃/s、4℃/s、5℃/s 和 7℃/s 条件下的试样断口金相组织形貌。可以看出，当试样的冷却速度分别为 1℃/s 和 3℃/s 时，其室温组织主要为铁素体+珠光体，且呈一定的魏氏体结构。但随着冷速增大，其针状铁素体的数量增多，块状铁素体减少，生成魏氏组织的倾向性减弱，且铁素体晶粒逐渐细化。当冷却速度达 4℃/s 时，试样的铁素体晶粒进一步细化，基本消除了魏氏结构组织。而当冷却速度进一步达到 5℃/s 时，检测试样中逐渐出现贝氏体组织。此时，铁素体几乎全部转变成了细针状结构，且位向变得较为复杂，具有良好的强韧性匹配，晶粒细化效果亦较为明显。而当冷却速度达 7℃/s 时，组织中的贝氏体数量增多，但同时也存在大量细小的针状铁素体。

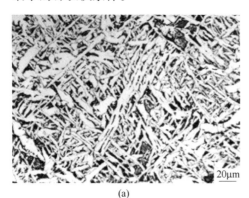

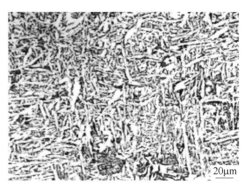

(a)　　　　　　　　　　　　　　　　(b)

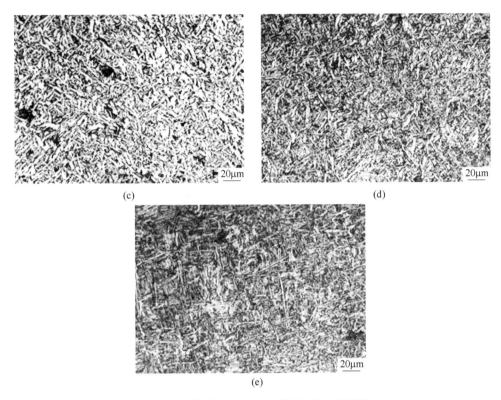

图 5-12 不同淬火速度下含铌钢试样金相组织
(a) 1℃/s; (b) 3℃/s; (c) 4℃/s; (d) 5℃/s; (e) 7℃/s

同样由本书第 2 章可知, 对高温钢组织实施不同控冷工艺, 不仅影响组织结构生长, 亦影响钢中微合金碳氮化物的析出尺寸与分布, 进而影响回温奥氏体晶粒尺寸。图 5-13 为上述不同冷却速度下, 检测试样组织中含 Nb 碳氮化物的析出形貌。在冷却速度不大于 4℃/s 条件下, 试样中的微合金碳氮化物析出尺寸虽然随着冷却速度的提高逐渐细化, 但均一定程度呈链状形式分布, 如图 5-13 (a)~(c) 所示。而当试样的冷却速度不小于 5℃/s 时, 钢组织中的微合金碳氮化物逐步呈弥散状细小分布。受此作用, 钢组织冷却铁素体化和回温奥氏体化过程将促进晶粒形核, 细化回温后的奥氏体晶粒。

图 5-14 为上述不同冷却速度的试样, 在 3.0℃/s 回温速度下回温至 830℃ 下的金相组织形貌。从图 5-14 中可以看出, 在 1℃/s 冷却速度下, 试样中的奥氏体晶粒尺寸较大, 最大超过了 1mm, 如图 5-14 (a) 所示。而当试样的冷却速度达 3℃/s 和 4℃/s 时, 受快冷细化铁素体以及析出物数量增多作用, 回温形成的奥氏体晶粒明显细化, 最大尺寸仅约为 0.5mm, 如图 5-14 (b) 和 (c) 所示。而当试样的冷却速度进一步增加至 5℃/s 和 7℃/s 时, 其回温奥氏体晶粒的最大尺

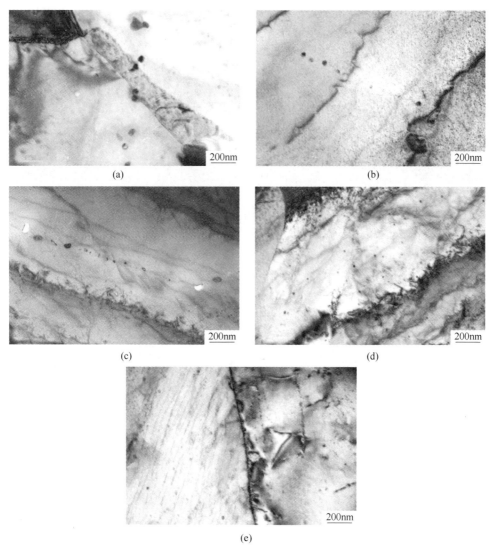

图 5-13 不同淬火速度下含铌钢试样碳氮化物析出形貌

(a) 1℃/s; (b) 3℃/s; (c) 4℃/s; (d) 5℃/s; (e) 7℃/s

寸细化至小于等于0.2mm水平，如图5-14（d）和（e）所示。结合不同冷却速度下微合金碳氮化物析出分布与组织晶粒度演变，可确定该含铌微合金钢的最佳淬火速度应不小于5℃/s。

5.3.2.3 最佳淬火终止温度

合适的铸坯表面淬火终止温度是决定连铸坯后续表面回温温度、铸坯留至加

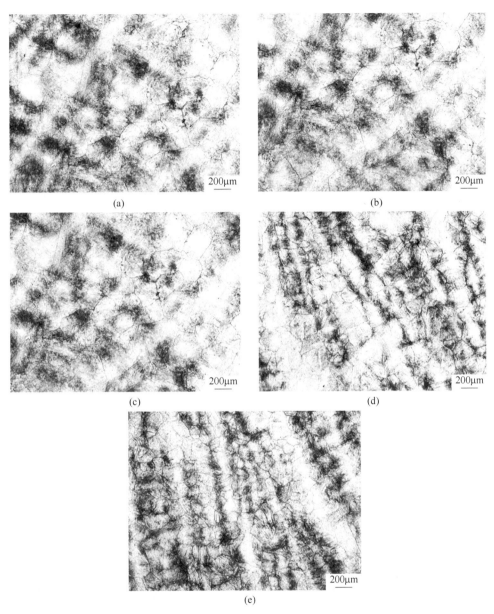

图 5-14 为上述不同冷却速度下回温奥氏体金相组织形貌

(a) 1℃/s；(b) 3℃/s；(c) 4℃/s；(d) 5℃/s；(e) 7℃/s

热炉热含量、铸坯表面淬火层厚度等的重要工艺参数。确定不同钢组织的最佳淬火终止温度，关键需要确定其 $\gamma \rightarrow \alpha$ 相变的温度。在此基础上，根据拟淬火的铸坯表层厚度，结合连铸生产实际确定其表层全部转变为铁素体与珠光体或贝氏体等组织的铸坯表面温度。

钢组织冷却过程，当其产生相变时，体积将出现不连续变化，从而形成拐点[41]。根据热膨胀曲线的该特性，可准确确定各钢种的相变温度[42]。为此，本书以表 5-2 所示成分含铌微合金钢为研究对象，通过热膨胀法测定其过冷奥氏体连续冷却转变曲线（即 CCT 曲线），并结合实测钢组织演变，判定不同冷却速度条件下的钢组织相变结束点温度。

在测试过程，同样采用 Gleeble 热模拟机以 5℃/s 的速度将铸坯试样加热到 1000℃，保温 10min 后分别以 0.2℃/s、0.5℃/s、1℃/s、2℃/s、5℃/s、10℃/s、15℃/s、20℃/s、30℃/s 等不同冷却速度将试样冷却至室温，记录实验过程中各试样的热膨胀曲线。测试方案如图 5-15 所示。

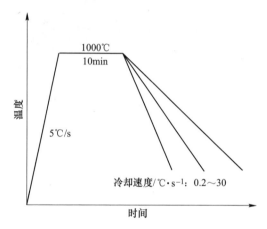

图 5-15　静态 CCT 曲线实验方案

图 5-16 为上述不同冷却速度下热模拟试样的金相组织。从图中可以看出，当冷却速度不大于 4℃/s 时，试样组织主要为铁素体+珠光体，且存在明显的晶界网状先共析铁素体结构。但随着冷却速度的增大，珠光体的数量及尺寸减小，晶内铁素体变细，网状先共析铁素体变薄，如图 5-16（a）~（d）所示。

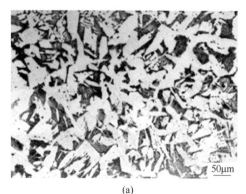
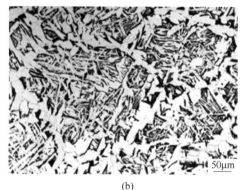

(a)　　　　　　　　　　　　　　　　(b)

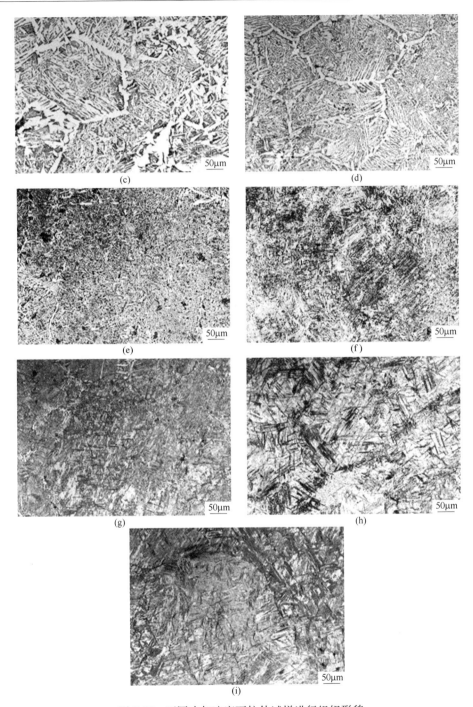

图 5-16 不同冷却速度下拉伸试样进行组织形貌
(a) 0.2℃/s; (b) 0.5℃/s; (c) 1℃/s; (d) 2℃/s; (e) 5℃/s;
(f) 10℃/s; (g) 15℃/s; (h) 20℃/s; (i) 30℃/s

随着冷却速度继续增大，拉伸试样的晶界等处的网状先共析铁素体持续变薄直至消失，并逐渐出现了贝氏体与马氏体组织。当冷却速度达5℃/s时，拉伸试样主要为大量的晶内针状铁素体与少量的珠光体组织。当冷却速度达10℃/s时，晶内针状铁素体数量显著减少，开始出现了大量的贝氏体组织和少量马氏体组织。当冷却速度继续增加至15℃/s时，晶内针状铁素体数量几乎完全消失，马氏体数量显著增多。而当冷却速度达20℃/s，试样组织以马氏体为主，同时存在大量黑色针状的下贝氏体组织；当冷却速度达30℃/s，室温组织几乎全部转变为板条状马氏体，可认为当冷却速度达到30℃/s时，试样的奥氏体全部直接转变为马氏体。

将上述不同冷却速度下的金相组织与热膨胀曲线临界点相结合，绘制实验钢种的静态CCT曲线，如图5-17所示。其中，A表示奥氏体；F表示铁素体；P表示珠光体；B表示贝氏体；M表示马氏体。不同冷却速度下的组织转变临界点温度统计见表5-3。其中，符号下标s表示相变开始温度，f表示相变结束温度。

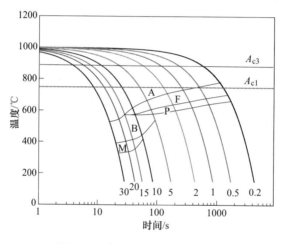

图5-17　某含铌钢静态CCT曲线

表5-3　不同冷却速度下组织转变临界点温度　　　　　　　　（℃）

冷却速度 /℃·s⁻¹	A-F_s	A-F_f	A-P_s	A-P_f	A-B_s	A-B_f	A-M_s	A-M_f	金相组织
0.2	782	695	695	662	—	—	—	—	F+P
0.5	755	679	679	643	—	—	—	—	F+P
1	732	657	657	620	—	—	—	—	F+P
2	712	637	637	592	—	—	—	—	F+P
5	665	610	610	565	565	539	—	—	F+P+少粒B
10	619	572	572	568	568	428	428	418	F++粒B+M

冷却速度 /℃·s^{-1}	A-F$_s$	A-F$_f$	A-P$_s$	A-P$_f$	A-B$_s$	A-B$_f$	A-M$_s$	A-M$_f$	金相组织
15	—	—	—	—	574	415	415	350	粒 B+下 B+M
20					542	403	403	336	下 B+M
30	—	—	—	—	528	392	392	328	少量下 B+M

由图 5-17 和表 5-3 可知，该含铌微合金钢在不同冷却速度条件下的组织开始相变和相变终止温度均随冷却速度的增大而降低。其主要原因是铁素体转变属扩散型转变[43]，而冷却速度与原子扩散速度成反比关系。同时，冷却速度增大时，过冷新旧两相的自由能差减小，使得相变驱动力降低，相变温度也随之降低[41]。根据上述最佳冷却速度不小于 5℃/s 要求，该钢的 A_{r3} 约为 665℃，A_{r1} 约为 610℃，即其淬火终止温度应小于 610℃。在实际生产中，由于马氏体组织的裂纹敏感性较强，一般应防止铸坯表层组织落入形成马氏体组织的温度区。为此，铸坯表面的淬火终止温度应大于 400℃。结合连铸坯表面拟淬火深度，一般选择铸坯表面最佳淬火终止温度为 400~450℃。

5.3.2.4 淬火钢组织力学性能

高塑化铸坯表层组织是实施连铸坯表面淬火工艺的目的。为了探究实施淬火工艺后铸坯表层组织的高温热塑性等力学性能，本书同样采用热模拟拉伸，测试了上述最佳淬火工艺参数下钢组织抗拉强度及断面收缩率变化。拟开展的淬火工艺与传统热送工艺测试方案如图 5-18 所示。其中，在传统热送工艺热模拟测试中，将试样以 5℃/s 的速度加热至 1300℃，保温 5min 后以 0.2℃/s 的冷却速度降温至 650℃（模拟连铸及辊道输送过程降温），保温 5min 后再以 3℃/s 速度升

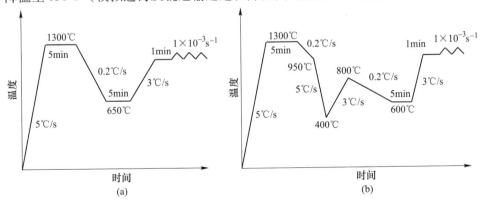

图 5-18 不同送装工艺下铸坯表层组织力学性能测试方案

(a) 传统热送工艺；(b) 表面淬火工艺

温至不同的测试温度。拟测试温度分别选择 1200℃、1100℃、1000℃、900℃、800℃ 和 700℃，保温 1min 后，再以 $1 \times 10^{-3} \mathrm{s}^{-1}$ 的形变速率将试样拉断，如图 5-18（a）所示。而在淬火工艺热模拟测试中，同样将试样以 5℃/s 的速度升温至 1300℃，保温 5min 后以 0.2℃/s 的冷却速度降温至最佳开始淬火温度 950℃，而后再以 5℃/s 淬火速度冷却至 400℃，再以 3℃/s 的速度加热到 800℃，而后再次以 0.2℃/s 的冷却速度降温至 600℃（模拟回温后的铸坯在辊道上输送降温过程），保温 5min 后再以 3℃/s 的速度加热至 1200℃、1100℃、1000℃、900℃、800℃ 和 700℃ 进行拉断，如图 5-18（b）所示。

抗拉强度是指钢组织抵抗均匀塑性变形的最大应力[44]。当连铸坯所承受的应力超过其抗拉强度时，铸坯极易产生开裂而形成裂纹缺陷。因此，抗拉强度是衡量高温铸坯是否会产生裂纹的重要参数。图 5-19 为 1000℃ 时试样拉伸过程的应力-应变曲线。从图 5-19 中可以看出，当应变增加到一定值时，应力达到极大值（抗拉强度），若继续增加变形量，试样的拉伸应力反而降低，此时试样发生非均匀塑性变形，逐渐开始开裂。

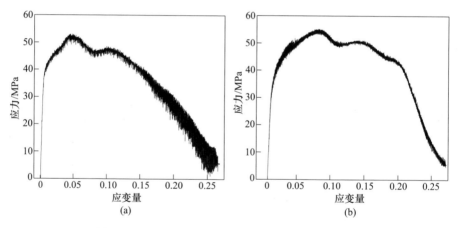

图 5-19 不同工艺下 1000℃ 时的试样应力-应变曲线
（a）传统热送工艺；（b）表面淬火工艺

某含 Nb 钢连铸坯试样在上述两种送装工艺下的抗拉强度随温度的变化关系如图 5-20 所示。从图 5-20 可以看出，两种不同工艺下的试样抗拉强度均随温度升高而下降。但各温度下，铸坯表面淬火工艺下的试样抗拉强度均高于传统热送工艺。因此，实施铸坯表面淬火工艺后，微合金钢连铸坯表层组织在加热过程更不易因加热应力而产生开裂，有利于铸坯热送裂纹控制。

断面收缩率是衡量钢组织高温塑性好坏的重要指标。在各温度下，钢组织的断面收缩率越大，其热塑性越好，即抗裂纹能力越强。不同送装工艺下的铸坯拉伸试样的断面收缩率随温度变化关系如图 5-21 所示。研究表明[45]，可将断面收

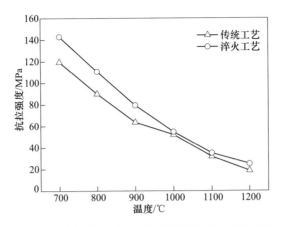

图 5-20 不同送装工艺试样抗拉强度随温度变化对比

缩率为 60%作为钢组织高塑性和低塑性的分界线（亦常将断面收缩率为 40%作为连铸坯是否开裂的分界线）。从图 5-21 中可以看出，传统热送工艺下的试样各温度下的断面收缩率均低于淬火工艺。特别是当铸坯温度为 800℃时，某含铌钢的热塑性最差，断面收缩率仅约为 37.5%，此时铸坯表面在加热应力作用下极易产生裂纹缺陷。而采用铸坯表面淬火工艺，拉伸试样在不同测试温度下的断面收缩率较传统热送工艺显著提高，各检测温度下的试样断面收缩率均大于 60%，显著提升了铸坯表层组织的高温塑性。为此，经淬火后的铸坯表面，在加热炉加热过程中一般更不易产生表面裂纹缺陷。

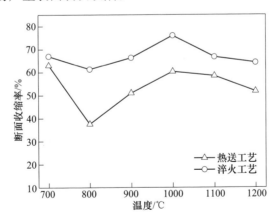

图 5-21 不同送装工艺下拉伸试样断面收缩率随温度变化

5.3.3 连铸板坯最佳淬火铸流位置确定

连铸坯表面最佳淬火铸流位置主要由该钢厂所主流连铸生产的微合金钢种的凝固特性（即最佳开始淬火温度）及其连铸生产工艺（特别是拉速与二冷工艺）

共同决定，即应基于主流钢种的最佳开始淬火温度，结合连铸坯在铸流内的表面温度演变共同确定。

　　某钢厂的宽厚板坯连铸机铸流辊列如图 5-22 所示。采用表 5-4 所示的 1.4m/min 主流拉速下的冷却水量，连铸如表 5-2 所示某含铌钢宽厚板坯。该过程的表面温度演变如图 5-23 所示。在该连铸配水条件下生产含 Nb 钢过程中，铸坯在扇形段第 12 段末及其之后的铸流内，其内弧表面中心的温度均高于 950℃。鉴于实际连铸生产过程，铸坯在 1.6m/min 最高拉速下的液芯凝固末端位置常延伸至 13 段，且扇形段第 12~14 段为同一冷却区，故备选该钢厂宽厚板坯连铸机的最佳淬火铸流位置为扇形段第 15 段和第 16 段。

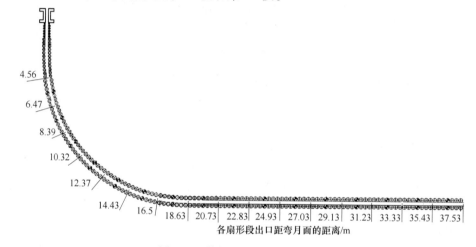

图 5-22　某钢厂板坯连铸机辊列

表 5-4　某钢厂 1.4m/min 拉速下宽厚板坯连铸二冷各区水量

冷却区	1N	1I/O	2I/O	3I/O	4I/O	5I	6I	7I	8I	9I	10I	11I
水量/L·min⁻¹	91	105	410	320	305	104	126	70	37	22	0	0

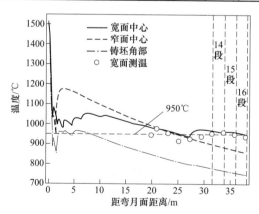

图 5-23　某钢厂 1.4m/min 拉速条件下某含铌钢铸坯表面温度场演变

5.3.4 铸坯淬火过程温度演变

根据某钢厂宽厚板坯连铸机的最佳淬火铸流备选位置，考察扇形段第 15 段作为淬火扇形段。主流拉速 1.4m/min 条件下表 5-2 所示某含铌钢宽厚板坯淬火过程的温度场演变如图 5-24 所示。在铸坯表面淬火过程中，淬火前期（0~20s）的铸坯表面温度下降十分迅速。在该前期阶段，铸坯表面的平均冷却速度超过了 15℃/s，且温度快速降至约 600℃ 及以下。在该温度下，铸坯表面处的组织将产生奥氏体向贝氏体转变。随着淬火时间进一步延长，铸坯表面温度继续降低，当铸坯出淬火扇形段后降至最低约 398℃，满足铸坯表面最佳淬火终止温度要求。然而，在淬火中后期，铸坯表面的冷却速度相对于前期显著降低，冷却速度降至了仅 5℃/s 以上。然而，在淬火前期，铸坯表面温度已由约 965℃ 快速降至了 600℃ 以下，而在该过程的冷却速度远远高于 5℃/s，铸坯表面组织的微合金碳氮化物将弥散析出。

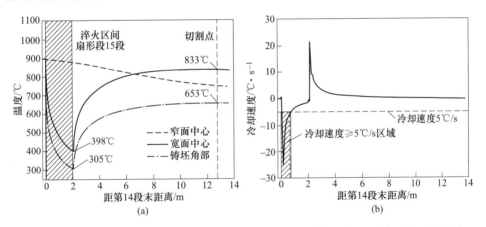

图 5-24 某钢厂 1.4m/min 拉速下扇形段第 15 段淬火过程铸坯表面温度与冷却速度演变
(a) 铸坯表面温度；(b) 冷却速度

图 5-25 所示为铸坯淬火过程宽面皮下 10mm 深度处的温度与冷却速度演变。从图 5-25 中可以看出，在强淬火作用下，铸坯宽面皮下 10mm 处在淬火前期的冷却速度同样达到了最大约 12.5℃/s，且在该过程的铸坯组织温度从约 1000℃ 快速降至约 700℃，同样可保证含铌微合金碳氮化物弥散析出。当铸坯出淬火扇形段后，该皮下 10mm 处的温度下降至最低约 550℃，亦满足奥氏体向铁素体转变的温度。

由于某钢厂第 16 段扇形段未进行喷淋冷却，经上述淬火后的铸坯，在铸流内仅进行辐射换热和铸辊接触传热（均匀折算铸坯表面换热系数计算）。受铸坯高温心部向外传热作用，淬火层由内向外逐步回温，整体表现为前期快，中后期逐步减

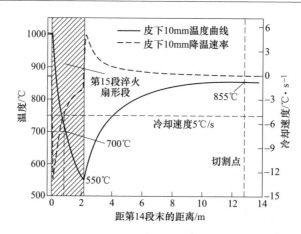

图 5-25　1.4m/min 拉速下扇形段第 15 段淬火过程铸坯皮下 10mm 处温度演变

缓的趋势变化。在该回温过程，铸坯表面与其皮下 10mm 处的回温速度最大值分别达到了 22.4℃/s 和 5.1℃/s。受此高回温速度作用，铸坯表层淬火组织在奥氏体化过程将促进其晶粒细化。当铸坯向前移动至火切机时，铸坯表面及其皮下 10mm 处的温度分别回至 833℃ 和 855℃，组织再次奥氏体化，形成细化表层组织。

图 5-26 为将扇形段第 15 段作为淬火扇形段，铸坯在其最高拉速 1.6m/min 条件下淬火及回温过程的表面及皮下 10mm 处的温度场演变。从图 5-26 中可以看出，在该铸坯表面淬火过程中，其表面与皮下 10mm 处的温度及冷却与回温的变化趋势基本相同。但由于高拉速条件下的铸坯横断面整体热含量增加，而由心部向外传递热量的速度低于表面淬火带走热量的速度，铸坯在表面强淬火作用下，出淬火段的表面温度下降至最低值约为 395℃，而皮下 10mm 处的铸坯温度仅降

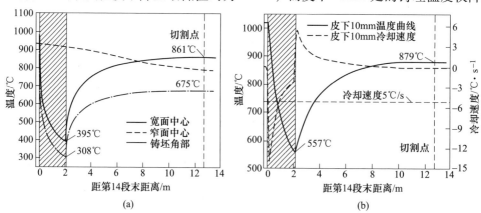

(a)　　　　　　　　　　　　　　　(b)

图 5-26　1.6m/min 拉速下扇形段第 15 段淬火过程铸坯表面温度与
皮下 10mm 处的温度及冷却速度演变

(a) 铸坯表面温度；(b) 皮下 10mm 处的温度与冷却速度

至 557℃。即使如此，铸坯在整个淬火过程中，其皮下 0~10mm 范围内的温度与冷却速度均满足含铌微合金碳氮化物弥散析出与组织铁素体化相变的要求。当淬火后的铸坯运行至切割机时，铸坯表面及其皮下的回温温度均一定程度上升，分别达 861℃ 和 879℃。然而，高拉速条件下，铸坯淬火过程的水量增加较为明显。某钢厂宽厚板坯淬火条件下，拉速由 1.4m/min 提升至 1.6m/min，其水量需增加约 22.4%，大幅增加的水量对淬火管道供水能力提出了更苛刻的要求。

由图 5-23 某钢厂含铌钢宽厚板坯主流连铸拉速下的表面温度演变可知，扇形段第 15 段和第 16 段均满足最佳开始淬火温度要求。而扇形段第 15 段处的铸坯温度整体较高，相应要求淬火水量亦较大。为此，本书考察了于扇形段第 16 段实施铸坯表面淬火的温度场演变。

图 5-27 为将扇形段第 16 段作为淬火扇形段，铸坯在其主流拉速 1.4m/min 条件下淬火及回温过程的表面及皮下 10mm 处的温度演变。从图 5-27 中可以看

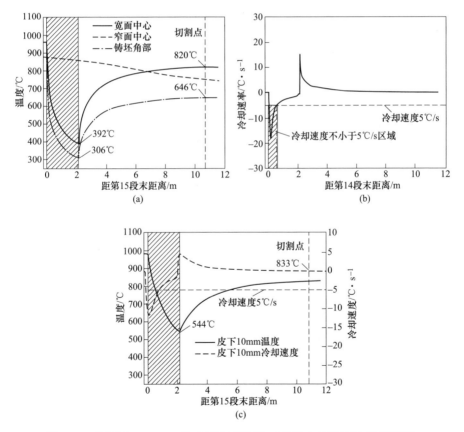

图 5-27 某钢厂 1.4m/min 拉速下扇形段第 16 段淬火过程铸坯表面温度与
皮下 10mm 处的温度及冷却速度演变
（a）铸坯表面温度；（b）铸坯表面冷却速度；（c）皮下 10mm 处的温度与冷却速度

出，于扇形段第 16 段实施铸坯表面淬火，在满足铸坯与于扇形段第 15 段内淬火相近最低表面温度条件下，铸坯出淬火段后的表面与皮下 10mm 处的温度分别降至最低 392℃ 和 544℃，最大冷却速度亦超过 10℃/s。铸坯运行至切割机位置的表面与皮下 10mm 处的温度亦回温至 820℃ 和 833℃，均满足最佳淬火工艺要求（1.6m/min 高拉速条件下，铸坯温度场演变趋势整体相似，亦满足最佳淬火工艺要求，后文将不再赘述）。但其在 1.4m/min 和 1.6m/min 拉速条件下的淬火水量同比于扇形段第 15 段淬火的水量可分别减少 9.6% 和 11.4%，1.6m/min 最高拉速条件下的淬火水量仅比在第 15 段淬火的 1.4m/min 主流拉速下的淬火水量增加约 8.5%，可大幅缓解管道供水能力要求过高的压力。

5.3.5　连铸机末端铸坯高温全连续淬火装置设计

根据上述连铸坯表面淬火关键工艺参数及最佳淬火铸流位置研究，可根据连铸机及其生产实际，采取取消其连铸机最后一段扇形段的方法，将其最后一个段位设计成如图 5-28 所示的铸坯表面淬火装置。亦可将对应连铸机的最后或倒数

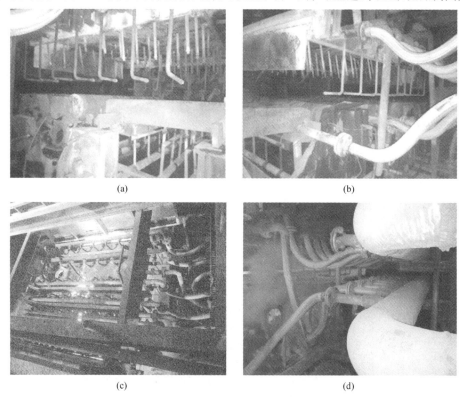

(a)　　　　　　　　　　　　　　　(b)

(c)　　　　　　　　　　　　　　　(d)

图 5-28　连铸机末端淬火装置实物图

（a）淬火装置非供水侧；（b）淬火装置供水侧；（c）淬火喷淋架；（d）喷淋架供水管路

（扫描书前二维码看彩图）

第 2 段扇形段设计成如图 5-29 所示的密布喷嘴结构的超强喷淋淬火扇形段，对铸坯内弧与外弧表面实施独立、动态超强淬火。

(a)　　　　　　　　　　(b)　　　　　　　　　　(c)

图 5-29　连铸机淬火扇形段及其供水结构

（a）淬火扇形段；（b）供水回路；（c）淬火扇形段上线

（扫描书前二维码看彩图）

5.3.6　铸坯表面全连续淬火应用及其组织结构分析

在实际连铸坯表面淬火工艺使用过程，除了上述最佳淬火铸流位置、淬火装置供水能力合理设计外，对于板坯连铸来说，受其内弧与外弧传热条件不同，即内弧喷淋后的冷却水将长时间停留至铸坯表面，铸坯持续进行传热。而铸坯外弧冷却水喷淋至表面后立即脱离铸坯。若铸坯内弧与外弧水量配比不合理，铸坯将产生如图 5-30 所示的向上或者向下翘曲变形，从而影响连铸生产。为此，在该技术实际现场实施过程，需进行铸坯内弧与外弧大差异水量控制。

图 5-30　铸坯淬火翘曲变形

（扫描书前二维码看彩图）

图5-31为某钢厂于其宽厚板连铸机末端实施淬火工艺，淬火过程、淬火结束、定尺切割，以及切割结束位置的铸坯表面颜色（温度）演变。可以看出，在实际淬火过程中，铸坯表面在淬火装置的前半段区间内快速由红变黑（在某钢厂连铸拉速及其淬火水量下，铸坯由红变黑所需的时间一般为50~60s），完成淬火组织转变。而后在淬火后半段，铸坯表层的淬火深度持续向其心部推进。当铸坯出淬火机时，其表面温度一般降至380~410℃。而后铸坯在空冷及其心部向外传热共同作用下快速回温。当铸坯移动至切割点时，其表面温度回升至620~670℃。当铸坯定尺切割结束时，铸坯表面温度回升至最高温度约780~820℃，从而完成铸坯表层组织再次奥氏体化，形成细化的淬火组织层。而后铸坯在输送辊道输送过程温度逐渐下降。当铸坯运至加热炉口时，铸坯表面温度多为550~620℃。

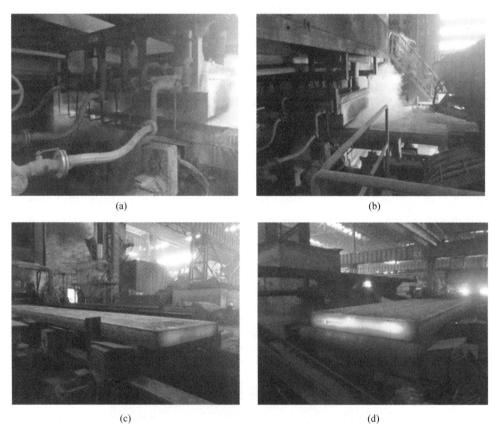

(a)　　　　　　　　　　　　　(b)

(c)　　　　　　　　　　　　　(d)

图5-31　某钢厂宽厚板坯表面淬火过程外观演变

（a）淬火过程；（b）出淬火机；（c）火切机处；（d）火切结束

（扫描书前二维码看彩图）

取样上述表面淬火工艺实施前后的铸坯，分析其表层组织微合金碳氮化物析出形貌与组织结构转变。图 5-32 为某钢厂采用传统连铸工艺下生产含 Nb、Ti 微合金钢宽厚板坯的宽面与角部皮下 5mm 处的碳氮化物析出形貌及分布。从图 5-32 中可以看出，铸坯皮下该位置处的含 Nb、Ti 微合金碳氮化物析出尺寸较大，集中为 100~200nm 范围，且多呈链状分布。由 5.1 节微合金钢连铸坯表面热送裂纹成因可知，该链状大尺寸集中析出的碳氮化物将显著降低铸坯表层组织在加热过程的高温塑性，易造成铸坯表面热送裂纹缺陷产生。

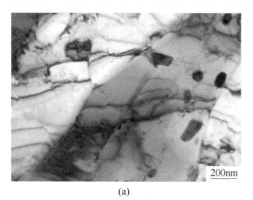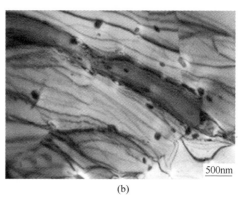

图 5-32 某钢厂传统连铸工艺下铸坯宽面及角部皮下 5mm 处的析出物形貌

（a）宽面；（b）角部

图 5-33 为某钢厂实施如图 5-31 所示铸坯表面淬火工艺后，其含 Nb、Ti 微合金钢宽厚板坯宽面与角部皮下 5mm 处的碳氮化物析出形貌。可以看出，铸坯同样皮下位置处的析出物呈弥散细小分布，析出物的尺寸多在 20nm 以下。由铸坯表面高温淬火工艺机理及组织控制目标可知，该细小弥散化分布的析出物，在铸坯后续淬火铁素体化过程，可为铁素体形核提供大量的形核质点，细化奥氏体向

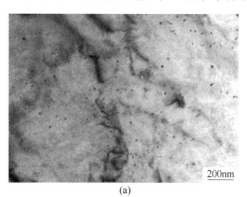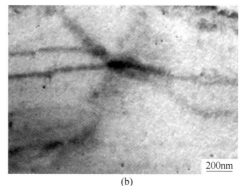

图 5-33 某钢厂铸坯表面淬火工艺下宽面及角部皮下 5mm 处的析出物形貌

（a）宽面；（b）角部

铁素体转变过程的晶粒。同时，其亦将显著细化铸坯表层组织在回温奥氏体化过程的组织晶粒，全面提高微合金钢连铸坯表层组织在加热炉加热过程中的抗裂纹能力。

图 5-34 为某钢厂采用传统连铸工艺生产含 Nb、Ti 微合金钢宽厚板坯，铸坯宽面皮下不同深度处的组织结构形貌。可以看出，传统连铸工艺下的铸坯宽面皮下不同位置处的室温组织均由铁素体和珠光体组成，且形貌基本一致，均表现为低塑性魏氏及晶界膜状先共析铁素体结构。由本书第 2 章与 5.1 节可知，铸坯表层的该结构组织的高温塑性较差。受此影响，热送铸坯进加热炉时的表层组织若处于两相区结构，其在加热过程将易在晶界开裂而形成热送裂纹缺陷。

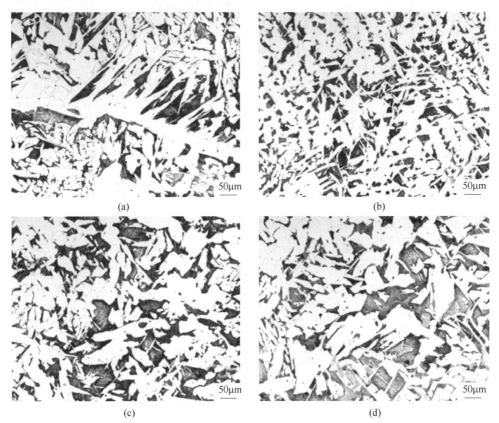

图 5-34 某钢厂传统连铸工艺下铸坯宽面皮下不同深度处的组织形貌
（a）1mm；（b）10mm；（c）20mm；（d）40mm

图 5-35 为某钢厂采用图 5-31 所示铸坯表面淬火工艺生产含 Nb、Ti 微合金钢宽厚板坯，铸坯宽面皮下不同深度处的组织形貌。可以看出，经表面淬火的铸坯，其宽面不同深度位置的室温组织也由铁素体和珠光体组成，但铁素体形态与

传统连铸工艺相差较大。经淬火后的铸坯表层组织，其铁素体晶粒尺寸细小且均匀，不存在魏氏组织及膜状先共析铁素体结构。造成淬火后的铸坯表层组织结构较大转变的主要原因是：铸坯在强淬火过程，高速冷却使得其微合金碳氮化物在钢组织基体中弥散析出，从而为铸坯表层后续冷却过程的组织铁素体化提供了大量形核质点，形成大幅细化的铁素体晶粒。而后，表层淬火铸坯受其心部快速传热回温作用，淬火组织再次奥氏体化，从而形成晶粒尺寸较细小的奥氏体组织。当该奥氏体组织在后续空冷降温至室温过程，结构再次转变而形成极为细小、均匀的等轴状铁素体与珠光体组织。

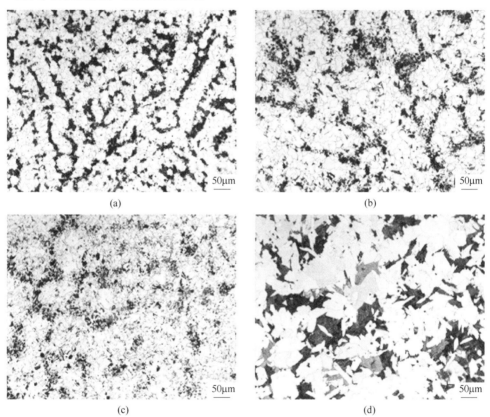

图 5-35 表面淬火工艺下铸坯宽面不同深度处组织形貌
(a) 1mm；(b) 10mm；(c) 20mm；(d) 40mm

然而，从图中也可以看出，随着距铸坯表面距离增加，淬火铸坯的表层铁素体晶粒尺寸逐渐增大。当距铸坯表面深度达到 20mm 时，细化的铸坯组织形貌开始逐渐不清晰。当离铸坯表面的深度达 40mm 时，其铁素体形态已趋近于传统连铸工艺。这主要是因为某钢厂的铸坯表面淬火工艺目标为保障其距表面 10mm 范围内的表层组织碳氮化物弥散析出、15mm 范围内的组织晶粒显著细化。

图 5-36 为某钢厂采用传统连铸工艺生产含 Nb、Ti 微合金钢宽厚板坯，铸坯角部皮下不同深度处的组织结构形貌。可以看出，传统连铸工艺下的铸坯角部组织也与宽面不同深度下组织结构基本相同，也由较大尺寸的铁素体和珠光体构成，且同样存在一定比例的魏氏组织与膜状先共析铁素体。

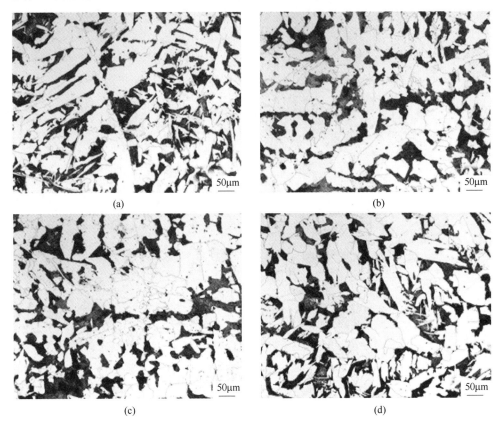

图 5-36　某钢厂传统连铸工艺下铸坯角部皮下不同深度处的组织形貌
（a）1mm；（b）10mm；（c）20mm；（d）40mm

而由图 5-37 可以看出，表面淬火工艺下的铸坯角部组织主要由铁素体、珠光体和贝氏体组成，且其铁素体的形态与传统连铸工艺亦大不相同，主要呈细针状结构。由于针状铁素体具有大角度晶界、高位错密度等特点，可较有效细化晶粒并具有良好的强韧性匹配。同时，从图 5-37 中可以看出，淬火后的铸坯角部组织基本消除了魏氏组织形态及膜状先共析铁素体。其原因主要是由于高温铸坯在表面淬火过程中，铸坯角部组织受强冷却作用时，其冷却速度快且温度较低，从而形成了大量晶内针状铁素体。淬火结束后，由于铸坯角部回温能力较差，其回温最高温度远低于 A_{c1}，无法达到再次回温奥氏体化过程而一定程度保留了强冷淬火组织。

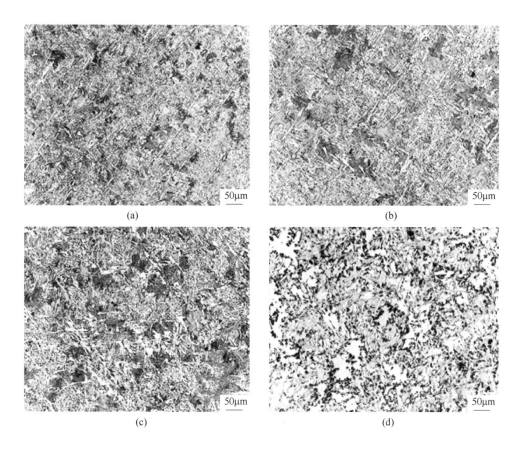

图 5-37 表面淬火工艺下铸坯角部不同深度处组织形貌
（a）1mm；（b）10mm；（c）20mm；（d）40mm

此外，随着距铸坯表面深度的增加，其角部组织的形貌差异亦较大。在其皮下 1~10mm 范围，铁素体呈细针状分布，且相互交错。而当深度增加至皮下 20mm 时，针状交错的铁素体生长趋势明显减弱，而当深度增加至距角部皮下 40mm 时，其组织结构虽然有一定程度改变，但已逐渐不明显。这说明在采用铸坯表面淬火工艺下，其角部淬火深度近 40mm 厚。

由图 5-28 某钢厂宽厚板坯表面淬火装置可知，其在实施过程亦对铸坯窄面进行了淬火冷却。图 5-38 为其传统连铸工艺生产含 Nb、Ti 微合金钢宽厚板坯的窄面皮下不同深度处的组织结构形貌。可以看出，传统连铸工艺下的铸坯窄面组织与宽面相似，也主要由铁素体和珠光体组成，且其不同深度处组织形貌基本一致，同样存在魏氏组织以及膜状先共析铁素体。

而由图 5-39 可以看出，表面淬火工艺下的铸坯窄面组织明显区别于宽面，呈与角部相同的结构分布，主要亦由铁素体、珠光体和贝氏体组成，且在表层

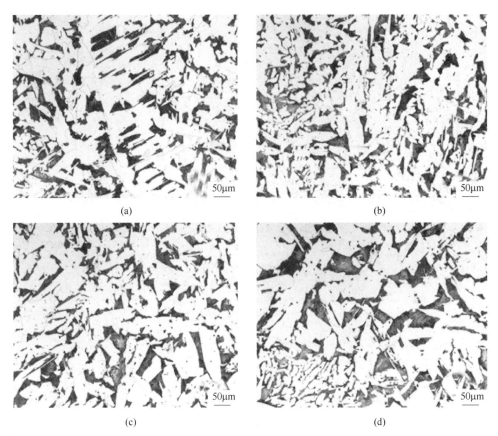

图 5-38　原工艺下铸坯窄面不同深度处组织形貌
（a）1mm；（b）10mm；（c）20mm；（d）40mm

0~10mm 深度范围内的铁素体主要呈细针状存在，不存在明显的魏氏组织形态及膜状先共析铁素体。然而，当距铸坯窄面表面深度增加至 20mm 时，其组织结构与角部皮下 40mm 处的淬火组织相似。其成因与铸坯角部淬火组织转变相似。当距铸坯窄面深度达距其皮下 40mm 时，其组织形态已接近传统连铸工艺。

　　由于本书所开发的铸坯表面淬火工艺可根据钢种及连铸拉速等工况变化，实时在线动态自动调整其内外弧水量（包括开闭），可满足不同高温凝固特性钢种的铸坯稳定化淬火实施。某钢厂实施该淬火工艺后，其微合金钢宽厚板坯的热送率由实施前的不足 42%，提升至约 98%，保障了其微合金钢中厚板的高质、高效与绿色化生产。

　　因此，基于本书上述连铸坯表面高温全连续淬火技术下的铸坯表层组织碳氮化物析出与组织结构演变可知，实施该淬火工艺可显著改善铸坯表层组织结构形态，消除膜状先共析铁素体和魏氏组织，使铸坯表层生成约 10~20mm 深度的等

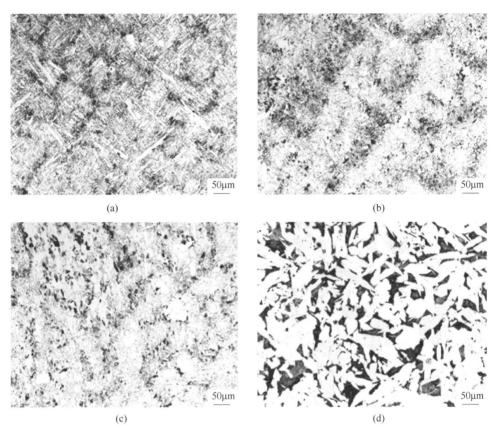

图 5-39 表面淬火工艺下铸坯窄面不同深度处组织形貌

（a）1mm；（b）10mm；（c）20mm；（d）40mm

轴状或针状铁素体细晶层。同时，亦实现了铸坯表面及其皮下一定深度范围内组织碳氮化物弥散化析出，从而显著提高铸坯的表层组织高温塑性，从根本上避免了铸坯表面热送裂纹的产生，是一种较为先进且高效（无需增加特殊淬火环节，不影响生产工序）的铸坯热装热送工艺。

5.4 本章小结

本章通过分析典型微合金钢宽厚板坯连铸及热送过程铸坯温度场、表层组织结构演变，探明了微合金钢板坯热送裂纹成因，并提出了基于铸坯表面高温淬火控制的微合金钢板坯热送裂纹控制技术。在此基础上，以国内某钢厂宽厚板坯连铸为研究对象，分析获得了最佳淬火工艺参数与淬火铸流位置，开发并应用了基于连铸机末端超强全连续淬火工艺与装备技术。获得了如下主要结论：

（1）热装表面温度为 550~650℃ 的微合金钢板坯表层两相结构组织在加热炉

内加热过程生成尺寸差异较大并呈混晶结构组织，以及连铸过程形成的沿晶界集中析出的碳氮化物，阻碍铸坯在加热膨胀过程的晶界移动，致使其组织高温塑性显著下降并应力集中，是造成微合金钢连铸坯产生表面热送裂纹的主因。降低铸坯表层组织温度或使铸坯表层奥氏体组织在进入加热炉前显著细化并弥散其碳氮化物析出，是解决微合金钢连铸坯热送裂纹难题的关键。

（2）实施连铸坯表面淬火工艺，最佳开始淬火温度应高于其微合金碳氮化物析出"鼻子点"温度与奥氏体向铁素体转变温度，最佳冷却速度应不小于5℃/s。国内外主流板坯微合金钢成分下的铸坯表面最佳淬火终止温度为400~450℃。

（3）典型板坯连铸机最佳淬火铸流位置为连铸机凝固末端压下段后的合适区域。实施基于连铸机末端或超强冷却扇形段淬火工艺，可显著弥散其铸坯表层组织碳氮化物析出，并改善其组织结构形态，生成约10~20mm深度的等轴状或针状铁素体细晶层，显著提高铸坯的组织塑性，从而从根本上避免了铸坯表面热送裂纹的产生，是一种先进且高效的铸坯热装热送工艺。

参 考 文 献

[1] 余志祥. 连铸坯热送热装技术 [M]. 北京：冶金工业出版社，2002.
[2] 高仲龙，温治，刘曼朗. 轧钢加热炉节能技术现状和展望 [J]. 轧钢，1997（6）：48~52.
[3] 赵林春，周积智，孙本荣. 连铸与轧钢衔接分析 [J]. 炼钢，1990（1）：29~37.
[4] Zhuchkov S M, Kulakov L V, Lokhmatov A P, et al. Ways of reducing energy costs in the continuous rolling of sections [J]. Metallurgist, 2004, 48（3）：174~180.
[5] 张树堂. 连铸坯热送热装系统优化技术 [J]. 连铸，1999，3（1）：12~14.
[6] 王定武. 连铸坯热送热装技术的发展和前景 [J]. 冶金管理，2004（12）：50~52.
[7] 田敬龙. 热送热装节能效果评价 [J]. 冶金能源，2007，26（4）：12~14.
[8] 陈超，丁翠娇. 裂纹敏感钢种热送热装技术综述 [J]. 工业加热，2016，45（3）：58~60.
[9] 万友堂. 热送中厚板生产线钢板表面裂纹的机理分析 [J]. 钢铁研究，2008（3）：14~16.
[10] Wada T, Tsukamoto H, Suga M. Effect of hot charge rolling conditions from austenite region on microstructure and mechanical properties of Nb and Ti bearing steel plates [J]. ISIJ International, 1988, 74（7）：1438~1445.
[11] 高雅，孙建林. Q460C 钢组织特性对表面裂纹成因的影响分析 [J]. 材料科学与工艺，2011，19（5）：139~143.
[12] Herman J C, Donnay B, Leroy V. Precipitation kinetics of microalloying additions during hot rolling of HSLA steels [J]. ISIJ International, 1992, 32（6）：779~785.

[13] He D, Yu X, Chang J, et al. Temperature Holding Hood for Hot Charging of Continuous Casting Slab in Tangshan Iron and Steel Company [J]. Journal of Iron and Steel Research, International, 2014, 21: 34~38.

[14] 吴秀月, 唐广波, 裴英豪, 等. 热送热装 Ti 微合金化连铸钢坯粗轧表面裂纹成因分析 [J]. 物理测试, 2009, 27 (4): 5~10.

[15] 肖寄光, 林文芳. 连铸板坯热装炉对板材性能的影响 [J]. 钢铁, 1998, 33 (11): 19~22.

[16] 帅习远. 热送热装工艺对管线钢性能影响的研究 [J]. 武钢技术, 2006, 44 (4): 14~18.

[17] 张鹏程, 王路兵, 唐荻, 等. 热装温度对 X80 管线钢组织及析出行为的影响 [J]. 金属热处理, 2008, 33 (10): 99~102.

[18] 夏文勇, 朱正海, 干勇. 微合金钢红送裂纹形成的试验研究 [J]. 钢铁, 2011, 46 (12): 29~32.

[19] 王建钢, 王皓, 李人杰. 热送裂纹产生机制及生产工艺控制研究 [J]. 连铸, 2017, 42 (2): 22~26.

[20] 王新华, 刘新宇, 吕文景. 含 Nb、V、Ti 钢连铸坯中碳/氮化物的析出及钢的高温塑性 [J]. 钢铁研究学报, 1998, 10 (6): 32~36.

[21] Maehara Y, Ohmori Y. The precipitation of AlN and NbC and the hot ductility of low carbon steels [J]. Materials Science and Engineering, 1984 (62): 109~119.

[22] 王新华, 张立等. 700~1000℃ 间含 Nb 钢铸坯的延塑性降低与 Nb(C,N) 的析出 [J]. 金属学报, 1997, 33 (5): 485~491.

[23] Mintz B, Yue S. Hot ductility of steels and its relationship to the problem of transverse cracking during continuous casting [J]. International Materials Reviews, 1991, 36 (5): 187~271.

[24] Suzuki H G, Nishimura S, Yamaguchi S. Characteristic of hot ductility in steels subjected to the melting and solidification [J]. ISIJ International, 1982, 22 (1): 48~56.

[25] 李万国, 王庆, 张红令, 等. 连铸后工序铸坯温度与冷却控制 [J]. 连铸, 2016, 41 (6): 31~36.

[26] 张海民. 红送板坯轧制钢板表面裂纹的原因分析及预防措施 [J]. 宽厚板, 2014, 20 (1): 21~23.

[27] Tercelli C. Surface quenching: an effective tool for hot charging of special steels [J]. Metall. Plant Technol. Int, 1995, 18 (1): 69~71.

[28] 王谦, 李玉刚, 鲁永剑, 等. 一种实现高强度低合金钢连铸坯直接送装的方法: CN102228968B [P]. 2014-01-22.

[29] 鲁永剑. 低合金钢中厚板连铸坯热送裂纹形成及预防机理研究 [D]. 重庆: 重庆大学, 2013.

[30] Teshima T, Kitagawa T, Miyahara S, et al. The secondary cooling technology of continuous casting for production of high temperature and high quality slab [J]. Tetsu-to-Hagane, 1988, 74 (7): 1282~1289.

[31] 蔡长生. 用于热送的铸坯表面淬火技术 [C]//第八届全国连铸学会会议论文集, 中国金

属学会连铸分会，中国金属学会，2007（6）：71~76.

[32] Carboni A, Ruzza D W, Feldbauer S L. Quenching for improved direct hot charging quality [J]. Iron and Steelmaker, 1999, 26 (8)：39~42.

[33] Maehara Y, Nakai K, Yasumoto K, et al. Hot cracking of low alloy steels in simulated continuous casting-direct rolling process [J]. ISIJ International, 1987, 73 (7)：876~883.

[34] Kamada Y, Hashimoto T, Watanabe S. Effect of hot charge rolling condition on mechanical properties of Nb bearing steel plate [J]. ISIJ International, 1990, 30 (3)：241~247.

[35] 罗衍昭，张炯明，肖超，等. 热装微合金化中厚板表面裂纹的研究现状 [J]. 炼钢，2011, 27 (4)：74~78.

[36] 张晴. 连铸坯热送热装工艺的实验研究 [D]. 北京：北京科技大学，2004.

[37] 李永超，李宝秀，郭明仪. 铸坯表面淬火技术的发展与应用 [J]. 河北冶金，2016 (3)：44~47.

[38] Kato T, Ito Y, Kawamoto M, et al. Prevention of slab surface transverse cracking by microstructure control [J]. ISIJ International, 2003, 43 (11)：1742~1750.

[39] Ma F, Wen G, Tang P, et al. Effect of cooling rate on the precipitation behavior of carbonitride in microalloyed steel slab [J]. Metallurgical and Materials Transactions B, 2011, 42 (1)：81~86.

[40] 蔡兆镇，安家志，刘志远，等. 微合金钢连铸坯角部裂纹控制技术研发及应用 [J]. 钢铁研究学报，2019, 31 (2)：117~124.

[41] 徐光. 金属材料 CCT 曲线测定及绘制 [M]. 北京：化学工业出版社，2009.

[42] 王幸，李红英，汤伟，等. 一种高强度钢的 CCT 曲线的测定与分析 [J]. 中南大学学报（自然科学版），2021, 52 (4)：1090~1098.

[43] 郑东升，蹇海根，王生朝，等. 微合金化热轧 TRIP 钢的相变行为研究 [J]. 钢铁研究学报，2018, 30 (12)：1013~1020.

[44] 薄鑫涛. 高温下常用钢的抗拉强度 [J]. 热处理，2017, 32 (6)：62.

[45] Mintz B, Crowther D N. Hot ductility of steels and its relationship to the problem of transverse cracking in continuous casting [J]. International Materials Reviews, 2010, 55 (3)：168~196.

索　引